S. Kunst · C. Helmer · S. Knoop

Betriebsprobleme auf Kläranlagen durch Blähschlamm, Schwimmschlamm, Schaum

AF878582

Springer-Verlag
Berlin Heidelberg GmbH

S. Kunst · C. Helmer · S. Knoop

Betriebsprobleme auf Kläranlagen durch Blähschlamm, Schwimmschlamm, Schaum

Handbuch zur Identifizierung und Bekämpfung fädiger Bakterien

Mit 57, meist farbigen Abbildungen und 31 Tabellen

Springer

Prof. Dr.-Ing. Dr. phil. Sabine Kunst
Dr.-Ing. Christine Helmer

Institut für Siedlungswasserwirtschaft und Abfalltechnik
Universität Hannover
Welfengarten 1
30167 Hannover

Dr.-Ing. Silke Knoop

Axiva GmbH
Umwelttechnik / Misch- und Reaktionstechnik
Industriepark Höchst
65926 Frankfurt am Main

ISBN 978-3-642-62968-6 ISBN 978-3-642-57216-6 (e-Book)
DOI 10.1007/978-3-642-57216-6

Die Deutsche Bibliothek - CIP-Einheitsaufnahme
Kunst, Sabine: Betriebsprobleme auf Kläranlagen durch Blähschlamm, Schwimmschlamm, Schaum : Handbuch zur Identifizierung und Bekämpfung fädiger Bakterien / Sabine Kunst ; Christine Helmer ; Silke Knoop - Berlin ; Heidelberg ; New York ; Barcelona ; Hongkong ; London ; Mailand ; Paris ; Singapur ; Tokio : Springer, 2000
ISBN 978-3-642-62968-6

Dieses Werk ist urheberrechtlich geschützt. Die dadurch begründeten Rechte, insbesondere die der Übersetzung, des Nachdrucks, des Vortrags, der Entnahme von Abbildungen und Tabellen, der Funksendung, der Mikroverfilmung oder der Vervielfältigung auf anderen Wegen und der Speicherung in Datenverarbeitungsanlagen, bleiben, auch bei nur auszugsweiser Verwertung, vorbehalten. Eine Vervielfältigung dieses Werkes oder von Teilen dieses Werkes ist auch im Einzelfall nur in den Grenzen der gesetzlichen Bestimmungen des Urheberrechtsgesetzes der Bundesrepublik Deutschland vom 9. September 1965 in der jeweils geltenden Fassung zulässig. Sie ist grundsätzlich vergütungspflichtig. Zuwiderhandlungen unterliegen den Strafbestimmungen des Urheberrechtsgesetzes.

© Springer-Verlag Berlin Heidelberg 2000
Ursprünglich erschienen bei Springer-Verlag Berlin Heidelberg New York 2000
Softcover reprint of the hardcover 1st edition 2000

Die Wiedergabe von Gebrauchsnamen, Handelsnamen, Warenbezeichnungen usw. in diesem Werk berechtigt auch ohne besondere Kennzeichnung nicht zu der Annahme, daß solche Namen im Sinne der Warenzeichen- und Markenschutz-Gesetzgebung als frei zu betrachten wären und daher von jedermann benutzt werden dürften.

Satz: Reproduktionsfertige Vorlage der Autorinnen
Einband: Medio, Berlin
SPIN: 10655653

Vorwort

Mit dem vorliegenden Buch „Betriebsprobleme auf Kläranlagen durch Blähschlamm, Schwimmschlamm, Schaum“ haben wir ein Thema aufgegriffen, welches beim Betreiben von biologischen Kläranlagen ein ganz zentrales Problem darstellt. Mehr als 50% aller Betriebsstörungen auf Kläranlagen entstehen durch Veränderungen der Biologien in Richtung Blähschlamm, Schwimmschlamm und Schaum. Bei der Bearbeitung des Themas haben wir uns konsequent darum bemüht, sowohl Ingenieure als auch Naturwissenschaftler anzusprechen, was eine Beschränkung des Stoffes erforderte. Aus diesem Grund haben wir nicht alle verfügbaren Informationen über fadenförmige Bakterien in biologischen Kläranlagen verarbeitet, sondern es erfolgte eine Auswahl der wichtigsten und häufigsten „Problemverursacher“. Diese Auswahl basiert auf unseren Praxiserfahrungen, die von der Problemaufnahme bis hin zur Begleitung der Problemlösung reichen. Einem anderen Ansatz folgend geben z.B. Lemmer und Lind (2000) eine vollständige Übersicht über alle fädigen Bakterien in Kläranlagen.

Uns kam es darauf an, in erster Linie aus der Praxis und Forschung über Vorkommen, Ursachen und Abhilfemaßnahmen zu berichten. Wir haben jeweils bewertet, welche Selektionsfaktoren aus unserer Erfahrung wichtig sind und welche Gegenmaßnahmen Erfolg versprechen. Wir wollen eine Hilfestellung im Umgang mit den Problemen durch Blähschlamm, Schwimmschlamm und Schaum bieten und zwar in zweierlei Hinsicht: Erstens durch Vorlage eines vereinfachten Bestimmungsschemas für fadenförmige Bakterien, so daß das Buch als Handbuch für die Identifizierung von fadenförmigen Bakterien dienen kann, zweitens durch die Darstellung von Praxisbeispielen, die das Auftreten fädiger Bakterien und Gegenmaßnahmen so ausführlich beschreiben, daß sie einen Ansatz für Anlagenbetreiber bieten.

Wir danken den Kollegen und Mitarbeitern des Instituts für Siedlungswasserwirtschaft und Abfalltechnik für Informationen über betroffene Kläranlagen und Problemfälle. Herrn Prof. Mudrack danken wir für das geduldige Korrekturlesen und die hilfreichen, kritischen Hinweise.

Hannover, im Februar 2000 *Sabine Kunst · Christine Helmer · Silke Knoop*

Autorinnenverzeichnis

Prof. Dr.-Ing. Dr. phil. Sabine Kunst
Institut für Siedlungswasserwirtschaft
und Abfalltechnik
Abteilung Wasser- und Abwasserbiologie
Universität Hannover
Welfengarten 1, 30167 Hannover
Tel.: 0511/762-2387
e-mail: kunst@isah.uni-hannover.de

Dr.-Ing. Christine Helmer
Institut für Siedlungswasserwirtschaft
und Abfalltechnik
Abteilung Wasser- und Abwasserbiologie
Universität Hannover
Welfengarten 1, 30167 Hannover

Dr.-Ing. Silke Knoop
Axiva GmbH
Umwelttechnik / Misch- und Reaktionstechnik
Industriepark Höchst, 65926 Frankfurt am Main

Inhaltsverzeichnis

Abkürzungsverzeichnis

ATV	Abwassertechnische Vereinigung
B_R	Raumbelastung
BSB_5	Biochemischer Sauerstoffbedarf (in 5 Tagen)
B_{TS}	Schlammbelastung
CSB	Chemischer Sauerstoffbedarf
EPS	extrazelluläre polymere Substanzen
EW	Einwohnerwert
ISV	Schlammindex
K_S	substratspezifische Halbsättigungskonstante
oTS	organische Trockensubstanz
PHB	Polyhydroxybuttersäure
SBR	Sequencing Batch Reactor
TKN	Total Kjeldahl Nitrogen (Stickstoff nach Kjeldahl)
TS	Trockensubstanz
μ_{max}	maximale Wachstumsrate

1 Einleitung

Betriebsprobleme auf Kläranlagen sind so alt wie die Entstehung und der Betrieb von biologischen Kläranlagen. Bekannt ist vielen die Beeinträchtigung von biologischen Kläranlagen durch Blähschlamm. Die Auswirkungen sind oft dramatisch. Es kommt zu Schlammabtrieb und zu einer sekundären Gewässerverschmutzung mit einer punktuellen hohen organischen Belastung. Die Gewässerverschmutzung hat nicht nur ökologische Folgen, sondern für die Betreiber auch rechtliche und finanzielle Konsequenzen (Abwasserabgabe). Nimmt man alle Betriebsstörungen auf Anlagen zusammen, so sind über 50% durch biologische Ursachen begründet, d.h. durch das Auftreten von Blähschlamm, Schwimmschlamm und Schaum. Dies gilt für kommunale Kläranlagen. Insbesondere im industriellen Bereich treten darüber hinaus Schwierigkeiten mit toxisch wirkenden Abwasserinhaltsstoffen auf. Toxisch wirkende Abwasserinhaltsstoffe wie Tenside und/oder Reinigungs- und Desinfektionsmittel können zur ernsthaften Schädigung der Belebtschlammflocke führen und damit zur Beeinträchtigung des biologischen Reinigungsprozesses. Nicht selten treten in diesem Zusammenhang Lysis von Belebtschlammflocken und damit Trübungen des gereinigten Abwassers auf.

Wir haben mittlerweile jahrzehntelange Erfahrung mit der Analyse und Hilfe bei Betriebsproblemen auf Kläranlagen. Neben einer spezifischen Kenntnis bei der mikroskopischen Analyse der fadenförmigen Bakterien ist es vor Ort wichtig, schnell wirkende Maßnahmen einzuleiten, so daß ein akuter Schlammabtrieb verhindert oder vermindert werden kann. Blähschlamm- und Schwimmschlammprobleme treten häufig wie ein scheinbar gottgegebenes, unvorhersehbares Ereignis auf. Dies kann zum einen tatsächlich so sein (bei entsprechenden Randbedingungen und Organismen), zum anderen werden oft die Anzeichen für die Entwicklung von Betriebsproblemen durch die Struktur des belebten Schlammes übersehen. Ob z.B. Schaum auf einer Anlage als solcher bemerkt wird, hängt von der „Gewöhnung" des Betriebspersonals ab und somit von dem aus Betriebserfahrung gewonnenen Bild, was normal ist und was nicht.

Es gibt auf diesem Gebiet wenig Fortbildung und häufig zu wenig Personal und/oder Zeit auf den Kläranlagen, sich mit der Feinstruktur des belebten Schlammes zu beschäftigen. Nicht selten werden auch vorhandene Kenntnisse nicht konsequent genutzt, weil über lange Monate das mikroskopische Bild relativ konstant sein kann und somit die Kontrolle ein ziemlich langweiliger Job ist. Und nicht zuletzt sind die heute vorhandenen und bisher erarbeiteten mikroskopischen Erkennungs- und Untersuchungsmethoden nicht immer den Möglichkeiten vor Ort auf den Kläranlagen angepaßt.

Es ist daher unser Ziel, eine besser von der Praxis anwendbare Untersuchungsmethodik (Kapitel 2) vorzustellen. Zu diesem Zwecke verwenden wir seit Jahren eine einfache Kristallviolettfärbung, die eine bessere Erkennung der Fäden in der Belebtschlammflocke ermöglicht. Darüber hinaus wird ein verkürztes und neu zusammengefügtes Bestimmungsschema für fädige Bakterien vorgestellt. Es wurde in unserer Lehr- und Forschungspraxis entwickelt und bereits angewendet. Es hat sich insbesondere für die Analytik von Problemen der Praxis bewährt und konnte in vielen Fortbildungsveranstaltungen erfolgreich weitervermittelt werden.

Ferner zeigt die Erfahrung vieler Praxisprojekte, daß allein die Analyse, welcher Faden ein Betriebsproblem auf den Kläranlagen verursacht, den Betreibern sehr wenig nützt. Es ist vielmehr erforderlich, die Kenntnis über die Ursachen von Blähschlamm, Schwimmschlamm, Schaum mit der Entwicklung und Anwendung von wirksamen Abhilfemaßnahmen zu verbinden. Diese zu benennen, ist nicht leicht, denn die Praxis zeigt, daß die Verhältnisse von Kläranlage zu Kläranlage variieren. Es liegen wenig verläßlich Ergebnisse über die grundsätzliche Wirkung von Gegenmaßnahmen vor. Erstaunlicherweise gibt es kaum angewandte Forschung auf diesem Sektor. Das Lernen und damit die Entwicklung von wirksamen Gegenmaßnahmen ist das Ergebnis einer langjährigen Erprobung auf Kläranlagen in Kombination mit grundlegenden angewandten mikrobiologischen Forschungsarbeiten.

Die Ergebnisse über wirksame Gegenmaßnahmen sind ebenfalls in diesem Buch zusammengestellt. Um den Gültigkeitsbereich und die Anwendbarkeit der Maßnahmen zu beschreiben, werden verschiedene Fallbeispiele erläutert.

Das Buch wendet sich an Personen, die in der Praxis der Abwasserreinigung arbeiten. Für das Betriebspersonal von Kläranlagen und Behörden bietet es Hilfestellung bei der Untersuchung und Analyse von belebten Schlämmen. Die Struktur belebter Schlämme kann danach erfaßt und beschrieben werden. Die Analyse von Betriebsproblemen ist möglich. Die sich ableitenden Abhilfemaßnahmen können nach den angegebenen Erfahrungswerten erprobt werden. Studenten der Ingenieurwissenschaften und der angewandten Mikrobiologie können Grundlegendes über den Betrieb von biologischen Kläranlagen erfahren. Für die Betriebsleiter von Kläranlagen, Ingenieurbüros und Behörden werden komprimiert Informationen über die Entstehung und die Randbedingungen für die verschiedenen Betriebsprobleme gegeben. Die zur Verfügung stehenden Abhilfemaßnahmen werden diskutiert und kommentiert. Darin unterscheidet sich das vorliegende Buch von anderen, die es zu diesem Thema bereits gibt.

1.1 Mikroskopische Schlammanalyse

Für die allgemeine Belebtschlammanalyse gibt es in diesem Buch einige Hinweise, was z.B. die Schlammstruktur, Flockenform und Wuchscharakteristik betrifft. Für die Bewertung der Schlammbeschaffenheit auf Grundlage der Artenvielfalt der Mischbiozönose (Analyse der Protozoen etc.) gibt es weiterhin geeignete Spezialliteratur, wie z.B. das vom Bayerischen Landesamt für Wasserwirtschaft herausgegebene Buch „ Das mikroskopische Bild bei der biologischen Abwasserreinigung“.

Für die mikroskopische Analyse von fädigen Bakterien im belebten Schlamm werden Bestimmungsschlüssel als Bestimmungsinstrument benötigt. Bei der Anwendung der verschiedenen möglichen Schlüssel wird einem Fragenkatalog nach dem Ja/Nein-Prinzip gefolgt. Dabei wird die An- bzw. Abwesenheit charakteristischer morphologischer Kennzeichen abgefragt und damit durch ein verzweigtes Schema geleitet, daß dann zur Identifizierung von bestimmten Fäden führt. Die gängigsten Bestimmungsschlüssel wurden von Eikelboom und van Buijsen (1983) und Jenkins et al. (1993) entwickelt. Prinzipiell bestehen zwischen den Schlüsseln nur geringfügige Unterschiede. Während Jenkins den Schlüssel mit der Ausgangsfrage nach vorhandenen oder abwesenden Schwefelgranula beginnt, startet einer der Bestimmungsschlüssel von Eikelboom und van Buijsen mit der Frage nach dem Färbeverhalten in der Gram-Färbung. Für beide Schlüssel gilt, daß ihre Anwendung sehr viele Informationen erfordert und für Laien daher nicht leicht ist.

Wir haben uns daher in diesem Buch (Kapitel 2) bemüht, ein vereinfachtes Bestimmungsschema für die Praxis zu schaffen.

1.2 Blähschlamm, Schwimmschlamm, Schaum – Definition und Auswirkungen –

Blähschlamm, Schwimmschlamm und Schaum sind biologisch verursachte Phänomene, die i.d.R. durch ein massenhaftes Auftreten von fadenförmigen Bakterien initiiert sind. Schaum kann darüber hinaus auch beim Einfahren von Belebungsanlagen auftreten und dann nicht durch Fadenförmige veranlaßt sein. Generell sind die Auswirkungen von Blähschlamm, Schwimmschlamm und Schaum negativ, da sie die Stabilität und Reinigungsleistung der betroffenen Anlagen mindern oder manchmal aussetzen.

Auswirkungen

Die Auswirkungen von Blähschlamm, Schwimmschlamm und Schaum sind gravierend. Das Belebungsverfahren besteht in seinem verfahrenstechnischen Reinigungskonzept aus zwei Elementen, dem Belebungsbecken und dem Nachklärbecken. Es ist darauf angewiesen, daß sich nach der biologischen Reinigung im Belebungsbecken das gereinigte Abwasser und die reinigende Biomasse voneinander trennen lassen. Dies geschieht in den Nachklärbecken. Funktionieren wird diese Einheit nur dann mit dem gewünschten Erfolg, wenn der belebte Schlamm statisch sedimentiert, d.h. im Nachklärbecken eindickt und dann als Rücklaufschlamm wieder in das System zurückgeführt bzw. mit dem Überschußschlamm dem System entzogen werden kann (Abb. 1.1). Wenn sich nun die Wuchsform des belebten Schlammes von einem schweren, sich leicht absetzenden, flockenförmig gestalteten belebten Schlamm dahingehend verändert, daß vermehrt fadenförmige Bakterien vorkommen, dann bricht mehr oder minder schnell das System des Belebungsverfahrens zusammen, weil es zu Schlammabtrieb kommt (Abb. 1.2).

Während im Falle des klassischen Blähschlamms die verminderte Absetzfähigkeit die Ursache für eine Sekundärverschmutzung des ablaufenden gereinigten Abwassers ist, ist im Falle von Schaum und Schwimmschlamm der direkte Schlammabtrieb Quelle für die organische Belastung des gereinigten Abwassers.

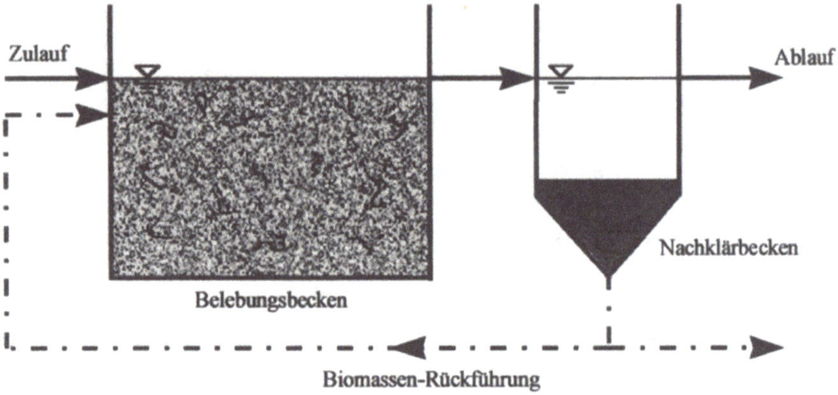

Abb. 1.1 Belebungsanlage (Prinzipskizze)

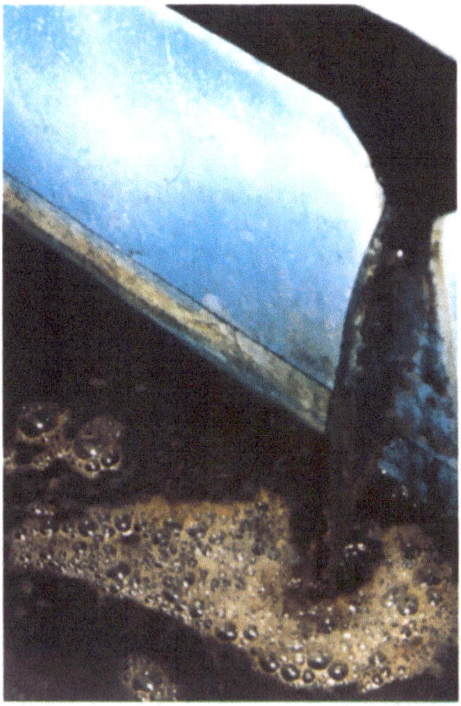

Abb. 1.2 Schlammabtrieb aus der Nachklärung

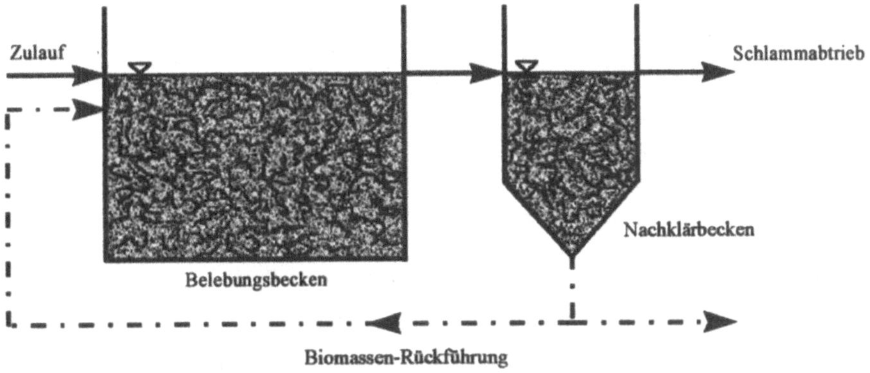

Abb. 1.3 Blähschlamm in einer Belebungsanlage (Prinzipskizze)

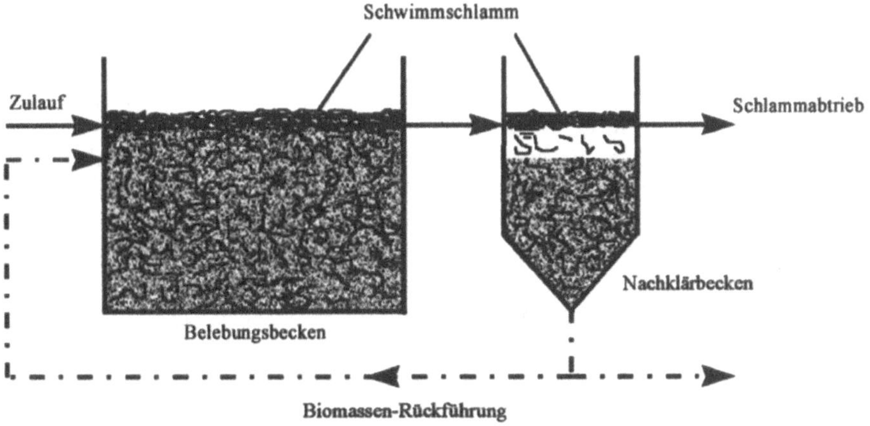

Abb. 1.4 Bläh- und Schwimmschlamm in einer Belebungsanlage (Prinzipskizze)

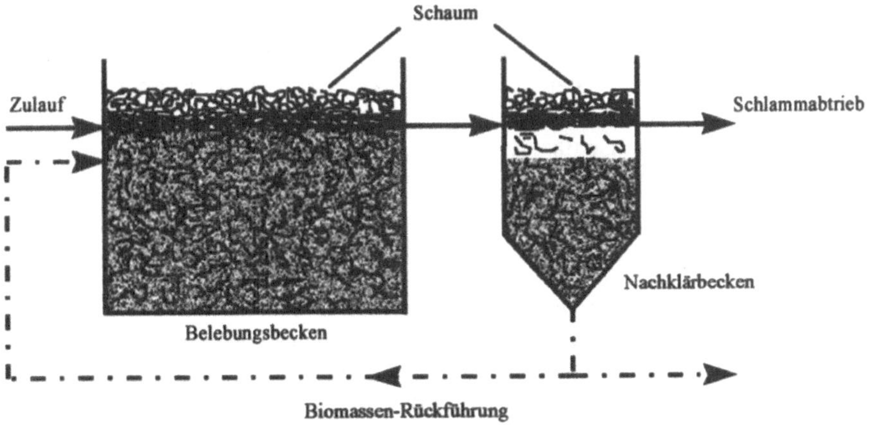

Abb. 1.5 Blähschlamm und Schaum in einer Belebungsanlage (Prinzipskizze)

Blähschlamm

Die Betriebsprobleme auf Kläranlagen durch Blähschlamm, Schwimmschlamm und Schaum haben die Gemeinsamkeit, daß sie durch ein vermehrtes Wachstum von Bakterien in der Mischbiozönose des belebten Schlammes auftreten, die durch eine fadenförmige Wuchsform gekennzeichnet sind. Das klassische Phänomen ist der Blähschlamm, unter dem man ein vermehrtes Wachstum von vielen verschiedenen fadenförmigen Mikroorganismen versteht, die die Absetzfähigkeit des belebten Schlammes negativ beeinflussen. Die fadenförmigen Bakterien sind durch ihr hohes Oberflächen : Volumenverhältnis im Verhältnis zu den kompakten Flocken relativ leicht und setzen sich somit in Nachklärbecken, statischen Eindickern, schlechter ab als kompakte Flocken. Daher ist auch das erste Kennzeichen für einen Blähschlamm, daß der sogenannte ISV (Schlammindex ml g^{-1}) ansteigt. Steigt der ISV über einen Index von 150 ml g^{-1}, spricht man definitionsgemäß von Blähschlamm (ATV FA 2.6.1., 1988). Die Prinzipskizze in Abb. 1.3 verdeutlicht das Phänomen Blähschlamm als ein massenhaftes Auftreten von fadenförmigen Bakterien, die sich schlecht absetzen.

Schwimmschlamm

Schwimmschlamm hingegen ist ein mit dem Ausbau der Kläranlagen zur weitergehenden Abwasserreinigung einhergehendes Phänomen. Er wird von relativ wenigen Gattungen fadenförmiger Mikroorganismen im belebten Schlamm verursacht. Dabei ist mit ihrem massenhaften Vorkommen kombiniert, daß sie sich selektiv an der Grenzfläche zwischen Wasser und Luft, d.h. an der Wasseroberfläche anreichern. Damit bevölkern sie eine ökologische Nische. In dieser sind die Organismen dem normalen Schlammabzug entzogen, so daß sich beeindrukkende Schwimmschlammschichten von einigen zehn Zentimetern aufbauen können. Die entsprechenden fadenförmigen Bakterien werden durch oberflächenaktive Substanzen dazu befähigt, sich an der Wasseroberfläche anzureichern. Diese bewirken, daß an die Bakterienzellen der Fadenförmigen leichter Gasblasen anhaften. Das Bakterien-Gasblasengemisch kann dann flotierend an die Grenzfläche wandern (Abb. 1.4) und dort stabil bestehen bleiben.

Oberflächenaktive Substanzen, die in der Regel gegeben sein müssen, damit sich ein Schwimmschlamm ausbildet, bekommen die belebten Schlämme entweder bereits mit dem zulaufenden Abwasser oder die Bakterien des belebten Schlammes produzieren sie selber (Lemmer et al. 1998). Schwimmschlämme werden im Gegensatz zu Blähschlamm von wenigen fadenförmigen Organismen verursacht, die in belebten Schlämmen von Kläranlagen vorkommen. Die sich aufbauenden Schwimmschlammschichten bestehen zu einem überwiegenden Prozentanteil aus nocardioformen Actinomyceten oder *Microthrix parvicella.*

Schaum

Ist das vermehrte Wachstum von Schwimmschlammbildnern noch nicht manifest, tritt Schaum auf den Belebungsbecken auf (Abb. 1.6). Schaum kann manches Mal den Beginn eines Schwimmschlammproblems anzeigen, aber auch ein eigenständiges Phänomen sein. Schaum tritt besonders in den Faulbehältern auf, in denen schäumender Überschußschlamm oder Schwimmschlämme mit ausgefault werden sollen. Der anaerobe Umsatz der organischen Biomasse führt zu

Abb. 1.6 Lückenlose Schaumdecke auf dem Belebungsbecken

Abb. 1.7 Überschäumender Faulbehälter

einer massiven, viskosen Schaumbildung. Die zur Ausfaulung eingebrachten Schwimmschlämme enthalten sehr häufig Massen von *Microthrix parvicella* oder nocardioformen Actinomyceten. Im Falle der Erstgenannten tritt dann im

Faulbehälter vermehrtes Schäumen auf. Mit *M. parvicella* angereicherte Überschußschlämme zeigen unter den anaeroben Bedingungen der Schlammfaulung ein hartnäckiges und lang anhaltendes, vermehrtes Schäumen. Dies wirkt sich auf den Anlagen verheerend aus, denn sehr häufig können die Faulbehälter nicht mehr vollgefüllt betrieben werden und „kochen" regelrecht über (Abb. 1.7). Sind hingegen vermehrt nocardioforme Actinomyceten vorhanden, kommt es in der Regel nicht zu länger anhaltenden Schaumproblemen in den Faulbehältern. Abbildung 1.5 zeigt das Phänomen Schaum in einer Prinzipskizze.

Zusammenfassend sind Schaum und Schwimmschlamm zwei sich bedingende, ursächlich gleich gelagerte Phänomene. Schwimmschlamm und Schaum kommen zustande, wenn die folgenden drei Faktoren in passendem Verhältnis im Abwasser vorliegen:

- Fein verteilte Gasbläschen
- Hydrophobe Abwasserinhaltsstoffe und/oder Zellstrukturen
- Oberflächenaktive Substanzen

Gasbläschen finden sich als Luft- oder Sauerstoffbläschen in den Belebungsbekken, als gasförmige Stickstoffkomponenten in der Denitrifikation oder auch als Methan oder Kohlendioxid im Faulbehälter. Das bedeutet, daß im Zusammenspiel mit den anderen genannten Faktoren überall Schwimmschlamm und Schaum auftreten kann. Eine Schwimmschlammbildung braucht eine relativ lange Zeit für ihre Ausbildung. Sie wird in der Regel dominiert durch wenige fadenförmige Organismen aus den belebten Schlämmen. Diese zur Flotation befähigten Organismen reichern sich an der Wasseroberfläche an.

Schaum tritt auf bei entweder geringerem Auftreten von Schwimmschlammbildnern oder auf Kläranlagen mit einer sehr effizienten Schwimmschlammräumung. Ferner ist Schaum charakteristisch in Faulbehältern von Kläranlagen mit Schwimmschlammproblemen. Die genaueren Definitionen der Phänomene werden in Kapitel 3 behandelt.

1.3 Bedingungen, die zur Selektion fädiger Bakterien führen

In der Natur gibt es nicht wenige Mikroorganismen, die sich durch ein fadenförmiges Wachstum auszeichnen, sei es durch das Aneinanderreihen einzelner Zellen (Fadenbakterien) oder auch durch die Ausbildung von Hyphen. Da diese Organismen auch von den gelösten organischen und suspendierten Stoffen im Abwasser-Schlammgemisch leben können, ist ihr Auftreten im belebten Schlamm nicht außergewöhnlich, sondern normal. So sind in die Bakterienaggregate der Belebtschlammflocken meist auch einige fadenförmige Bakterien eingebunden. Diese dienen als „Rückgrat" des Flockenaufbaus bzw. als Aufwuchsflächen für die sich flockig aggregierenden Bakterien. Nehmen sie an Häufigkeit zu, bis zu einem die Schlammstruktur dominierenden Vorkommen, so bildet sich häufig zwischen den Flocken ein Fadengeflecht aus, das den Eindick- und Absetzvorgang des belebten Schlammes erheblich behindert. Die Ursachen

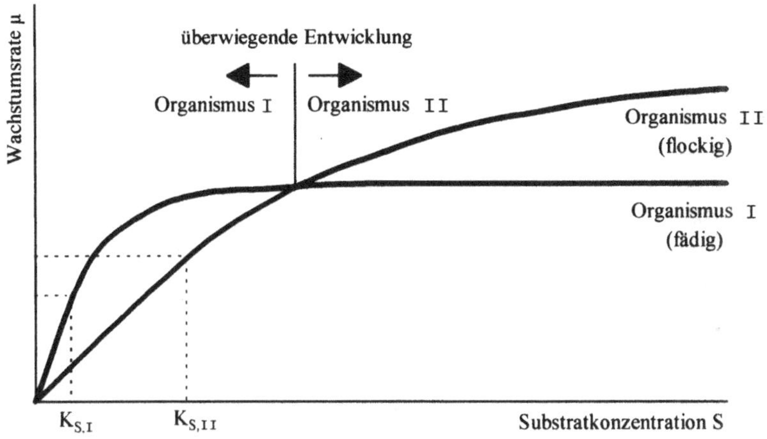

Abb. 1.8 Unterschiedliche Wachstumsraten zweier Organismen in Abhängigkeit von der Substratkonzentration (nach Chudoba et al. 1973)

der massenhaften Entwicklung von fadenförmigen Bakterien mit den Effekten der Blähschlamm-, Schwimmschlamm- und Schaumbildung sind letztlich in der Verschiebung des biozönotischen Gleichgewichts in der Mischbiozönose des belebten Schlammes zu suchen. Die fadenförmigen Bakterien erlangen Wachstumsvorteile gegenüber den verfahrenstechnisch gewünschten, flockig wachsenden Organismen. Wachstumsvorteile können durch besondere Ereignisse oder Gegebenheiten wie Belastungsstöße, Temperatureinflüsse, bestimmte industrielle Abwässer, organische Säuren im Abwasser, angefaultes Abwasser, Nährstoffmangel etc. eintreten.

Das Wesentliche für die Selektion von Fadenförmigen in kommunalen Kläranlagen ist, daß sie durch geringe Substratkonzentrationen im Wachstum bevorteilt werden. Vergleicht man die Substratkonzentrationen, die Mikroorganismen in biotechnologischen Fermentationsprozessen zur Verfügung stehen, mit denen in Abwasserreinigungsanlagen, so ergibt sich ein gravierender Unterschied. Während bei biotechnologischen Fermentationsprozessen durch hohe Substratkonzentrationen möglichst nahe am K_S-Wert der Mikroorganismen zur Erlangung einer hohen Wachstumsrate gefahren wird, ist bei Abwasserreinigungsverfahren die Substratkonzentration weit unterhalb des K_S-Wertes der Mikroorganismen angesiedelt. Die Bakterien des belebten Schlammes müssen z.B. in volldurchmischten Belebungsbecken mit einer extrem niedrigen Substratkonzentration zurechtkommen, die annähernd bei der CSB/BSB-Konzentration im Ablauf der Anlage liegt. Die Fadenorganismen haben nun gegenüber den in einer Flocke gebundenen Organismen eine relativ größere Oberfläche in bezug auf ihr Volumen. Ferner sind sie durch eine hohe Substrataffinität gekennzeichnet, d.h., daß sie in der Lage sind, bei geringen Substratkonzentrationen relativ schnell und viel an Substrat aufzunehmen. In den meisten Belebungsbecken, insbesondere in einem volldurchmischten Becken, stehen die Nährstoffe den Organismen ständig nur in sehr geringer Konzentration zur Verfügung, woraus eine geringe Wachstumsgeschwindigkeit resultiert. Die relativ größere Oberfläche verschafft unter diesen Bedingungen den fadenförmigen Bakterien einen Wachstumsvorteil, weil sie einen größeren Anteil aus dem geringen Nährstoffangebot entnehmen können. Dies ist ihnen durch die hohe Substrataffinität möglich, so daß sie an Umgebungen mit einer geringen Substratkonzentration angepaßt sind. Betrachtet man noch einmal ein volldurchmischtes Belebungsbecken, so ermöglicht der noch verbleibende Rest an Substrat den flockig wachsenden Organismen nur noch ein sehr eingeschränktes Wachstum. Diese Zusammenhänge verdeutlicht Abb. 1.8, in der die Wachstumsraten von zwei Modellorganismen mit den Charakteristika eines flockig wachsenden und eines fädigen Bakteriums gegen die Substratkonzentration aufgetragen sind. Der fädige Organismus I erreicht seine halbmaximale Wachstumsgeschwindigkeit ($\mu_{max}/2$) bereits bei einer sehr geringen Substratkonzentration ($K_{S,I}$). Der kompakt wachsende Organismus benötigt hingegen eine höhere Substratkonzentration, um mit halbmaximaler Geschwindigkeit wachsen zu können ($K_{S,II}$). Bezogen auf den Betrieb von Belebungsanlagen ergibt sich daraus, daß bei niedriger Substratkonzentration fadenförmige Mikroorganismen bevorzugt sind, während bei höheren Substratkonzentrationen die flockig wachsenden Bakterien einen Wachstumsvorteil haben. Dies hat sich vielfach als richtig erwiesen und wird insbesondere durch die Entwicklung des letzten Jahrzehnts bestätigt. Mit der Erweiterung der kommunalen Kläranlagen auf N- und P-Elimination mußten die Belebungsbeckenvolumina erhöht werden und die Schlammbelastung wurde ca. halbiert. Entsprechend sind heute auf den Kläranlagen wesentlich mehr Fadenförmige zu finden, die besonders an geringe Substratkonzentrationen angepaßt sind. Jenkins et al. (1993) nennen diese Vertreter der Fadenförmigen Low F/M-Organismen (F/M = Verhältnis von organischem Substrat zu Mikroorganismen-Masse).

Nach den Vorschlägen von Wanner (1994) werden zwei Gruppen von Low F/M-Fäden unterschieden:

- Low F/M-Fäden mit signifikantem Vorkommen in niedrig belasteten, nährstoffeliminierenden Systemen, z.B. *Microthrix parvicella*, Typ 0092, Typ 0041/0675 und
- Low F/M-Fäden mit nicht signifikantem Vorkommen in niedrig belasteten, nährstoffeliminierenden Anlagen, z.B. *Haliscomenobacter hydrossis*, Typ 021N, Typ 0961.

Aus den Vorschlägen von Wanner (1994) wurden mittlerweile die folgenden, im europäischen Raum vereinbarten Begriffe gebildet:

- Schwefelbakterien
- Gramnegative Bakterien aus Hochlastanlagen
- Grampositive Bakterien aus Niedriglastanlagen

Dabei sind die Begriffe „Hochlast-/Niedriglastanlagen“ leicht mißverständlich, denn die Vergleichsgröße für „Hochlast“ sind die sehr niedrig belasteten, häufig auch unterlasteten Belebungsanlagen, die mit Schlammbelastungen B_{TS} deutlich < 0,15-0,05 kg kg^{-1} d^{-1} betrieben werden. Nicht selten sind Belebungsanlagen mit Schlammstabilisierung zu finden, deren Schlammbelastung dauerhaft nur um die B_{TS} 0,02 kg kg^{-1} d^{-1} liegt. Im Vergleich dazu werden dann höher belastete Anlagen als sogenannte Hochlastanlagen bezeichnet. Das bedeutet allerdings nicht, daß in deren Belebungsbecken eine hohe Substratkonzentration vorliegen muß. Im Gegenteil ist für viele, durch gramnegative Fäden betroffene Anlagen typisch, daß besondere Abwasserverhältnisse und geringe bzw. schwankende Substratkonzentrationen in den Belebungsbecken vorliegen.

In Kapitel 3 wird noch einmal ausführlicher auf die Selektionsbedingungen der am häufigsten vorkommenden fädigen Bakterien eingegangen.

2 Durchführung der mikroskopischen Untersuchungen

Im folgenden Kapitel wird die Durchführung der mikroskopischen Untersuchung von Blähschlamm, Schwimmschlamm oder Schaum detailliert erläutert. Methoden zur mikroskopischen Blähschlammerkennung und zur Identifikation fadenförmiger Mikroorganismen werden in Einzelschritten dargestellt. Umfangreiches Bildmaterial soll dem Betrachter die Möglichkeit bieten, eigene Ergebnisse abzugleichen und einzuordnen.

Die mikroskopische Untersuchung ist nicht immer zwingend in vollem Umfang der dargestellten Methoden durchzuführen. So ist z.B. eine Identifikation der im belebten Schlamm vorhandenen fadenförmigen Mikroorganismen nur dann nötig, wenn sie deutlich vermehrt auftreten und zu Störungen im Betrieb der Kläranlage führen. Erst bei Kenntnis des Probleme verursachenden fädigen Mikroorganismus können aus dessen Wachstumscharakteristika geeignete Bekämpfungsmaßnahmen abgeleitet werden (vgl. Kap. 3).

Die Fädigkeit sollte dagegen regelmäßig im Rahmen der mikroskopischen Beurteilung des belebten Schlammes dokumentiert werden, auch wenn keine aktuellen Absetzprobleme vorliegen. Nur so kann gewährleistet werden, daß eine Anreicherung fädiger Mikroorganismen frühzeitig erkannt wird oder Bekämpfungsmaßnahmen in ihrer Effektivität kontrolliert werden können.

Das schlechte Absetzverhalten eines belebten Schlammes hängt zwar sehr oft, aber durchaus nicht immer, mit dem vermehrten Wachstum fadenförmiger Mikroorganismen zusammen. So können z.B. toxische Einflüsse die Flockenstruktur schädigen oder ganz zerstören, wodurch ein Absetzen des Schlammes eingeschränkt oder ganz verhindert wird. Die Beschreibung der Flockenmorphologie, d.h. der Gestalt, Struktur und Festigkeit, gehört daher zu der routinemäßigen Mikroskopie eines belebten Schlammes und ergänzt die Informationen aus der Bestimmung der Fädigkeit.

Für eine umfassende mikroskopische Untersuchung werden sowohl ungefärbte Lebendpräparate als auch an der Luft getrocknete, gefärbte Präparate betrachtet. Beide Techniken zur Herstellung von Präparaten sollen hier zunächst grundsätzlich erläutert werden. Welche Technik bei den verschiedenen Untersuchungen jeweils einzusetzen ist, kann in den entsprechenden Methodenkapiteln nachgelesen werden.

Für die Herstellung eines Lebendpräparates wird im ersten Schritt ein Tropfen belebten Schlammes der gut durchmischten Probe auf einen Objektträger gegeben. Der Objektträger sollte dazu möglichst fettfrei sein. Der Tropfen kann mit Hilfe einer Pipette (Abb. 2.1 a - 1.) oder einer Impföse aufgebracht werden. Anschließend wird ein Deckglas auf den Tropfen gelegt. Um den Einschluß von Luftblasen zu verhindern, wird das Deckglas schräg an den Tropfen angesetzt und vorsichtig fallen gelassen (Abb. 2.1 a - 2.). Der aufgebrachte Tropfen sollte groß genug sein, um den Raum unter dem Deckglas vollständig zu füllen, aber nicht zu groß, da sonst das Deckglas „schwimmt". Überschüssiges Wasser wird mit einem Papiertuch vorsichtig am Deckglasrand abgesogen.

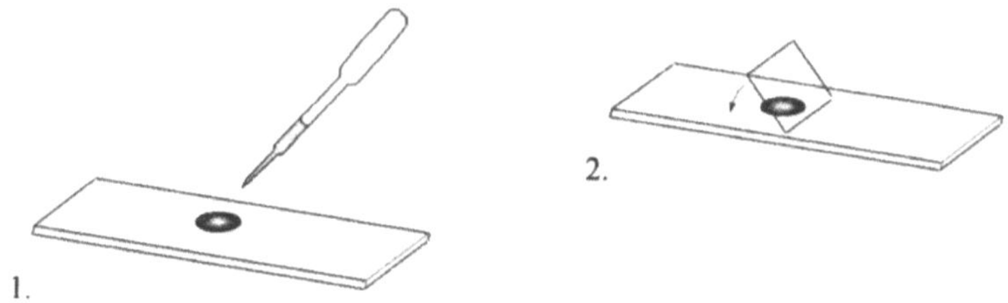

Abb. 2.1 a Herstellung eines Lebendpräparates

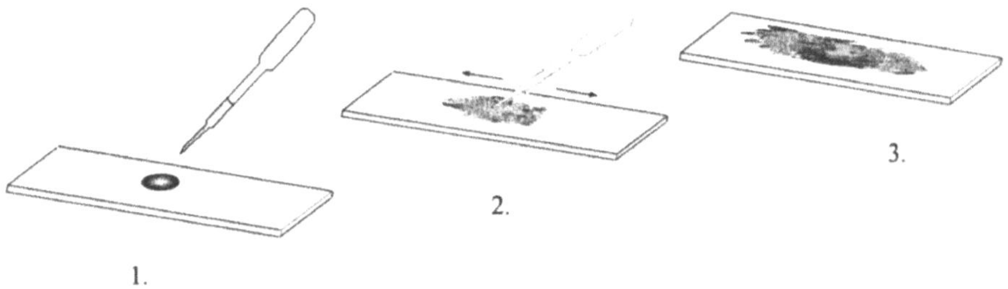

Abb. 2.1 b Herstellung eines Trockenpräparates

Trockenpräparate werden immer dann eingesetzt, wenn ein Präparat gefärbt werden soll. Die Herstellung des Präparates erfolgt wiederum unmittelbar nach der Probenahme. Ein Tropfen des belebten Schlammes wird auf den fettfreien Objektträger gegeben (Abb. 2.1 b - 1.) und mit der Seite der Pipettenspitze oder der Impföse gleichmäßig dünn auf dem Objektträger ausgestrichen (Abb. 2.1 b - 2.). Anschließend wird das Präparat an der Luft getrocknet (Abb. 2.1 b - 3.). Anders als das Lebendpräparat muß das Trockenpräparat nicht zwingend sofort betrachtet werden. Da es sich um eine fixierte Probe handelt, kann sie staubfrei aufbewahrt und zu einem späteren Zeitpunkt untersucht werden.

2.1 Bestimmung der Flockenmorphologie

Die Morphologie der Schlammflocken wird im Lebendpräparat bei 100-120facher Vergrößerung bestimmt. Die ideale Flocke ist kräftig, kompakt und abgerundet (Abb. 2.2 a). Ein belebter Schlamm mit entsprechender Flockenstruktur setzt sich im Nachklärbecken sehr gut ab und hat einen Schlammindex ISV deutlich < 150 ml g^{-1}. Die Ausprägung der Schlammflocke hängt unmittelbar mit der Schlammbelastung zusammen. In schwächer belasteten Anlagen findet man eher kompakte kleine Flocken, meist mit dunklen Kernbereichen bestehend aus anorganischem Material und organischen Stoffen. Mit steigender Schlammbelastung wird die Flocke lockerer und ist meist unregelmäßiger geformt. In hoch belasteten Anlagen sind häufig „Auswüchse“ der Flockenrandzonen zu beobachten.

Die Anwesenheit fadenförmiger Mikroorganismen im belebten Schlamm (Abb. 2.2 c) führt oft zu deutlichen Veränderungen der Flockenstruktur. Dabei beeinflussen verschiedene fadenförmige Mikroorganismen auf Grund unterschiedlicher Wuchsformen die Ausprägung der Schlammflocken in unterschiedlicher Weise. Typ 021N wächst z.B. überwiegend aus der Flocke heraus, so daß die Flockenanteile kompakt bleiben (Abb. 2.2 b). Trotzdem setzt sich ein Schlamm mit einem starken Wachstum von Typ 021N schlecht ab, da die Fäden zwischen den Flocken als Brücken fungieren und so ein Absetzen verhindern. Anders als Typ 021N durchwächst *Microthrix parvicella* die gesamte Flocke. Die Flocke erhält dadurch eine lockere, unregelmäßige Struktur, die das Absetzen ebenfalls deutlich erschwert (Abb. 2.2 d). Kurze Fäden, die hauptsächlich in der Flocke wachsen, wie z.B. Typ 0092, beeinflussen das Absetzverhalten eines belebten Schlammes nur unwesentlich, da sie die Flockenstruktur kaum verändern. Häufig erscheint die Flocke auf den ersten Blick „normal“ kompakt (Abb. 2.2 e) und erst die Färbung von Trockenpräparaten offenbart die hohe Fädigkeit.

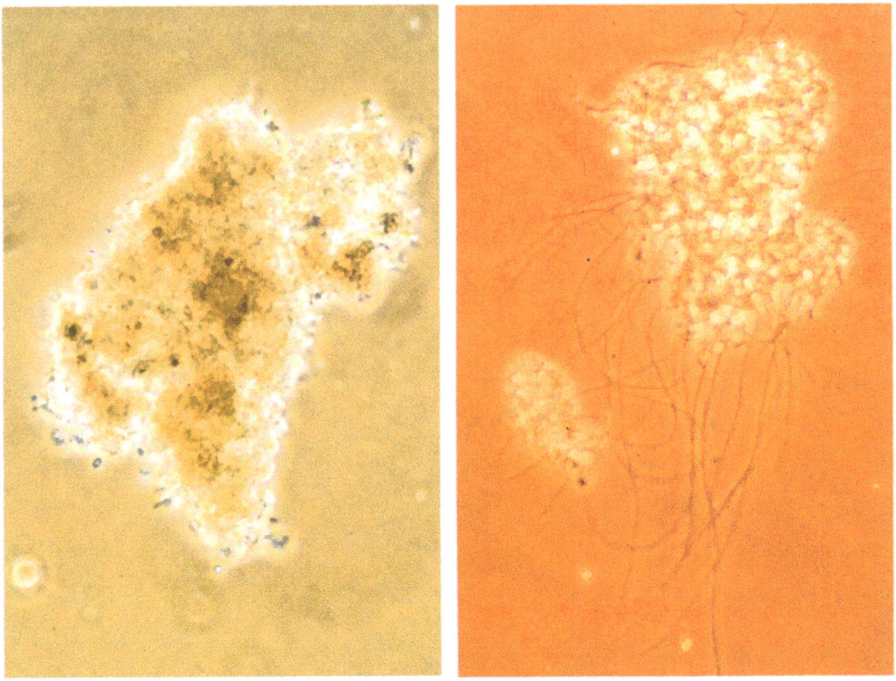

a) b)

Abb. 2.2 Referenz-Bilder zur Flockenmorphologie
a) Kompakte, abgerundete Schlammflocke.
b) Fadenförmige Bakterien (Typ 021N) wachsen aus der Schlammflocke heraus. Die Flocke ist weiterhin kompakt – trotzdem schlechtes Absetzverhalten, da die Fäden Brücken zwischen den Flocken bilden.

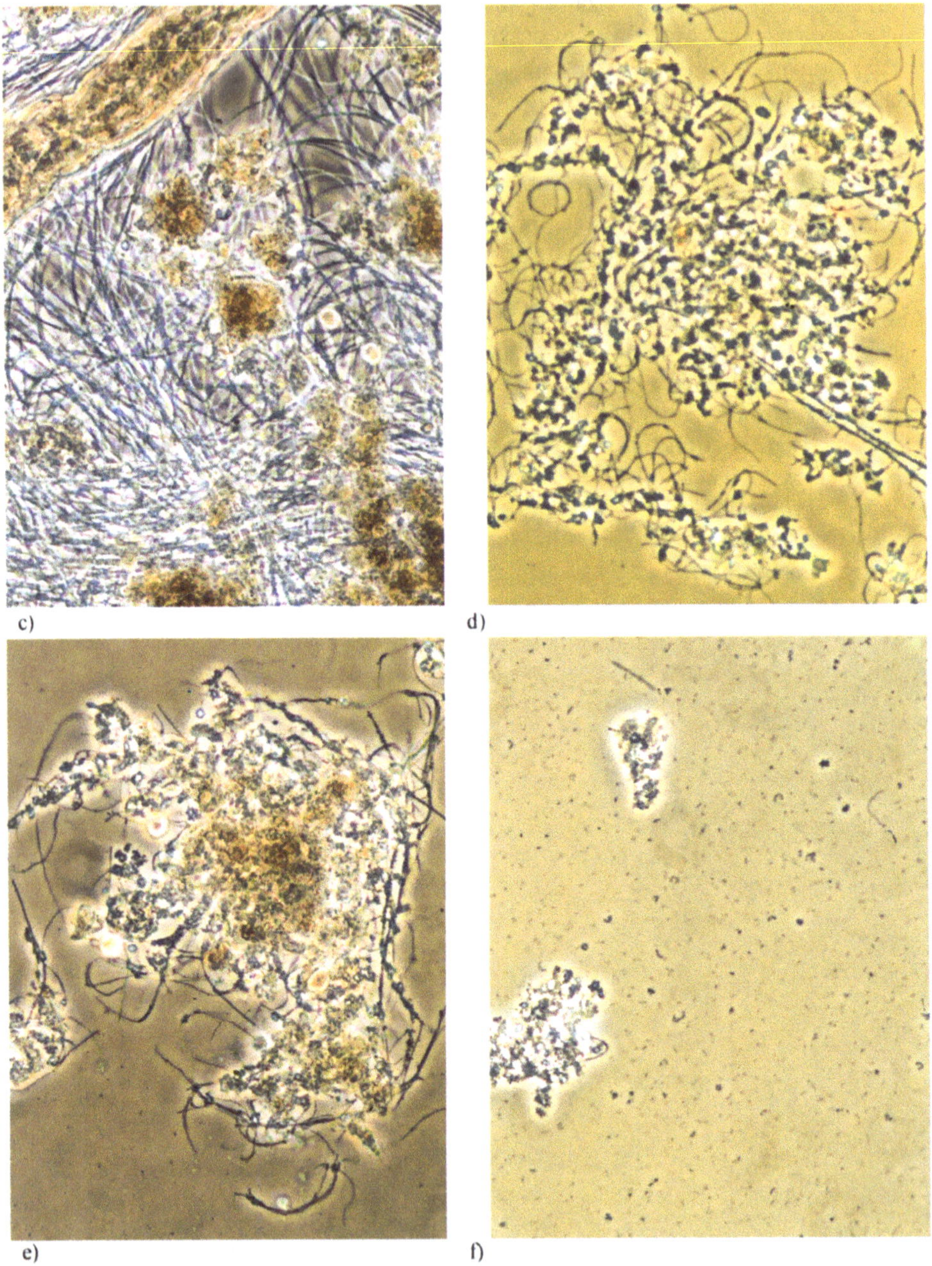

Abb. 2.2 Referenz-Bilder zur Flockenmorphologie

c) Massenwachstum von fadenförmigen Bakterien. Flockenanteile treten in den Hintergrund.

d) Fadenförmige Bakterien (*Microthrix parvicella*) wachsen hauptsächlich in der Flocke. Die Schlammflocke ist dadurch locker strukturiert und unregelmäßig geformt.

e) Die Schlammflocke ist stark von fadenförmigen Bakterien durchwachsen, erscheint trotzdem kompakt, mit „ausgefransten" Rändern.

f) Flockenzerfall – viele freie Bakterien und kleine Flockenreste („pin-point" Flocken), die beim Absetzen einen getrübten Überstand hervorrufen.

Für den Schlammindex ISV ergibt sich somit eine direkte Abhängigkeit von der Flockenstruktur. Da fadenförmige Mikroorganismen die Flockenstruktur in unterschiedlicher Weise verändern, kann jedoch keine allgemeingültige Abhängigkeit zwischen der Anreicherung fadenförmiger Mikroorganismen und dem Schlammindex ISV formuliert werden.

Der Flockendurchmesser kann mit Hilfe eines Okularmikrometers – einer kleinen Meßskala, die ins Okular eingesetzt wird – bestimmt werden. Große Flocken haben einen Durchmesser > 500 µm. Unter einem mittleren Flockendurchmesser faßt man 150-500 µm zusammen, während Flocken mit einem Durchmesser < 150 µm auch als „pin-point" („Stecknadelkopf") Flocken bezeichnet werden (Abb. 2.2 f). Aufgrund ihres geringen Gewichts haben diese kleinen Flocken ein schlechtes Absetzverhalten. Bei stark fädigen Schlämmen kommt es vor, daß keine Einzelflocken meßbar sind.

Abbildung 2.2 a-f zeigt die genannten Flockenstrukturen als Vergleichsbilder für eigene Untersuchungsergebnisse.

2.2
Bestimmung der ISV relevanten Fädigkeit mit Hilfe der Kristallviolettfärbung

Kommen fadenförmige Bakterien im belebten Schlamm vor, ist es wichtig, nicht nur diese Tatsache zu dokumentieren, sondern auch die Anzahl der Fäden zumindest grob zu quantifizieren. Für die Routineuntersuchung hat sich dazu eine mikroskopische Methode durchgesetzt, die schnell und einfach durchführbar ist. Die Anzahl fädiger Mikroorganismen wird visuell bei einer ca. 100fachen Vergrößerung abgeschätzt. Damit die Beschreibung der Fadenhäufigkeit nicht rein subjektiv erfolgt, wird das mikroskopische Bild mit Referenz-Abbildungen verglichen, die steigende Fädigkeiten zeigen und mit Fädigkeitskategorien oder Fädigkeitsstufen belegt sind. Durch den Abgleich des eigenen mikroskopischen Bildes mit diesen Referenz-Abbildungen kann dem untersuchten belebten Schlamm eine bestimmte Fädigkeitskategorie oder Fädigkeitsstufe zugeordnet werden. Auch wenn die Methode auf den ersten Blick immer noch sehr subjektiv erscheint, so hat die Praxis gezeigt, daß verschiedene Personen bei Verwendung der gleichen Referenz-Bilder Ergebnisse mit nur geringer Abweichung erzielen.

Umfangreiche mikroskopische Untersuchungen von belebten Schlämmen vor allem kommunaler Anlagen veranlaßten Knoop (1997) zu einer Neustrukturierung der Fädigkeitskategorien von Jenkins et al. (1993) und Eikelboom u. van Buijsen (1983). Letztere publizierten 4 Fädigkeitskategorien, die für eine Einordnung eines belebten Schlammes durchaus ausreichend sind, sich aber als zu grob erwiesen, um kleinere Veränderungen der Fadenhäufigkeit z.B. infolge veränderter Betriebsstrategien dokumentieren zu können. Jenkins et al. (1993) differenzierten insgesamt 6 verschiedene Fädigkeitskategorien. Diese werden aber mit Bildern dokumentiert, die nicht alle von dem gleichen dominanten Faden geprägt sind. Die von den Autoren veröffentlichten Referenz-Abbildungen, die für die Gesamtfädigkeit der Stufen 5 und 6 stehen, zeigen einen dominanten Faden, der Brücken zwischen den Flocken ausbildet und auf diese Weise zu einem schlechten Absetzverhalten des Schlammes führt.

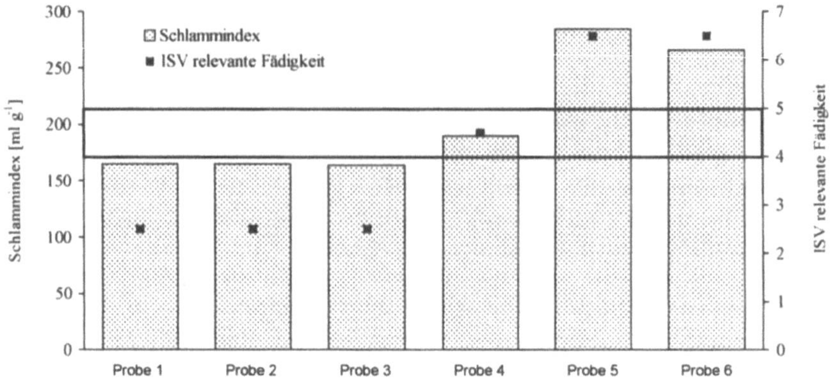

Abb. 2.3 Zusammenhang zwischen der ISV relevanten Fädigkeit und dem Schlammindex ISV

Von Knoop (1997) wurden hauptsächlich belebte Schlämme und Schäume kommunaler Kläranlagen mikroskopiert, die von *Microthrix parvicella* dominiert waren. Dieser Faden bildet keine Brücken zwischen den Flocken aus, so daß die Schlammflocke – auch bei hoher Häufigkeit von *M. parvicella* – ein völlig anderes Erscheinungsbild zeigt, als die von Jenkins et al. (1993) publizierten Referenz-Bilder. *M. parvicella* durchwächst die gesamte Schlammflocke. Wegen seiner Länge (200-500 µm) und seiner in losen Schlaufen ausgebildeten Wuchsform wird die ganze Flocke leicht, locker, diffus und setzt sich schlecht ab. Aufgrund dieses Erscheinungsbildes waren die *M. parvicella*-dominierten Schlämme und Schäume den Fädigkeitskategorien nach Jenkins et al. nicht zuzuordnen.

Die Abbildungen 2.4 a-h zeigen die von Knoop (1997) entwickelten Fädigkeitsstufen für Blähschlamm, Schwimmschlamm und Schaum, die anders als bei Jenkins et al. (1993) oder Eikelboom u. van Buijsen (1983) nicht im Lebendpräparat, sondern mit Hilfe einer Färbung durch Kristallviolett festgelegt wurden. Die Fädigkeitsstufen sind auf alle fädigen Organismen anwendbar. In zahlreichen Testphasen im Rahmen von Mikroskopiekursen, an denen in der mikroskopischen Analyse völlig unerfahrene Personen teilnahmen, ergab sich eine gute Reproduzierbarkeit der Fadenhäufigkeitsabschätzung mit Kristallviolett.

In den Referenz-Abbildungen 2.4 a-h ist das ungefärbte Lebendpräparat jeweils einem Kristallviolett-Präparat gegenübergestellt. Es zeigte sich in den Mikroskopiekursen häufig, daß eine durch *M. parvicella* hervorgerufene Fädigkeitsstufe 4, die für das Absetzverhalten des belebten Schlammes bereits bedenklich ist, im Lebendpräparat mit ungeübtem Auge kaum zu erkennen ist. Die Kristallviolettfärbung zum Abschätzen der Fadenhäufigkeit stellt hier eine erhebliche Vereinfachung der Einordnung fädiger belebter Schlämme in die verschiedenen Kategorien dar, da durch das leuchtend orange-gelbe Erscheinungsbild Fäden auch innerhalb der Flocke deutlich sichtbar werden. Auch dem ungeübten Betrachter wird so ein frühzeitiges Erkennen von z.B. *M. parvicella* ermöglicht.

Will man aus der mikroskopisch ermittelten Fadenhäufigkeit Rückschlüsse auf das Absetzverhalten ziehen, so ist eine Berücksichtigung der Fäden in der Flokke, die strukturverändernd auf die Flocke wirken, unerläßlich. Da diese Fäden in der Kristallviolettfärbung mit erfaßt werden, ist es möglich, die neuen Fädigkeitsstufen mit dem Schlammindex ISV zu korrelieren (Abb. 2.3). Die mit Hilfe der Kristallviolettfärbung ermittelte Fadenhäufigkeit wird daher im folgenden als *ISV relevante Fädigkeit* bezeichnet. Tabelle 2.1 faßt zusammen, welcher ungefähre Schlammindex ISV aus der mikroskopisch ermittelten ISV relevanten Fädigkeit zu erwarten ist. Dabei muß jedoch weiterhin beachtet werden, daß sich Fäden auf Grund unterschiedlicher Wuchsform unterschiedlich auf den ISV auswirken und die Werte aus diesem Grund nur Bereiche angeben können.

Die Fädigkeitsstufen 0 und 1 von Jenkins et al. (1993), die mit „keinen“ bzw. „einigen“ Fäden im belebten Schlamm beschrieben sind, werden in den neuen Referenz-Abbildungen 2.4 a-h der ISV relevanten Fädigkeit in der Stufe 0-1 zusammengefaßt, da es kaum Schlämme ohne Fäden gibt (Abb. 2.4 a). Selbst die „ideale“ Flocke beinhaltet immer einzelne Fäden. Sie dienen ihr als sogenanntes „Rückgrat“ und geben ihr Festigkeit bei Turbulenzen im volldurchmischten Belebungsbecken.

Im Lebendpräparat wird deutlich, daß die Stufe 5 der ISV relevanten Fädigkeit dadurch gekennzeichnet ist, daß noch einige Einzelflocken erkennbar sind (Abb. 2.4 e), während bei Stufe 6 alle Flocken ineinander greifen. Dieser Unterschied verwischt sich im Kristallviolettpräparat etwas, da durch das Trocknen der Präparate die Flocken näher „zusammenrutschen“. Zur Stufe 6 werden auch generell Schlämme gezählt, die eine große Anzahl von Fäden frei in der wäßrigen Phase zeigen (Abb. 2.4 f). Die Stufe 6-7 der ISV relevanten Fädigkeit kennzeichnet einen durchmischten belebten Schlamm, dessen enorme Anreicherung an Fäden gerade noch ohne Verdünnung des Schlammes wahrgenommen werden kann (Abb. 2.4 g). Die Stufe 7 der ISV relevanten Fädigkeit kommt nur bei Schäumen vor. Abb. 2.4 h zeigt, daß die massenhafte Anreicherung von *M. parvicella* im Präparat der unverdünnten Probe bei 120facher Vergrößerung den Eindruck erweckt, daß der Schlamm nicht oder nur wenig fädig ist. Bei 480facher Vergrößerung wird die Fädigkeit deutlicher. Erst bei hoher Verdünnung (1 Tropfen Schaum in 30-50 ml Wasser) wird die starke Fädigkeit klar erkennbar.

Tabelle 2.1 Erfahrungswerte zum Zusammenhang zwischen der ISV relevanten Fädigkeit und dem Schlammindex ISV

ISV relevante Fädigkeitsstufe [-]	Schlammindex ISV [ml g^{-1}]
0-1, 2 und 3	< bzw. stabil um 150
4 und 5	> 150
6 und 6-7	> 200
7	nur für Schaum

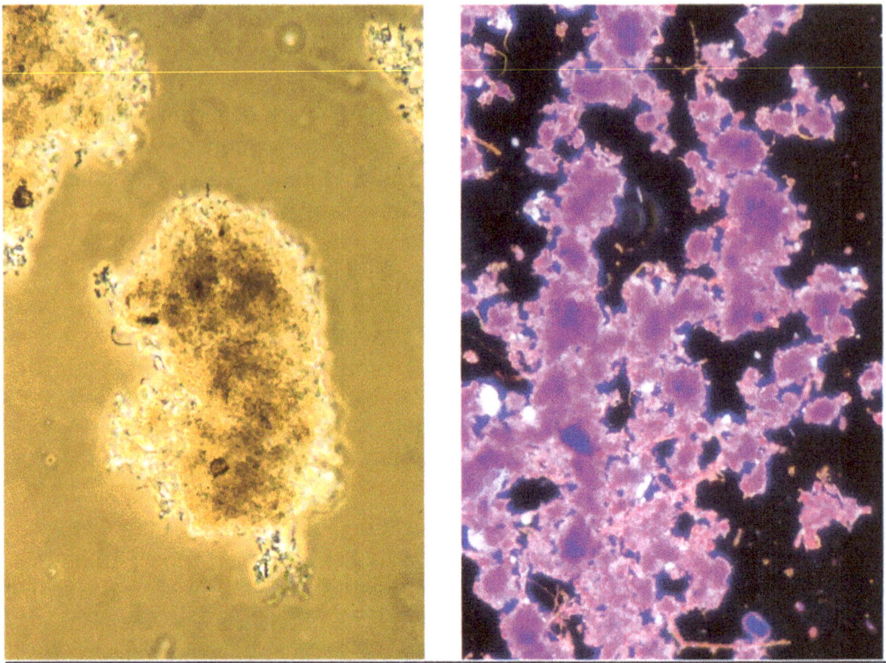

Lebendpräparat
ungefärbt
120fache Vergrößerung

a) **Fädigkeitsstufe 0-1**

Trockenpräparat
Kristallviolettfärbung
120fache Vergrößerung

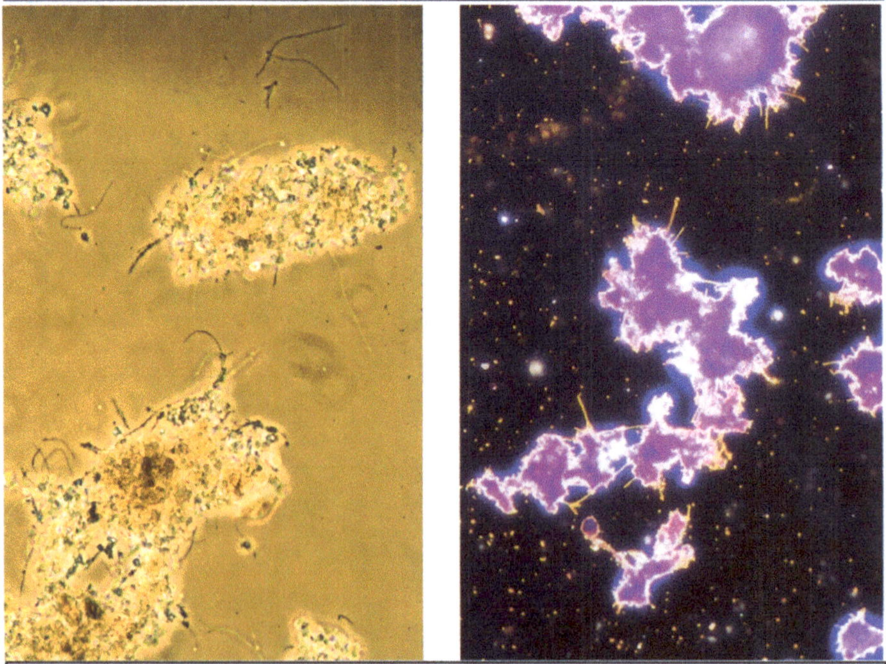

Lebendpräparat
ungefärbt
120fache Vergrößerung

b) **Fädigkeitsstufe 2**

Trockenpräparat
Kristallviolettfärbung
120fache Vergrößerung

Abb. 2.4 Referenz-Bilder zur Bestimmung der ISV relevanten Fädigkeit (Stufen 0-1 und 2)

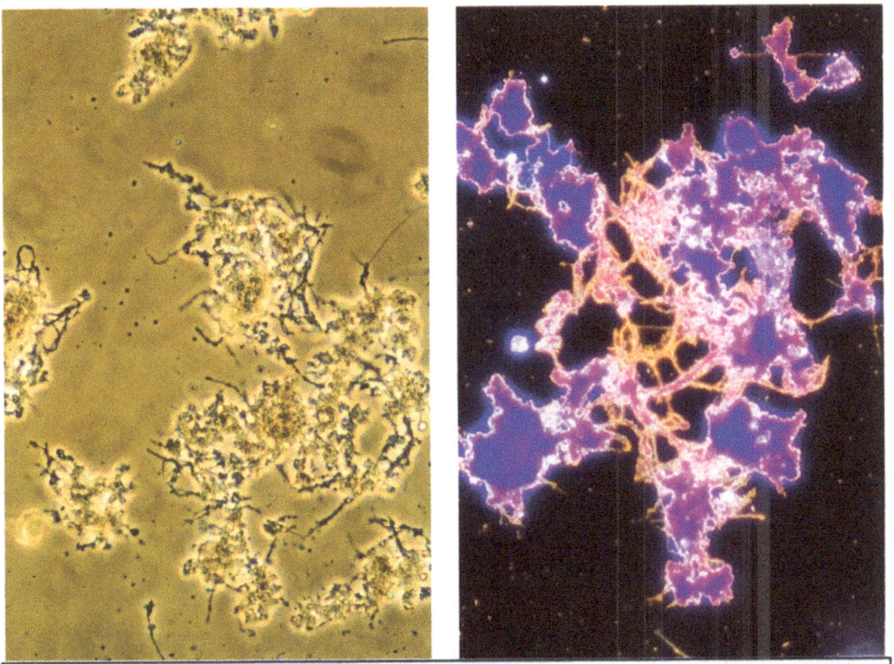

Lebendpräparat
ungefärbt
120fache Vergrößerung

c) **Fädigkeitsstufe 3**

Trockenpräparat
Kristallviolettfärbung
120fache Vergrößerung

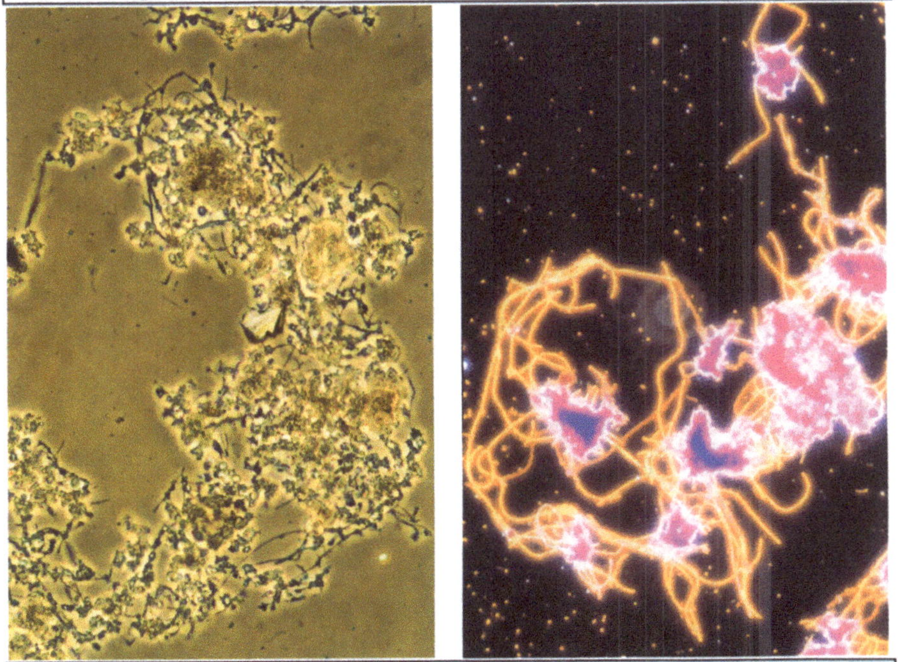

Lebendpräparat
ungefärbt
120fache Vergrößerung

d) **Fädigkeitsstufe 4**

Trockenpräparat
Kristallviolettfärbung
120fache Vergrößerung

Abb. 2.4 Referenz-Bilder zur Bestimmung der ISV relevanten Fädigkeit (Stufen 3 und 4)

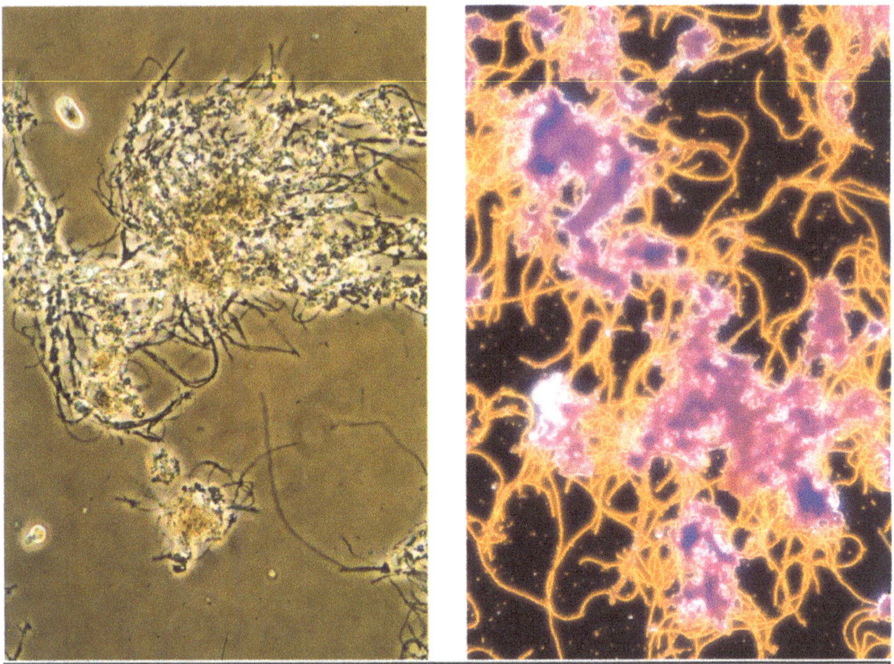

Lebendpräparat
ungefärbt
120fache Vergrößerung

e) **Fädigkeitsstufe 5**

Trockenpräparat
Kristallviolettfärbung
120fache Vergrößerung

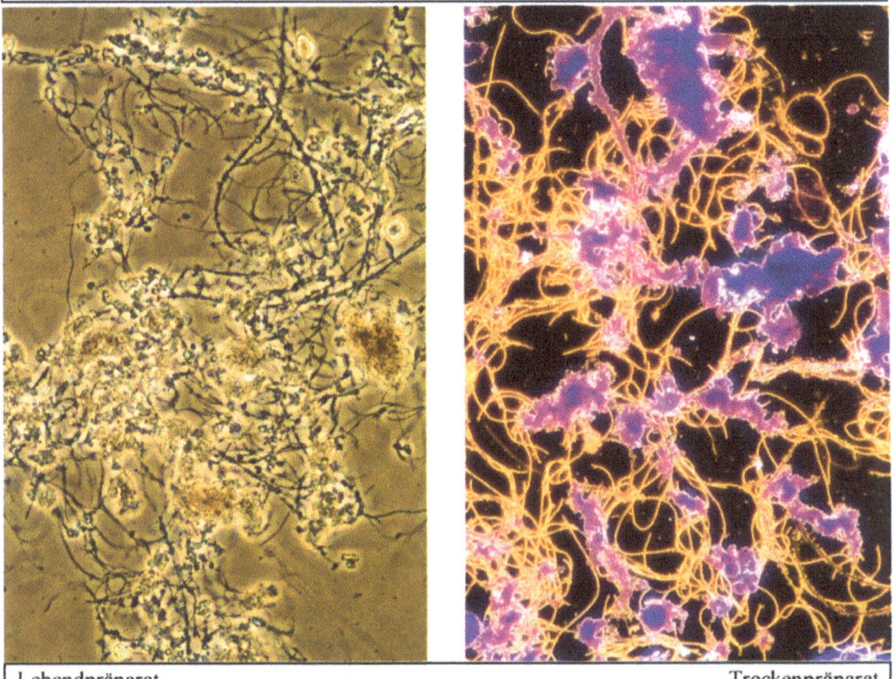

Lebendpräparat
ungefärbt
120fache Vergrößerung

f) **Fädigkeitsstufe 6**

Trockenpräparat
Kristallviolettfärbung
120fache Vergrößerung

Abb. 2.4 Referenz-Bilder zur Bestimmung der ISV relevanten Fädigkeit (Stufen 5 und 6)

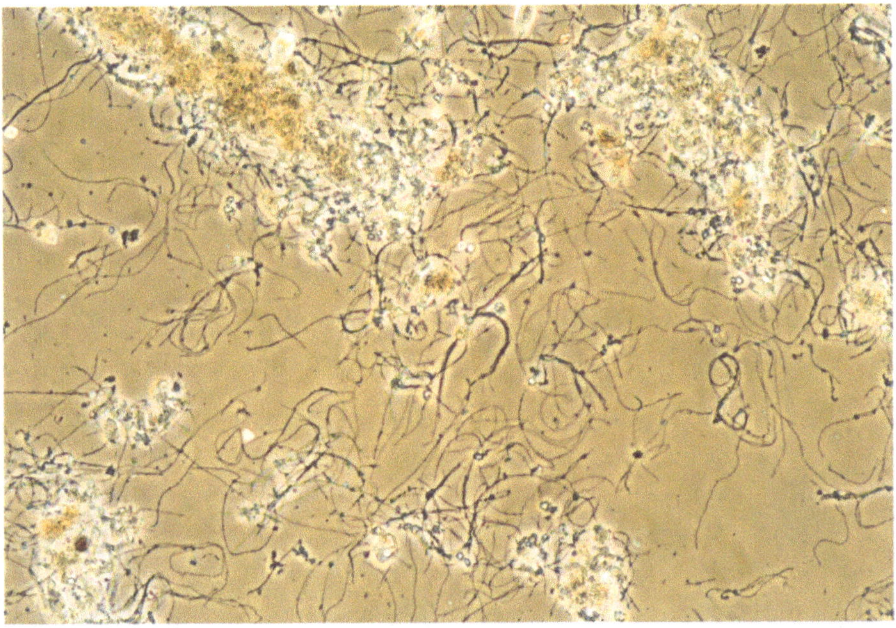

Lebendpräparat ungefärbt 120fache Vergrößerung	f) **Fädigkeitsstufe 6** viele Fäden frei in der wäßrigen Phase

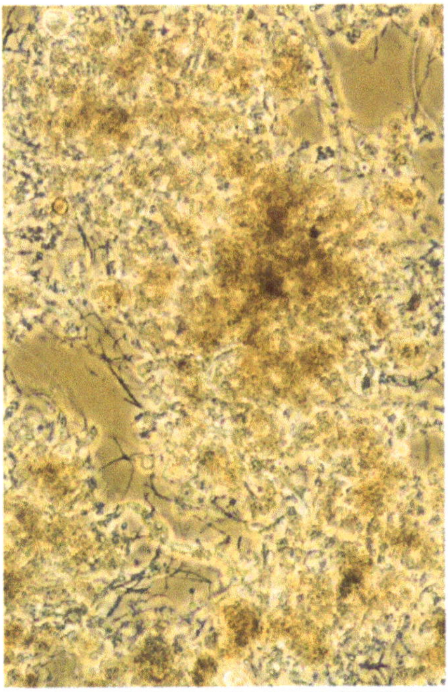

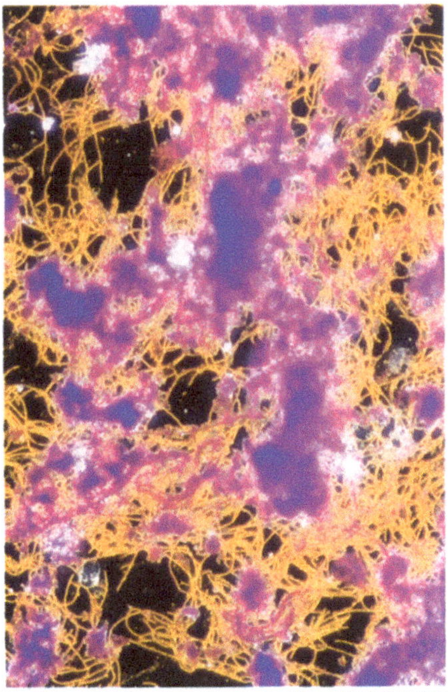

Lebendpräparat ungefärbt 120fache Vergrößerung	g) **Fädigkeitsstufe 6-7**	Trockenpräparat Kristallviolettfärbung 120fache Vergrößerung

Abb. 2.4 Referenz-Bilder zur Bestimmung der ISV relevanten Fädigkeit (Stufen 6 und 6-7)

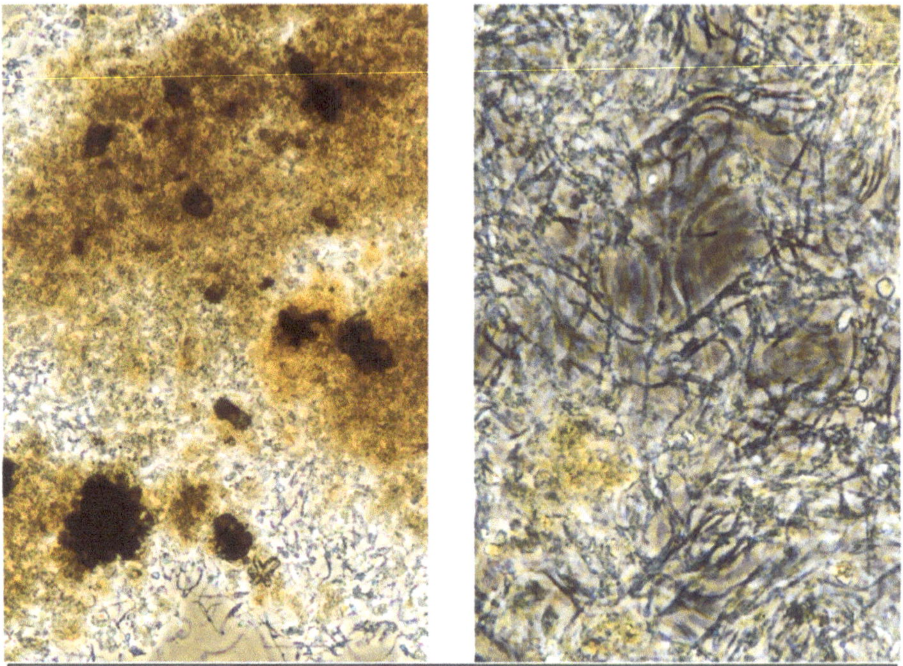

Lebendpräparat ungefärbt 120fache Vergrößerung	h) **Fädigkeitsstufe 7** unverdünnte Probe	Lebendpräparat ungefärbt 480fache Vergrößerung

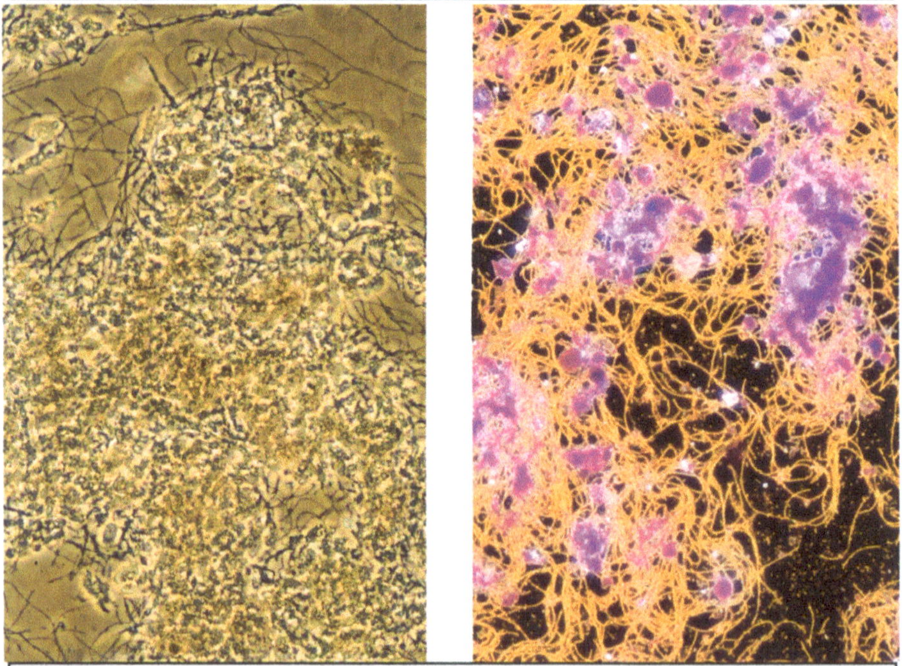

Lebendpräparat ungefärbt 120fache Vergrößerung	h) **Fädigkeitsstufe 7** stark verdünnte Probe	Trockenpräparat Kristallviolettfärbung 120fache Vergrößerung

Abb. 2.4 Referenz-Bilder zur Bestimmung der ISV relevanten Fädigkeit im Schaum (Stufe 7)

Tabelle 2.2 Abgleich der ISV relevanten Fädigkeitsstufen mit den Fädigkeitskategorien von Eikelboom u. van Buijsen (1983)

ISV relevante Fädigkeitsstufen [-]	Fädigkeitskategorien nach Eikelboom u. van Buijsen (1983) [-]
0-1	0 und 1
2	-
3	2
4	**3**
5	**3**
6	**3**
6-7	4
7	-

Abgleich der ISV relevanten Fädigkeitsstufen mit den Fädigkeitskategorien nach Eikelboom u. van Buijsen (1983). Tabelle 2.2 zeigt eine Gegenüberstellung der mit Hilfe der Kristallviolettfärbung festgelegten ISV relevanten Fädigkeitsstufen und der aus dem Lebendpräparat zu bestimmenden Fädigkeitskategorien nach Eikelboom u. van Buijsen.

Die Fädigkeitskategorien 0 und 1 von Eikelboom u. van Buijsen wurden in einer Stufe 0-1 zusammengefaßt. In den Fädigkeitskategorien von Eikelboom u. van Buijsen ergibt sich eine nur geringe Differenzierungsmöglichkeit in genau dem Bereich von Fädigkeit (Kategorie 3), in dem Betriebsprobleme entstehen. Während Schlämme in Kategorie 2 noch keine großen Absetzprobleme haben, erreichen Schlämme der Kategorie 3 sicher Schlammindices > 150 ml g^{-1}. Gerade in diesem Bereich der Problementstehung durch Blähschlamm erscheint eine Aufweitung der Skala, mit dem Ziel der feineren Einordnung, sinnvoll. Die Kategorie 3 von Eikelboom u. van Buijsen wurde daher in die Stufen 4, 5 und 6 gesplittet. Die Möglichkeit der Einordnung von Schwimmschlämmen bzw. Schäumen ist nach der Skala von Eikelboom u. van Buijsen kaum möglich, da ein derart massenhaftes Auftreten fädiger Bakterien hier nicht berücksichtigt wird. Die Stufe 7 der ISV relevanten Fädigkeit kennzeichnet daher die massenhafte Anreicherung fädiger Bakterien in Schwimmschlämmen und Schäumen.

Durchführung der Kristallviolettfärbung

Kristallviolett ist ein Triphenylmethan-Farbstoff und zählt zu den basischen Anilinfarben. In der Mikrobiologie ist dieser Farbstoff in erster Linie durch die Anwendung bei der Gram-Färbung bekannt. Kristallviolett färbt nach Anlagerung an die zu färbenden Strukturen direkt und mit metachromatischen Effekten. Um diese Effekte nicht zu beeinträchtigen, dürfen ausschließlich stark verdünnte Farbstofflösungen verwendet werden.

<u>Färbelösung:</u>

Kristallviolett (Merck 9218), 0,2%ige Verdünnung in dest. Wasser.

Durchführung:

- Trockenpräparat herstellen.
- Einen kleinen Tropfen der Färbelösung direkt auf das Präparat geben. Sofort mit einem Deckglas abdecken und mit einem Stift o.ä. vorsichtig andrücken.
- Überschüssige Lösung am Rand des Deckglases mit einem Papiertuch absaugen.

Mikroskopeinstellung:

Das fertige Präparat wird *sofort* bei 100-120facher Vergrößerung (d.h. mit dem 10er Objektiv) im Dunkelfeld mikroskopiert.

Vor dem dunklen Hintergrund hebt sich das Bild des belebten Schlammes ab. Große kompakte Flockenbereiche sind violett gefärbt. Freie Mikroorganismen, die nicht in die Flocken eingebunden sind, sowie die meisten fädigen Mikroorganismen werden durch eine orange-gelbe, leuchtende Färbung auffällig. Durch Abgleich mit den Referenz-Abbildungen 2.4 a-h kann die Stufe der ISV relevanten Fädigkeit bestimmt werden.

2.3 Bestimmung der Viskosität durch Negativ-Darstellung mit Tusche

Zum Schäumen neigende belebte Schlämme zeigen häufig einen erhöhten Gehalt an extrazellulären polymeren Substanzen (EPS), der durch eine einfache Negativ-Darstellung mit Tusche mikroskopisch sichtbar gemacht und grob quantifiziert werden kann. Die ursprüngliche Methode zum Nachweis von Verschleimungen und anderen viskosen Strukturen im belebten Schlamm wurde von Jenkins et al. (1993) veröffentlicht. Beim Vermischen eines Schlammes mit indischer Tusche durchdringt diese die Flocke im Normalfall nahezu vollständig. Ist ein hoher Gehalt an EPS vorhanden, wird das Eindringen der Tusche in die Flocke behindert und es bleiben helle Bereiche, die vom Licht des Mikroskops durchstrahlt werden.

Tabelle 2.3 Beschreibung der Stufen für die Viskosität bzw. den EPS-Gehalt von Schlämmen und Schäumen

Stufe für Viskosität / EPS [-]	Beschreibung
1	kleine helle Bereiche / geringer EPS-Gehalt
2	mittelgroße helle Bereiche / mittlerer EPS-Gehalt
3	große helle Bereiche / großer EPS-Gehalt
4	zusammenhängende große helle Bereiche / sehr großer EPS-Gehalt

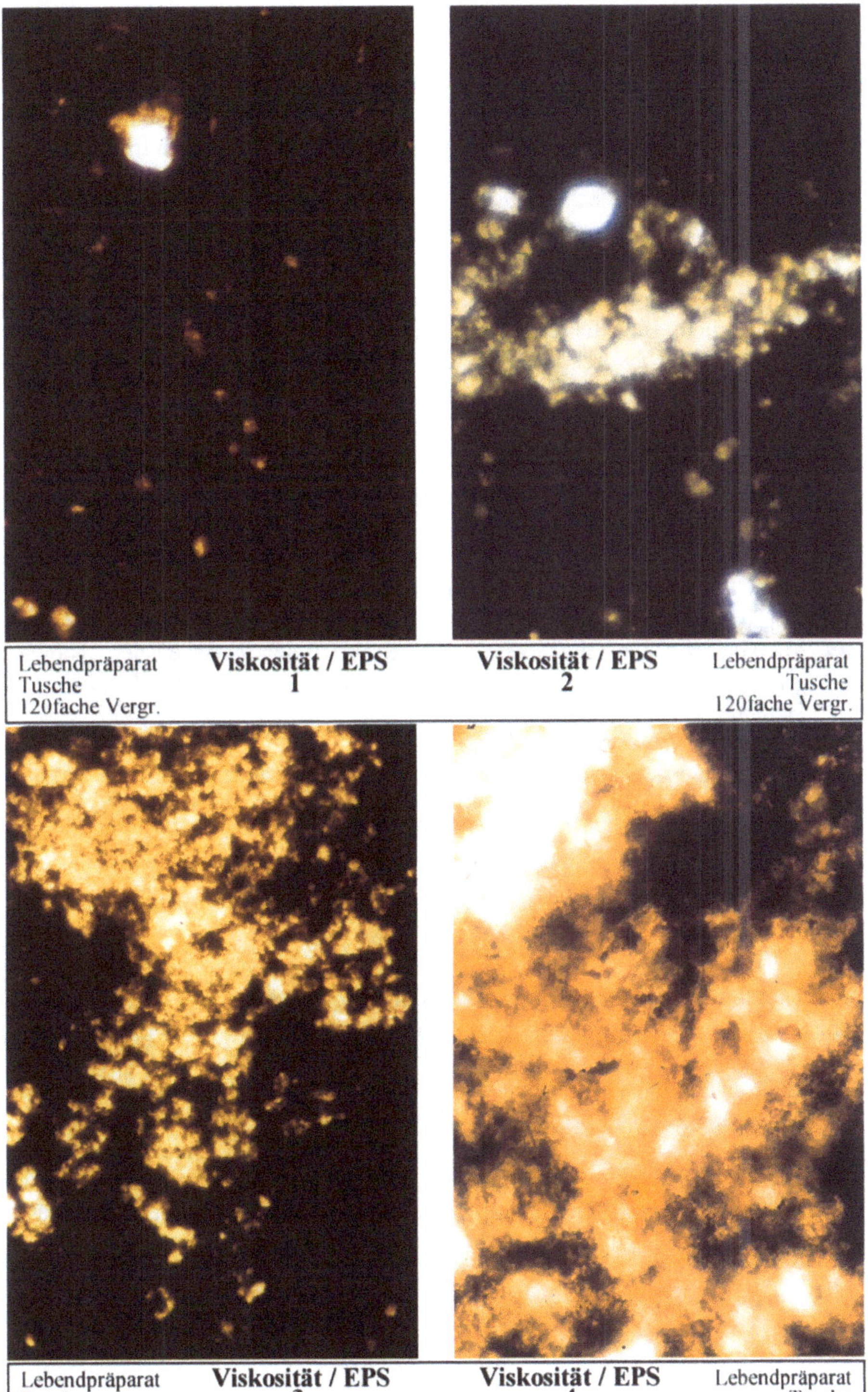

Abb. 2.5 Referenz-Bilder zur Bestimmung der Viskosität bzw. des EPS-Gehaltes (Stufen 1-4)

Um den Gehalt an EPS in einem durchmischten Schlamm oder Schaum klassifizieren zu können, war es nötig, den Test zu standardisieren. Indische Tusche wurde durch schwarze Zeichentusche (Standard Graph Nr. 550201) ersetzt. Durch diese sehr dunkle Zeichentusche wird gewährleistet, daß das gesamte Präparat nach kräftigem Verrühren von schwarzer Tusche durchdrungen wird und nur die schleimigen Bereiche tuschefrei bleiben. Ferner wurden – vergleichbar zu den Fädigkeitsstufen – Referenz-Abbildungen erstellt, die steigende Viskositäten oder EPS-Gehalte in belebten Schlämmen abbilden (Abb. 2.5). Tabelle 2.3 beschreibt die insgesamt 4 Stufen der Viskosität, die für eine Probe belebten Schlammes vergeben werden können. Die Entscheidung für genau 4 Stufen erfolgte willkürlich. Eine feinere Skalierung erschien nicht sinnvoll, da es sich lediglich um eine grobe Abschätzung handeln kann.

Durchführung der Negativ-Darstellung mit Tusche

„Färbelösung":

Standard Graph Nr. 550201, schwarze Zeichentusche (wäßrige Suspension von schwarzen Kohlenstoffpartikeln - 13 g in 23 ml).

Durchführung:

- Einen Tropfen Schlammprobe mit einer Glaspipette auf einen fettfreien Objektträger geben.
- Mit einer zweiten Glaspipette derselben Art (wichtig wegen der Tropfengröße) einen Tropfen Tusche (bei Schaum 2 Tropfen) auf den belebten Schlamm geben.
- Beides gut miteinander verrühren.
- Vorsichtig ein Deckglas auflegen und dieses leicht andrücken.
- Überschüssige Flüssigkeit am Rand des Deckglases mit einem Papiertuch absaugen.

Mikroskopeinstellung:

Das fertige Präparat wird *sofort* bei 100-120facher Vergrößerung im Hellfeld mikroskopiert.

Es ist darauf zu achten, daß für die Auswertung bzw. den Abgleich mit den Referenz-Bildern nur Bereiche im Präparat herangezogen werden, in denen Tusche in genügend hoher Dichte vorliegt. Die Tusche darf nicht bräunlich durchscheinend sein, sondern muß tiefschwarz erscheinen. Das Deckglas darf nach dem Auflegen nicht zu fest angedrückt werden, damit die Probe nicht gequetscht wird. Die Verteilung der EPS verändert sich bei höherem Druck, die helleren Bereiche sind dann stärker verteilt. Die hellen Bereiche können auch durch Protozoen oder eine hohe Dichte von *M. parvicella* hervorgerufen werden. Bei Unsicherheit, ob es sich tatsächlich um Schleime handelt, sollte eine stärkere Vergrößerung gewählt werden.

2.4 Identifizierung fadenförmiger Mikroorganismen

Das hier dargestellte Vorgehen bei der Identifizierung fadenförmiger Mikroorganismen beruht auf Methoden, die bereits bei Jenkins et al. (1993) und Eikelboom u. van Buijsen (1983) beschrieben sind. Aus der Erfahrung, daß ein ungeübter Betrachter meist Schwierigkeiten hat, die Merkmale der fädigen Mikroorganismen im Lebend- oder Färbepräparat sicher zu erkennen, ist das folgende Kapitel mit umfangreichem Bildmaterial unterlegt. Bei der Identifizierung kann jedes gefundene Merkmal noch einmal mit dem entsprechenden Bild abgeglichen und so überprüft werden.

Die Identifizierung erfolgt nach morphologischen Merkmalen, die im Lebendpräparat bestimmt werden (vgl. Kap. 2.4.1), und nach Merkmalen, die erst bei Anwendung verschiedener Färbemethoden am Trockenpräparat sichtbar werden (vgl. Kap. 2.4.2). Mit Hilfe von Bestimmungsschlüsseln wird aus dieser Merkmalskombination das unbekannte fadenförmige Bakterium identifiziert (vgl. Kap. 2.4.4). Um das eigene Identifizierungsergebnis überprüfen zu können, sind die am häufigsten vorkommenden fädigen Bakterien in Kap. 2.4.3 noch einmal in ihren wichtigsten Merkmalen beschrieben und abgebildet. Hier werden auch zusätzliche Anmerkungen zur Identifizierung einzelner Fäden gegeben.

2.4.1 Morphologische Merkmale fadenförmiger Mikroorganismen

Die Identifizierung fadenförmiger Mikroorganismen beginnt man am besten mit dem Lebendpräparat in der Phasenkontrast-Einstellung. Die zu wählende Vergrößerung hängt vom Merkmal ab, das betrachtet werden soll. Handelt es sich um die Bestimmung der Fadenposition oder Fadenform, so ist am besten eine ca. 100fache Vergrößerung einzusetzen, während bei Detailfragen nach Zellformen und -wänden eine ca. 1000fache Vergrößerung gewählt werden muß.

Im folgenden werden die morphologischen Merkmale aufgezählt, die zur Identifizierung eines fadenförmigen Mikroorganismus heranzuziehen und daher im einzelnen zu betrachten sind. Abbildung 2.6 zeigt die möglichen Ausprägungen der verschiedenen Merkmale.

Fadenposition (Abb. 2.6 a): Fadenförmige Mikroorganismen unterscheiden sich häufig bereits in ihrer Position zur Schlammflocke. Es gibt Fäden, die typisch aus der Flocke herauswachsen, und solche, die eher innerhalb der Flocke positioniert sind.

Fadenform (Abb. 2.6 b): Fadenförmige Mikroorganismen können eine gerade, gebogene oder verknäuelte Wuchsform aufweisen. Bei einigen Fäden, z.B. *Microthrix parvicella*, ist die Wuchsform ein wichtiges Hilfsmittel der Identifizierung.

Aufwuchs (Abb. 2.6 c): Die Oberfläche von fadenförmigen Bakterien kann entweder glatt sein oder einen Aufwuchs anderer Bakterien oder sogar kleiner Bakterienflocken aufweisen.

Verzweigungen (Abb. 2.6 d): Fadenförmige Mikroorganismen können Verzweigungen innerhalb eines Fadens aufweisen. Dabei unterscheidet man zwischen echten und unechten Verzweigungen. Während bei echten Verzweigungen die Zellen tatsächlich verzweigt sind, handelt es sich bei unechten Verzweigungen um zwei Fäden, von denen einer mit seinem Ende am anderen „angeheftet" ist. Die Fäden wachsen vom Berührungspunkt auseinander, so daß eine Scheinverzweigung oder unechte Verzweigung entsteht. Im belebten Schlamm kommen unechte Verzweigungen lediglich bei *Sphaerotilus natans* vor. Echte Verzweigungen kann man bei nocardioformen Actinomyceten und Pilzen beobachten.

Scheide (Abb. 2.6 e): Fadenförmige Bakterien können von einer Scheide umhüllt sein, die sich wie ein Mantel um den Faden legt. Dieses Merkmal ist äußerst schwierig zu erkennen. Gerade im Phasenkontrast sieht man Fäden manchmal von einer gelblich scheinenden Hülle umgeben, die aber i.d.R. durch die Phasenkontrast-Beleuchtung hervorgerufen wird. Eine Scheide ist dann am einfachsten zu erkennen, wenn sie entweder als leere Hülle vorliegt oder einzelne Zellen im Faden fehlen. Lösen sich einzelne Zellen im Faden auf, so kommt es vor, daß die Zellwände stehenbleiben. Diese können dann leicht mit einer Scheide verwechselt werden. Scheidenbildende Bakterien zeigen häufig Aufwuchs, so daß ein Auftreten dieses Merkmals als Hinweis auf eine Scheide gewertet werden kann.

Beweglichkeit: Nur sehr wenige fadenförmige Bakterien bewegen sich gleitend vorwärts.

Querwände (Abb. 2.6 f): Die Bezeichnung Querwände meint die Zellwände zwischen benachbarten Zellen. Diese sind in einem Faden fast immer vorhanden, manchmal aber in der lichtmikroskopischen Darstellung nicht sichtbar.

Einschnürungen (Abb. 2.6 f): Sind die Einzelzellen in einem Faden an den Enden abgerundet, so treten Einschnürungen an den Querwänden auf. Diese Einschnürungen sind bei quadratischen oder rechteckigen Zellen nicht zu sehen.

Fadendurchmesser: Da es sowohl dicke als auch dünne fadenförmige Mikroorganismen gibt, ist die Bestimmung des Fadendurchmessers hilfreich für die Identifizierung. Die Fadendicke wird mit Hilfe eines Okularmikrometers vermessen und als Fadendurchmesser in µm angegeben.

Zellform (Abb. 2.6 g): Die Zellen innerhalb eines Fadens können z.B. quadratisch, rechteckig, stäbchenförmig, scheibenförmig oder kugelig sein.

Zelleinschlüsse (Abb. 2.6 h): In den Zellen fadenförmiger Mikroorganismen können verschiedene Einlagerungen sichtbar werden. Manche Fadentypen können z.B. Schwefel in Form von Granula speichern, die im Phasenkontrast als helle, stark lichtbrechende gelbliche Einschlüsse erkannt werden können. Andere Einschlüsse, die sich hell oder dunkel in der Zelle abheben, bestehen z.B. aus Polyphosphat oder Polyhydroxybuttersäure (PHB). In Trockenpräparaten können diese Reservestoffeinlagerungen in den Zellen spezifisch angefärbt und dadurch identifiziert werden (vgl. Kap. 2.4.2).

a) Fadenposition

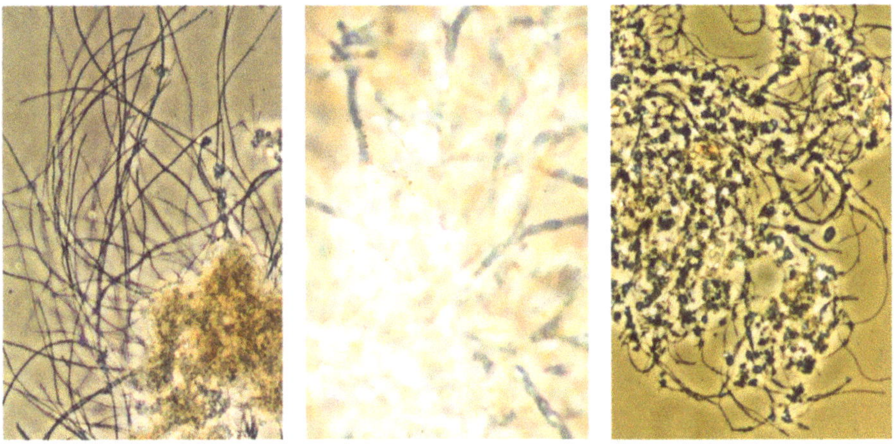

aus der Flocke herausragend (120 x) in der Flocke wachsend (rechts: 120 x, links: 480 x)

b) Fadenform

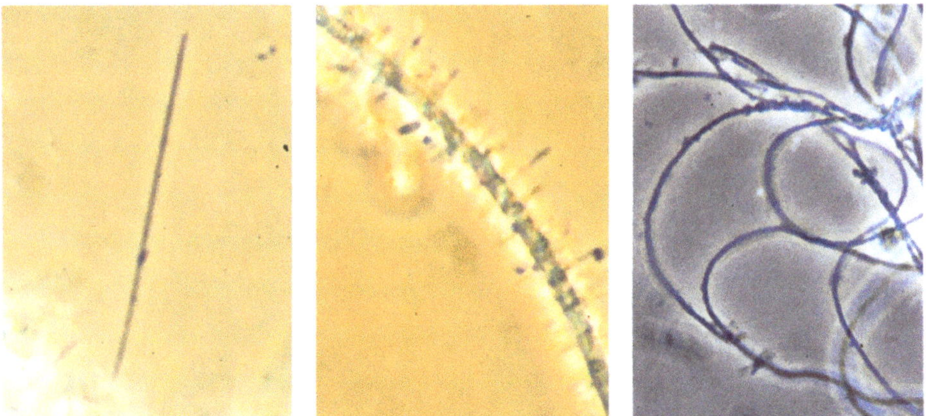

gerade (1200 x) gebogen (1200 x) verknäuelt (1200 x)

c) Aufwuchs

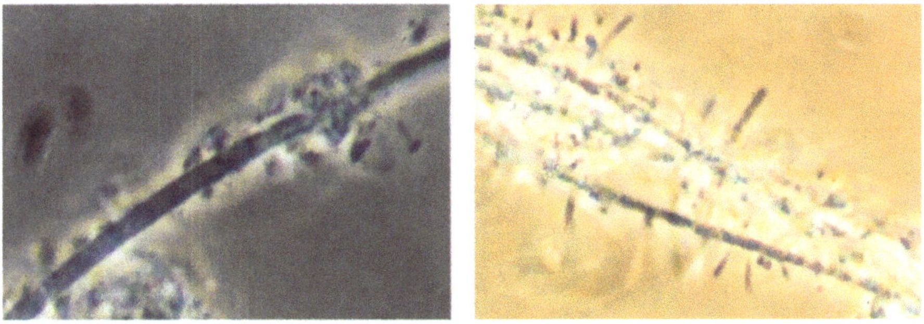

(1200 x) (1200 x)

Abb. 2.6 Morphologische Merkmale fadenförmiger Mikroorganismen (a-c)

d) Verzweigungen

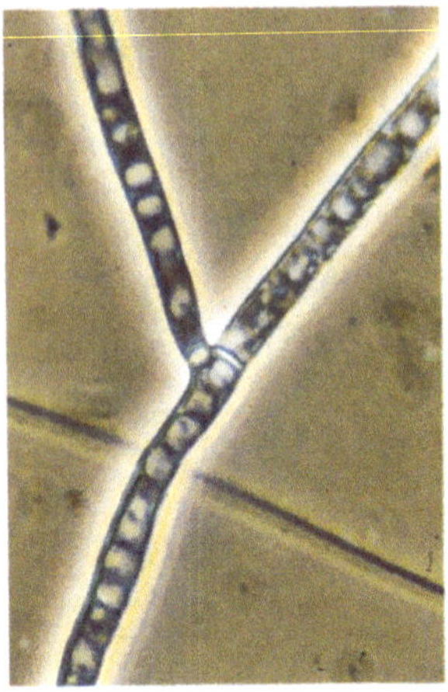

echt (480 x)

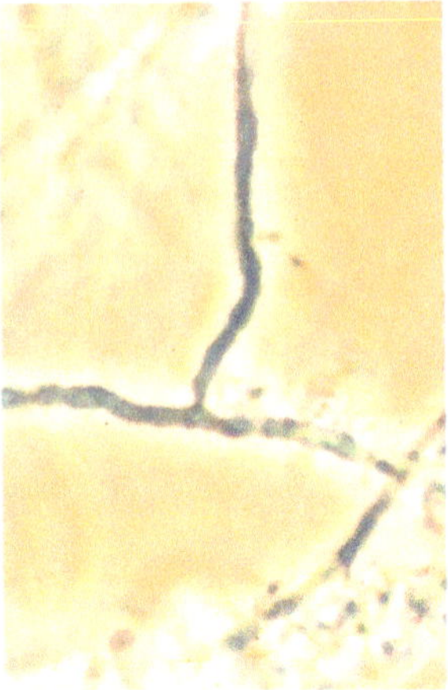

echt (1200 x)

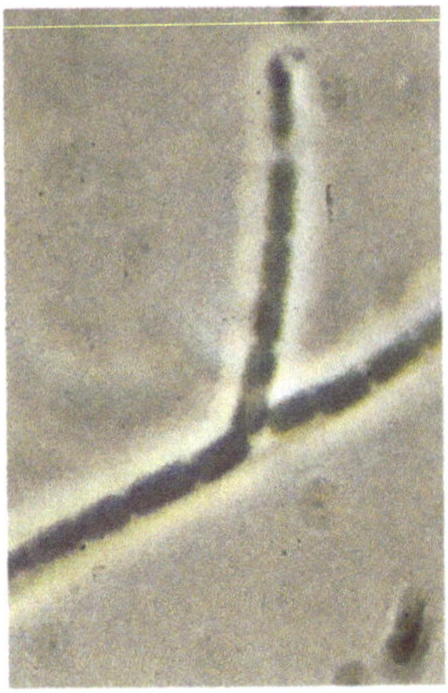

unecht (1200 x)

e) Scheide

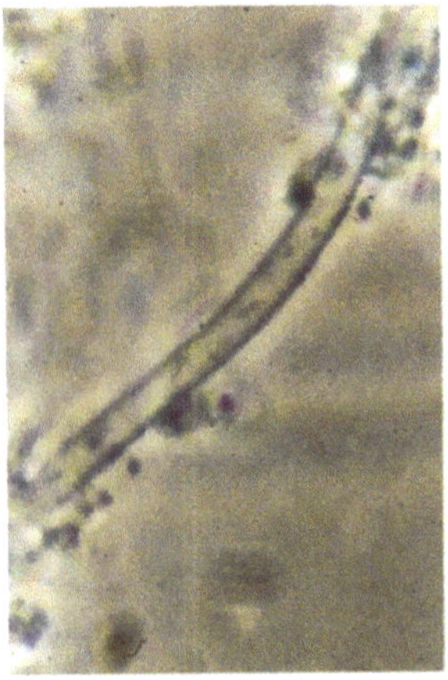

leere Scheide (1200 x)

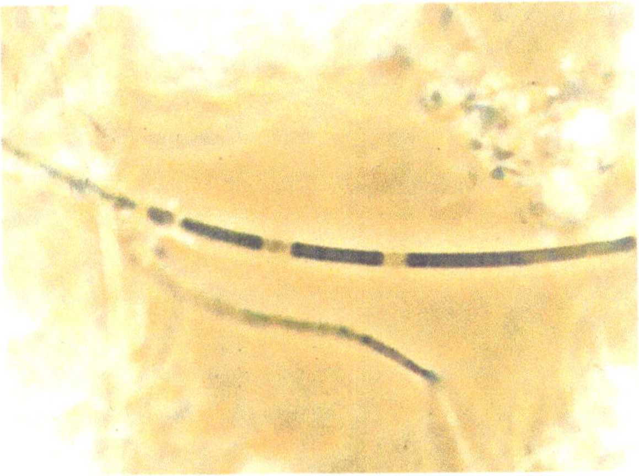

Zellen fehlen im Faden (1200 x)

f) Querwände und Einschnürungen

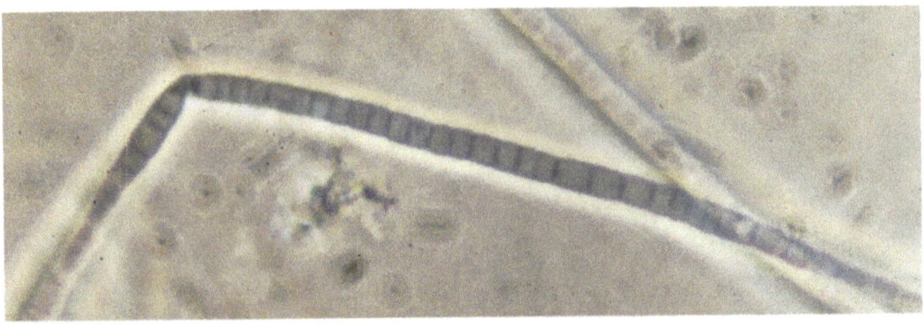

(1200 x)

Abb. 2.6 Morphologische Merkmale fadenförmiger Mikroorganismen (d-f)

g) Zellform

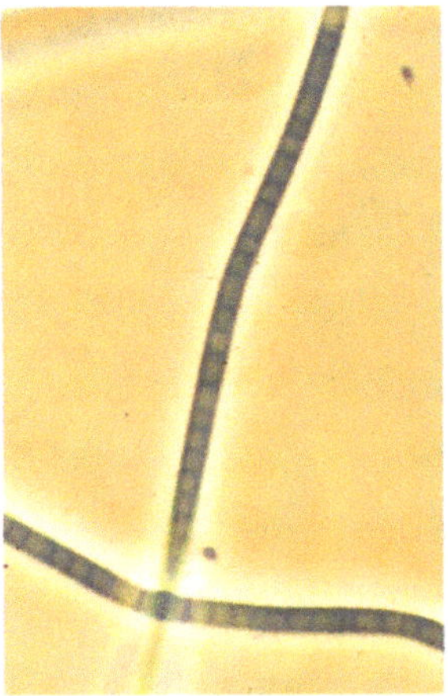

quadratisch (1200 x)

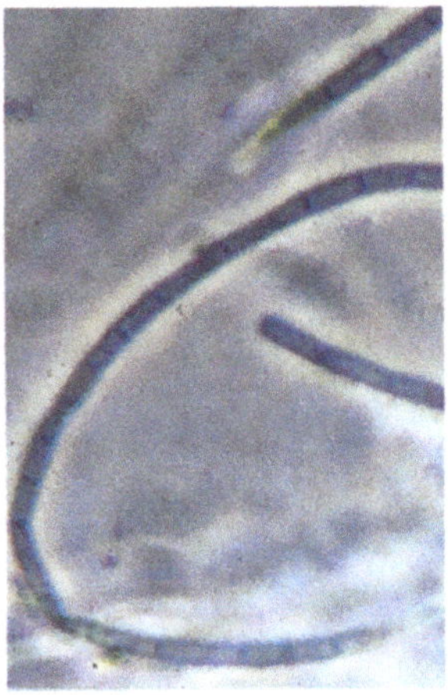

rechteckig (1200 x)

stäbchenförmig (1200 x)

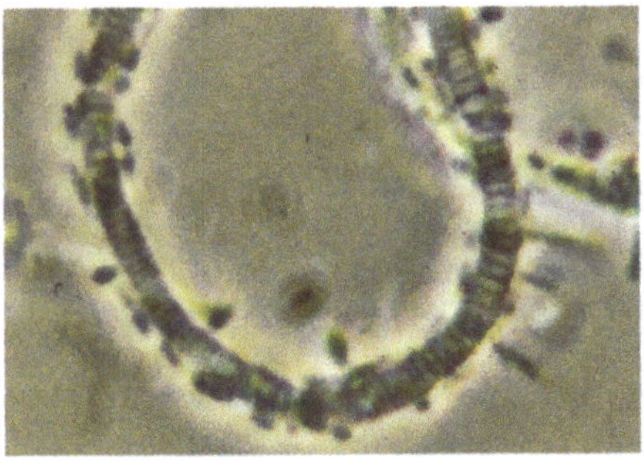

scheibenförmig (1200 x)

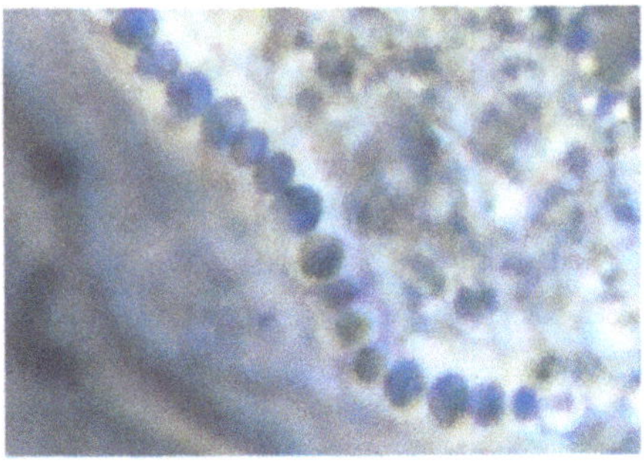

kugelig (1200 x)

h) Zelleinschlüsse

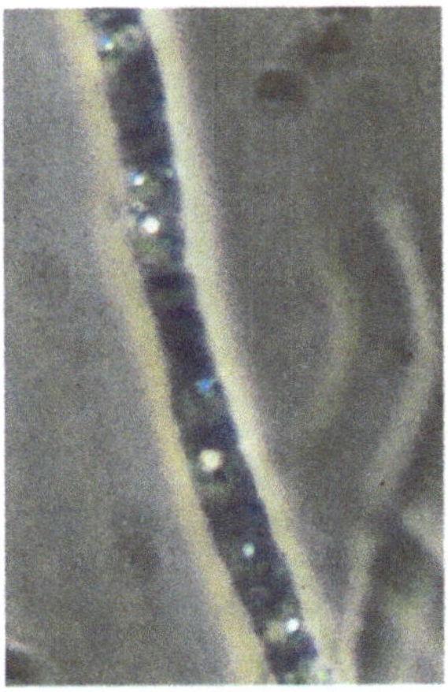

Schwefelgranula (1200 x)

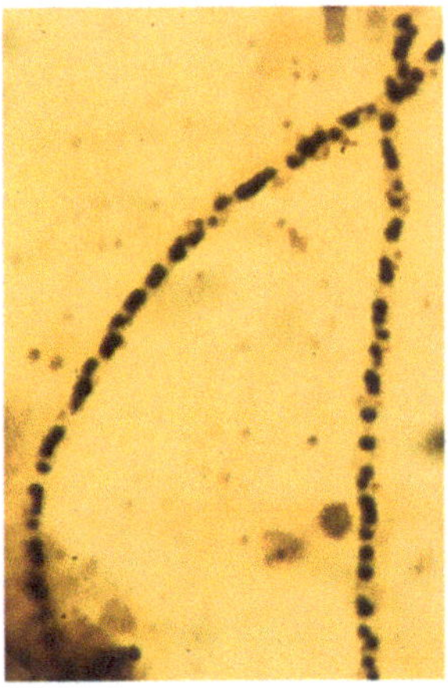

Polyphosphatgranula (1200 x)

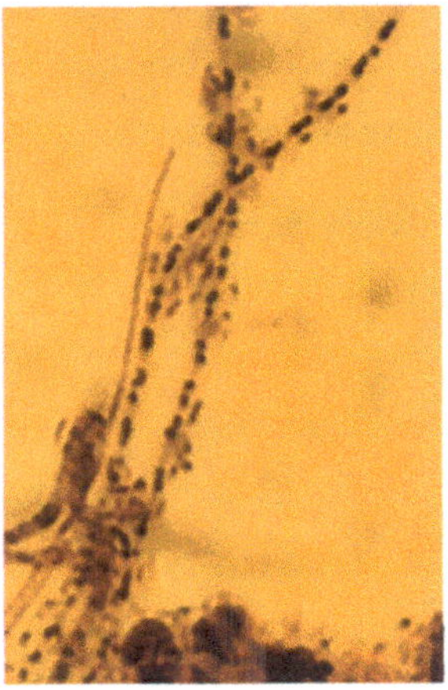

PHB (1200 x)

Abb. 2.6 Morphologische Merkmale fadenförmiger Mikroorganismen (g-h)

Gram-Färbung

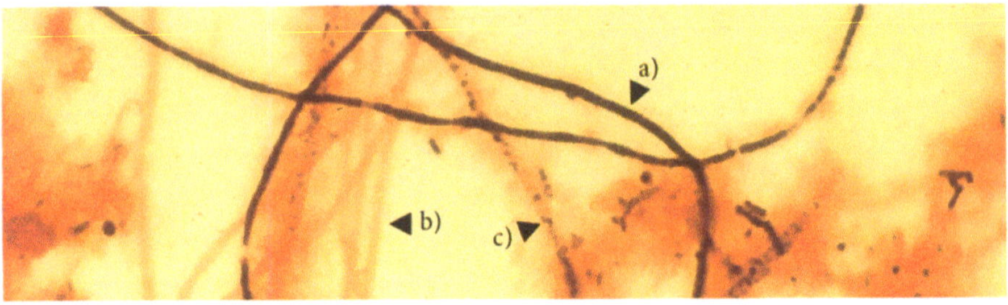

a) grampositive b) gramnegative c) gramvariable Farbreaktion (1200 x)

Neisser-Färbung (Polyphosphat)

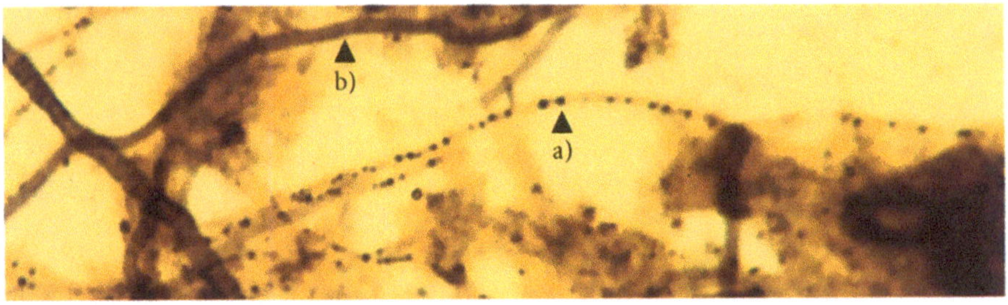

a) Neisser-positive Granula b) Neisser-positive graublaue Farbreaktion (1200 x)

PHB-Färbung

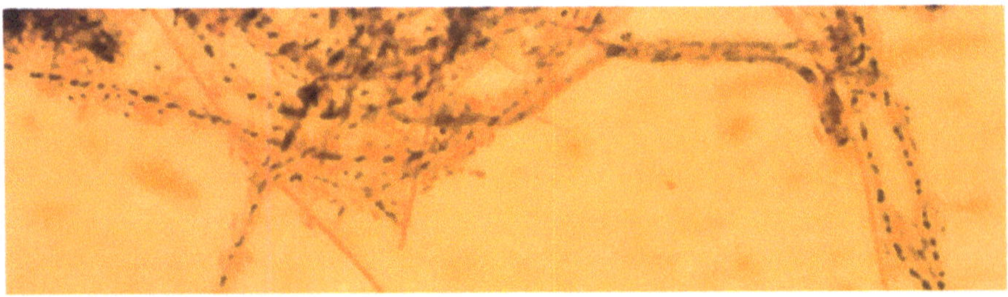

PHB-positive Farbreaktion (1200 x)

Schwefeltest

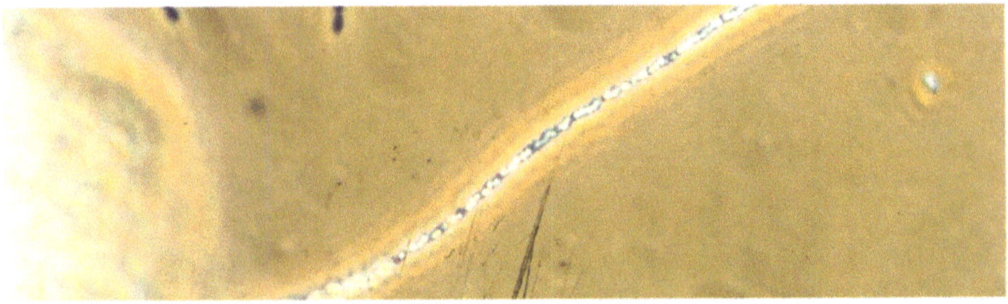

positive Reaktion auf den Schwefeltest - lichtbrechende Granula werden sichtbar (1200 x)

Abb. 2.7 Ergebnisse von Färbe- und anderen Testreaktionen

2.4.2 Färbe- und andere Testmethoden

Nach der Bestimmung der morphologischen Merkmale werden nun Trockenpräparate gefärbt. Dem ungeübten Betrachter fällt es häufig schwer, einen Faden, der im Lebendpräparat charakterisiert wurde, im Färbepräparat „wiederzufinden". Dazu ist es wichtig, sich die Fadenposition, die Fadenlänge und -form und Merkmale wie z.B. vorhandener Aufwuchs einzuprägen. Der Fadendurchmesser kann sich dagegen durch das Trocknen und Färben verändern.

Gram-Färbung

Die Gram-Färbung ist eine wichtige Methode zur Identifizierung von Bakterien. Die Bakterienzellen werden mit dem basischen Farbstoff Carbolgentianaviolett oder Kristallviolett dunkelblau/violett angefärbt. Bei der nachfolgenden Behandlung mit einer Jod-Jodkalium-Lösung bildet sich ein Farblack. Werden die Zellen anschließend 60 Sekunden lang mit Ethanol gewaschen, kann der Farblack bei gramnegativen Zellen wieder gelöst werden, während grampositive Zellen durch Ethanol nicht wieder entfärbt werden können. Die gramnegativen Zellen gehen somit aus der Ethanol-Behandlung farblos hervor, die grampositiven behalten die dunkelblau/violette Farbe. Um die gramnegativen Zellen besser sichtbar zu machen, wird abschließend mit Safranin gegengefärbt. Die gramnegativen Zellen gehen aus diesem Schritt mit roter Färbung hervor. Bei einigen Fäden, besonders solchen mit Aufwuchs, ist das Ergebnis nicht immer eindeutig. Die Fäden sind nach der Gram-Färbung nicht durchgehend rot oder dunkelblau/violett gefärbt. Bei einem solchen nicht eindeutigen Resultat spricht man von gramvariabel. In Abb. 2.7 zeigt das obere Bild die möglichen Resultate der Gram-Färbung.

Färbelösungen:

Lösung A: Carbolgentianaviolett / Kristallviolett (Merck 9218[1])
Lösung B: Lugol'sche Lösung (Merck 9251) (Jod-Jodkalium Lösung)
Lösung C: Ethanol (95%ig)
Lösung D: Safranin (Merck 9217)

Durchführung:

- Trockenpräparat herstellen.
- Lösung A aus einer Tropfflasche direkt auf das Präparat geben, bis der Ausstrich vollständig bedeckt ist → Einwirkzeit 90 Sekunden.
- Farbstoff abgießen und vorsichtig mit wenig Wasser nachspülen.
- Lösung B aus einer Tropfflasche direkt auf das Präparat geben, bis der Ausstrich vollständig bedeckt ist → Einwirkzeit 60 Sekunden.
- Farbstoff abgießen und vorsichtig mit wenig Wasser nachspülen.
- Lösung C aus einer Tropfflasche direkt auf das Präparat geben, bis der Ausstrich vollständig bedeckt ist → Einwirkzeit 60 Sekunden.
- Alkohol abgießen und gründlich mit Wasser nachspülen.
- Lösung D aus einer Tropfflasche direkt auf das Präparat geben, bis der Ausstrich vollständig bedeckt ist → Einwirkzeit 60 Sekunden.
- Farbstoff abgießen, gründlich mit Wasser nachspülen und Präparat trocknen lassen.

[1] Die Färbelösungen und Chemikalien werden auch von anderen Firmen im Laborfachhandel geführt.

Die Einwirkzeiten der Lösungen A-D sind an das besondere Probenmaterial angepaßt und daher genau einzuhalten!

Mikroskopeinstellung:

Das fertige Präparat wird bei 1000-1200facher Vergrößerung im Hellfeld mit Immersionsöl (Mikroskop-Zubehör) mikroskopiert. Dazu wird ein Tropfen des Öls direkt auf das gefärbte Trockenpräparat gegeben und das 100fach vergrößernde Objektiv in den Strahlengang gebracht, so daß der Raum zwischen der Frontlinse des Objektivs und dem Objektträger mit Öl gefüllt ist.

Neisser-Färbung

Speichern fadenförmige Bakterien Polyphosphat in Form von Granula in den Zellen, so ist dies ein charakteristisches Merkmal und kann zur Identifizierung mit herangezogen werden. Die Polyphosphatgranula werden in der Neisser-Färbung blauschwarz und dadurch deutlich sichtbar. *Nostocoida limicola* und Typ 0092 gehen aus der Neisser-Färbung gänzlich graublau gefärbt hervor. Obwohl die Gründe für diese Farbreaktion bislang nicht geklärt sind, ist das Ergebnis reproduzierbar und damit als charakteristisch für diese Typen einzustufen. Eikelboom u. van Buijsen (1983) bezeichnen sowohl ein Anfärben von Polyphosphatgranula als auch die gänzlich graublaue Färbung als Neisser-positive Reaktion. Jenkins et al. (1993) sprechen dagegen lediglich bei der gänzlich graublauen Färbung von Neisser-positiv, während ein Faden mit angefärbten Polyphosphatgranula als Neisser-negativ mit positiven Granula bezeichnet wird. Spricht ein Faden gar nicht auf die Neisser-Färbung an, so erscheint er im mikroskopischen Bild beige bzw. hellgelblich und ist oft nur schwer zu erkennen. Diese Reaktion auf die Färbung wird als Neisser-negativ eingestuft. In Abb. 2.7 zeigt das zweite Bild von oben Neisser-positive Organismen mit angefärbten Polyphosphatgranula und mit gänzlich graublauer Färbung.

Färbelösungen:

Lösung A: Methylenblau in Eisessig und Ethanol (Merck 9238)
Lösung B: Kristallviolett in Ethanol (Merck 9239)
Lösung C: Chrysoidin Y (Merck 9240)

Durchführung:

- Trockenpräparat herstellen.
- Lösung A und Lösung B werden im Verhältnis 2:1 gemischt. Die zubereitete Lösung (bis zu 4 Wochen haltbar) wird aus einer Tropfflasche direkt auf das Präparat gegeben, bis der Ausstrich vollständig bedeckt ist → Einwirkzeit 10-15 Sekunden.
- Farbstoff abgießen und vorsichtig mit Wasser nachspülen.
- Lösung C aus einer Tropfflasche direkt auf das Präparat geben, bis der Ausstrich vollständig bedeckt ist → Einwirkzeit 45 Sekunden.
- Farbstoff abgießen, gründlich mit Wasser nachspülen und Präparat trocknen lassen.

Mikroskopeinstellung:

Das fertige Präparat wird bei 1000-1200facher Vergrößerung im Hellfeld mit Immersionsöl mikroskopiert.

PHB-Färbung

Bakterien können auch einen Reservestoffspeicher bestehend aus Polyhydroxybuttersäure anlegen. Auch dies kann ein charakteristisches Merkmal für fädige Organismen sein. Polyhydroxybuttersäure erscheint nach der PHB-Färbung schwarz, so daß fadenförmige Mikroorganismen mit schwarzen Granula nach der PHB-Färbung als PHB-positiv bezeichnet werden. Bei PHB-negativen Zellen sind nach der Färbung keine Granula auszumachen. In Abb. 2.7 zeigt das zweite Bild von unten ein fädiges Bakterium mit PHB-Granula.

<u>Färbelösungen:</u>

Lösung A: Sudanschwarz B (IV) (Merck 115928), 0,3% in 60% Ethanol
Lösung B: Safranin O (Merck 11548), 0,5% in destilliertem Wasser

<u>Durchführung:</u>

- Trockenpräparat herstellen.
- Lösung A wird aus einer Tropfflasche direkt auf das Präparat geben, bis der Ausstrich vollständig bedeckt ist → Einwirkzeit 12 Minuten.
  Gegebenenfalls während der Einwirkzeit etwas Lösung A nachgeben.
- Farbstoff abgießen und vorsichtig mit Wasser nachspülen.
- Lösung B aus einer Tropfflasche direkt auf das Präparat geben, bis der Ausstrich vollständig bedeckt ist → Einwirkzeit 10-15 Sekunden.
- Farbstoff abgießen, gründlich mit Wasser nachspülen und Präparat trocknen lassen. Farbreste, die eventuell an der Unterseite des Objektträgers haften, mit etwas Ethanol auf einem fusselfreien Tuch abwischen.

<u>Mikroskopeinstellung:</u>

Das fertige Präparat wird bei 1000-1200facher Vergrößerung im Hellfeld mit Immersionsöl mikroskopiert.

Schwefeltest

Beim Schwefeltest handelt es sich nicht um eine Färbung, sondern um einen Test auf die Fähigkeit der fädigen Bakterien, Schwefel einzulagern. Diese Fähigkeit ist häufig bereits im Lebendpräparat auszumachen. Schwefeleinlagerungen werden dann in Form von stark lichtbrechenden, gelblichen Granula sichtbar. Das Schwefelspeichervermögen ist jedoch nicht immer bereits in vivo nachzuweisen, da die Speicherung von Schwefel von einer ausreichenden Konzentration reduzierter Schwefelverbindungen abhängt. Um das Merkmal bei den zur Schwefelspeicherung befähigten Organismen *Thiothrix* sp., *Beggiatoa* sp. und Typ 021N sicher zu erkennen, kann ein zusätzlicher Schwefeltest durchgeführt werden. In diesem Test oxidieren die Bakterien die angebotenen reduzierten Schwefelverbindungen zu elementarem Schwefel, der in der Zelle als Granula gespeichert wird und den Bakterien als Reservestoff dient. In Abb. 2.7 zeigt das untere Bild einen fädigen Organismus mit Schwefelgranula.

<u>Testlösung:</u>

$Na_2S \cdot 7\,H_2O$ (Merck 106638) in destilliertem Wasser gelöst (1 g/l)

<u>Durchführung:</u>

- Einen Tropfen der zu untersuchenden Probe auf einen Objektträger geben.
- Die Testlösung (wöchentlich frisch ansetzen) in gleicher Menge zusetzen.
- Das Präparat für 10-15 Minuten offen an der Luft liegenlassen.
- Probe mit einem Deckglas abdecken.

Häufig reicht dieser kurze Test bereits aus, um das Vermögen der Schwefeleinlagerung sichtbar zu machen. Die Reaktion hängt jedoch wesentlich von der Verfügbarkeit reduzierter Schwefelverbindungen und von der Versorgung mit Sauerstoff ab, so daß zum Erhalt eines reproduzierbaren Ergebnisses sowohl die Substrat- als auch die Sauerstoffversorgung zu optimieren sind. Jenkins et al. (1993) modifizierten dazu ein Testverfahren von Nielsen (1985).

Testlösung:

$Na_2S_2O_3 \cdot 5\, H_2O$ (Merck 106516) in destilliertem Wasser gelöst (1 g/100 ml)

Durchführung:

- Den belebten Schlamm absetzen lassen und etwa 20 ml Überstand in einen 100 ml Erlenmeyerkolben oder ein hohes Becherglas geben.
- 1-2 ml belebten Schlamm zufügen.
- 1 ml Testlösung (wöchentlich frisch ansetzen) zufügen.
- Über Nacht bei Raumtemperatur schütteln.
- Einen Tropfen Probe aus dem Ansatz auf einen Objektträger geben. Mit einem Deckglas abdecken.
- Überschüssige Flüssigkeit am Rand des Deckglases mit einem Papiertuch absaugen.

Mikroskopeinstellung:

Das fertige Präparat wird bei 400-1000facher Vergrößerung im Phasenkontrast mikroskopiert, unabhängig davon, welche Methode Anwendung findet.

2.4.3 Beschreibung der häufigsten fadenförmigen Mikroorganismen

Die folgenden Kurzbeschreibungen der am häufigsten vorkommenden fädigen Mikroorganismen sollen beim Erkennen der charakteristischen Merkmale helfen. Ist ein fädiger Organismus anhand seiner Merkmalskombination identifiziert worden, so kann zur Absicherung des Ergebnisses ein Abgleich mit den Beschreibungen und dem dazugehörenden Bildmaterial erfolgen. Die Beschreibungen basieren auf den von Eikelboom u. van Buijsen (1983) und Jenkins et al. (1993) zu den verschiedenen fädigen Bakterien gesammelten Informationen und wurden durch Ergebnisse eigener mikroskopischer Untersuchungen ergänzt.

Microthrix parvicella

Im Lebendpräparat ist der Faden durch seine verknäuelte Wuchsform zu erkennen (Abb 2.8 a). Er ist 0,6-0,8 µm im Durchmesser und wird ca. 200 µm lang. Kurze „leere" Zwischenräume im Faden sind charakteristisch und meist deutlich sichtbar (Abb. 2.8 b). Diese Zwischenräume sind jedoch nicht als Hinweis auf eine Scheide zu interpretieren, sondern es handelt sich hierbei lediglich um lysierte Einzelzellen. In Schlämmen aus dem Belebungsbecken einer Kläranlage färbt sich der gesamte Faden kräftig grampositiv (Abb. 2.8 c). Die PHB-Färbung fällt schwach positiv aus und es sind deutlich Neisser-positive Granula zu erkennen (Abb. 2.8 d). Unter längeren anaeroben Bedingungen (> 2 Tage – z.B. bei Schlamm aus dem Faulbehälter oder auch nur bei längerer Standzeit einer Schlammprobe) verliert *M. parvicella* die Neisser-positiven Granula, ist dann Neisser-negativ. Die PHB-Färbung fällt dagegen deutlich kräftiger aus.

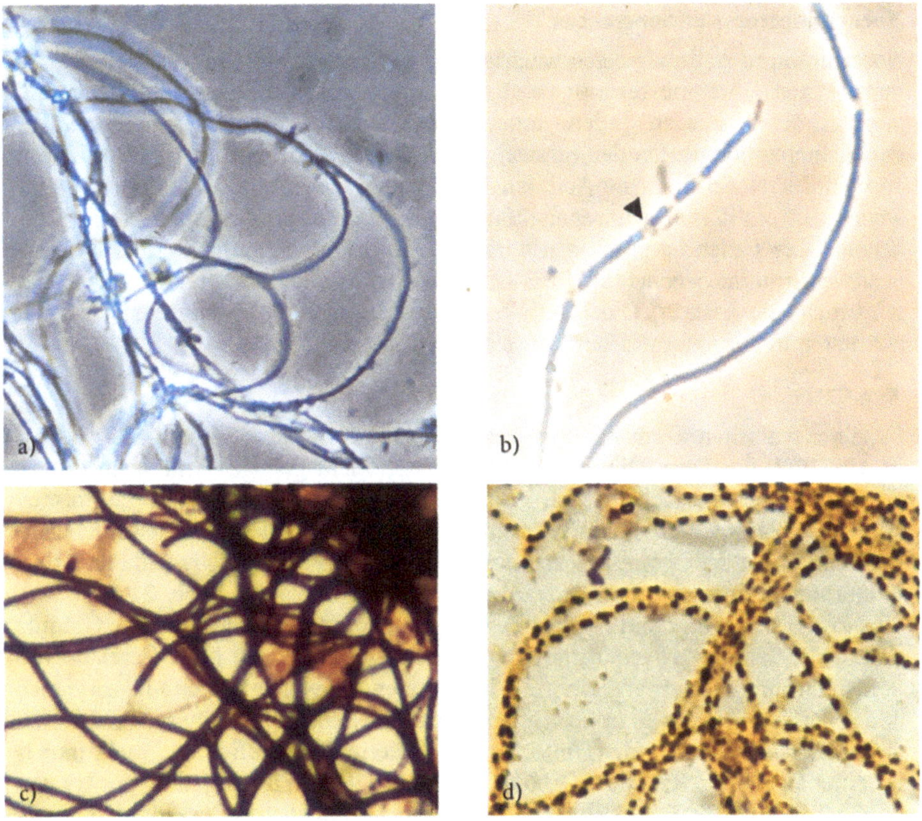

Abb. 2.8 Charakteristische Merkmale von *Microthrix parvicella*: a) verknäuelte Wuchsform; b) lysierte Zellen; c) grampositive Farbreaktion; d) Neisser-positive Granula

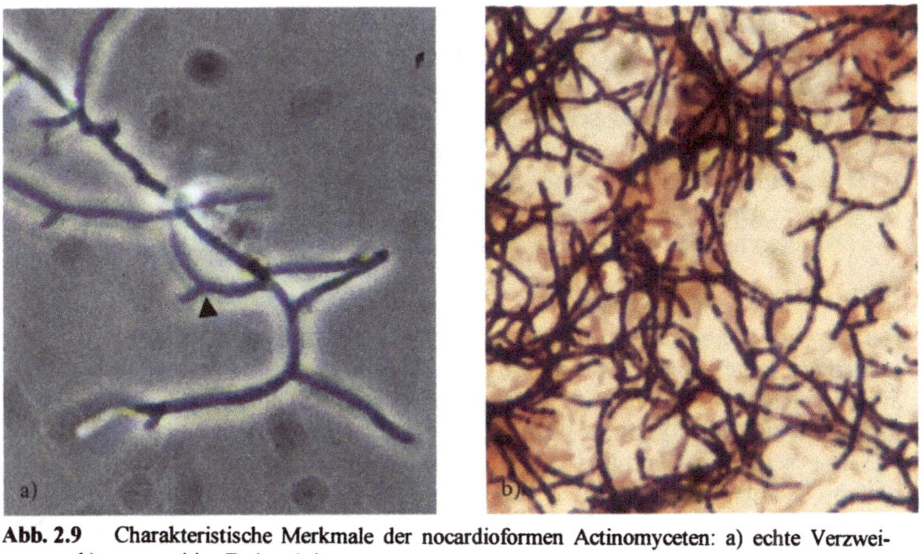

Abb. 2.9 Charakteristische Merkmale der nocardioformen Actinomyceten: a) echte Verzweigungen; b) grampositive Farbreaktion

Nocardioforme Actinomyceten

Nocardioforme Actinomyceten wachsen mit echten Verzweigungen (Abb. 2.9 a), haben einen Durchmesser von ca. 1,0 µm und werden 5-30 µm lang. Sie sind meist in der Flocke zu finden, kommen aber auch in der wäßrigen Phase vor. Durch Ineinandergreifen der verzweigten Fäden werden netzähnliche Strukturen ausgebildet. Nocardioforme Actinomyceten haben weder eine Scheide noch Aufwuchs. Die Zellform ist unregelmäßig und im Lichtmikroskop nicht klar zu erkennen. Der Faden ist grampositiv und Neisser-negativ. Häufig werden Neisser-positive Granula beobachtet. PHB-Granula sind meistens vorhanden. Schwefel wird nicht eingelagert. Die Häufigkeit nocardioformer Actinomyceten läßt sich am besten in der Gram-Färbung abschätzen (Abb. 2.9 b).

Typ 021N

In seiner typischen Form hat Typ 021N einen Durchmesser von 1,0-2,0 µm und ist 100-1000 µm lang. Die Fäden sind gerade, leicht gebogen und wachsen aus der Flocke heraus. Gelegentlich treten Knoten im Faden auf. Die Zellformen können selbst in einem Faden sehr unterschiedlich sein. Sie treten discoid, scheibenförmig oder faßförmig auf und sind 1-2 x 1-2 µm groß. Zellwände und Einschnürungen sind zwischen den Zellen immer zu erkennen (Abb. 2.10 a). Typ 021N ist gramnegativ und Neisser-negativ. Selten treten Neisser-positive Granula auf. In der gramnegativen Anfärbung bleiben typischerweise helle Bereiche von der Rotfärbung ausgespart (Abb. 2.10 b). Treten Schwefelgranula auf, kann sich der Faden auch leicht grampositiv anfärben. Im Lebendpräparat sind Schwefelgranula nur selten zu finden. Im Schwefeltest kommt es häufig, aber nicht immer zu einer positiven Reaktion (Abb. 2.10 c). Die PHB-Färbung fällt positiv aus (Abb. 2.10 d). Der Faden hat keinen Aufwuchs und keine Scheide. Die dicke Zellwand bleibt auch nach Auflösung einzelner Zellen bestehen.

***Thiothrix* sp.**

Die geraden oder leicht gebogenen Fäden von *Thiothrix* sp. erreichen 0,7-2,5 µm im Durchmesser und 50-500 µm in der Länge. Sie wachsen aus der Flocke heraus. Die Zellen sind rechteckig (0,7-2,5 x 3-5 µm) mit sichtbaren Zellwänden und ohne Einschnürungen. Die Fäden haben keinen Aufwuchs. Ein Scheide ist vorhanden, aber meist nur schwer zu erkennen. *Thiothrix* sp. sind gramnegativ und Neisser-negativ. Es kann auch eine grampositive Reaktion auftreten, wenn Schwefelgranula vorhanden sind. Auch Neisser-positive Granula können selten vorkommen. Die Zellen zeigen meist bereits im Lebendpräparat Schwefelgranula und reagieren mit deutlicher Schwefeleinlagerung im Schwefeltest (Abb. 2.11).

Haliscomenobacter hydrossis

Gerade, sehr dünne („nadelförmige") Fäden mit einem Durchmesser von 0,5 µm und einer Länge von 10-100 µm (Abb. 2.12). *H. hydrossis* wächst strahlenförmig aus der Flocke und kommt auch frei in der wäßrigen Phase vor. Zellwände sind nicht zu erkennen, allerdings werden „leere" Bereiche im Faden häufig beobachtet. Eine Scheide ist vorhanden. Aufwuchs wird nach Literaturangaben manchmal beobachtet. Eigene Untersuchungen bestätigen dies allerdings nicht. Die Fäden sind gramnegativ, Neisser-negativ und speichern weder Schwefel noch PHB.

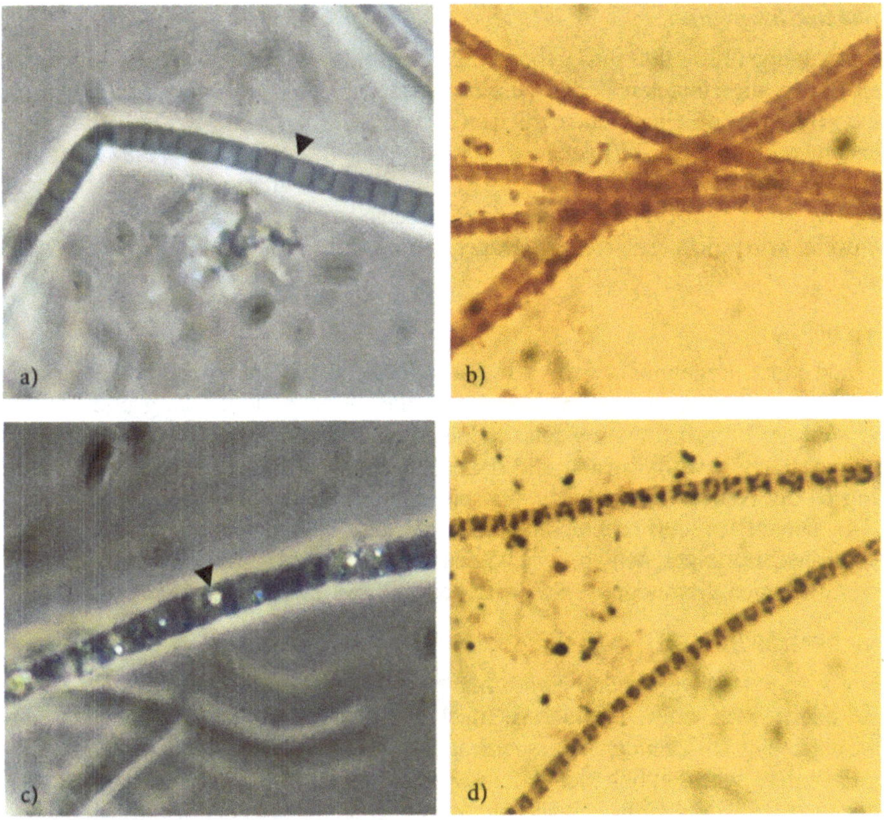

Abb. 2.10 Charakteristische Merkmale von Typ 021N: a) Zellwände und Einschnürungen; b) gramnegative Farbreaktion; c) positiver Schwefeltest; d) PHB-Granula

Abb. 2.11 Charakteristisches Merkmal von *Thiothrix* sp.: Schwefelgranula

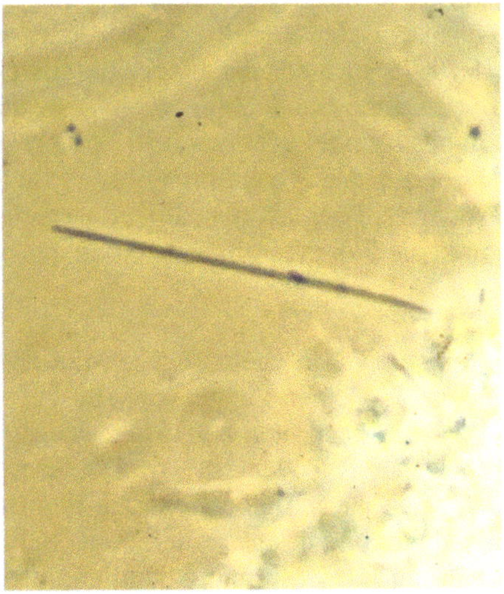

Abb. 2.12 Charakteristisches Merkmal von *Haliscomenobacter hydrossis*: Fadenform

Sphaerotilus natans

Relativ lange (100-1000 µm) gebogene Fäden, die sich aus stäbchenförmigen, an den Enden abgerundeten Zellen zusammensetzen. Einschnürungen sind deutlich zu erkennen. Die Zellen haben eine Größe von 1-1,8 x 1,5-3 µm. Die Fäden sind von einer klaren, eng anliegenden Scheide umgeben. Unechte Verzweigungen sind fast immer vorhanden (Abb. 2.13). *S. natans* ist gramnegativ und Neisser-negativ. Im Gram-Präparat sind die Einzelzellen deutlich zu unterscheiden. Schwefel wird nicht gespeichert. Dagegen fällt die PHB-Färbung häufig positiv aus.

Typ 0092

Gerade oder unregelmäßig gebogene Fäden, mit 0,8-1,0 µm im Durchmesser und 10-60 µm Länge, kommen meist in der Flocke vor. Aufgrund dieses „versteckten" Wachstums werden die Fäden oft übersehen oder in der Häufigkeit unterschätzt. Am auffälligsten und daher am besten geeignet für eine Identifizierung ist die Neisser-Färbung, da sich der gesamte Faden graublau anfärbt (Abb. 2.14). Die Zellen sind rechteckig (0,8 x 1,5 µm). Zellwände sind schwer zu sehen, Einschnürungen fehlen. Die Fäden haben weder Scheide noch Aufwuchs und färben sich gramnegativ. Schwefel- oder PHB-Einlagerung finden nicht statt.

Typ 0041/0675

Gerade oder leicht gebogene Fäden mit einer Länge von 50-500 µm. Die Zellen sind quadratisch, zuweilen auch rechteckig (0,8-1,6 x 1-2 µm). Die Zellen sind von einer eng anliegenden Scheide umgeben (Abb. 2.15 a), die jedoch im Normalfall nicht sehr deutlich sichtbar ist. Am besten kann die Scheide dort erkannt werden, wo Zellen fehlen, insbesondere an den Fadenenden. Eine sehr dicke Form von Typ 0041/0675 mit einem Fadendurchmesser von 2,5-4,0 µm wird gelegentlich beobachtet. Normalerweise liegt der Durchmesser bei 0,8-1,6 µm. In Belebungsanlagen, in denen überwiegend häusliches Abwasser gereinigt wird, kommt Typ 0041/0675 am häufigsten im Flockeninneren und mit starkem Aufwuchs vor (Abb. 2.15 b). In industriellen Abwasserreinigungsanlagen kann Typ 0041/0675 auch aus der Flocke herausragend wachsen, frei in der wäßrigen Phase vorkommen und ohne jeden Aufwuchs sein (Abb. 2.15 c). Die Fäden sind grampositiv oder gramvariabel (Abb. 2.15 d), neigen in der Flocke zur grampositiven, aus der Flocke herausragend zur gramnegativen Reaktion. Die Neisser-Färbung fällt negativ aus, ab und zu treten positive Granula auf. Ansonsten findet man keine Reservestoffspeicherung.

Nostocoida limicola

N. limicola I: Unregelmäßig gewundene Fäden mit einem Durchmesser von ca. 0,8 µm und einer Länge von 100-200 µm. Die Fäden kommen häufig in der Flocke vor, aber auch frei in der wäßrigen Phase. Zellwände sind nur schwer zu erkennen. Die Zellen sind oval geformt. Die Fäden haben weder Scheide noch Aufwuchs. Der Organismus ist grampositiv und Neisser-positiv, mit einer graublauen Färbung des gesamten Fadens. Er ähnelt *Microthrix parvicella*, kann aber durch die Neisser-Färbung deutlich unterschieden werden.

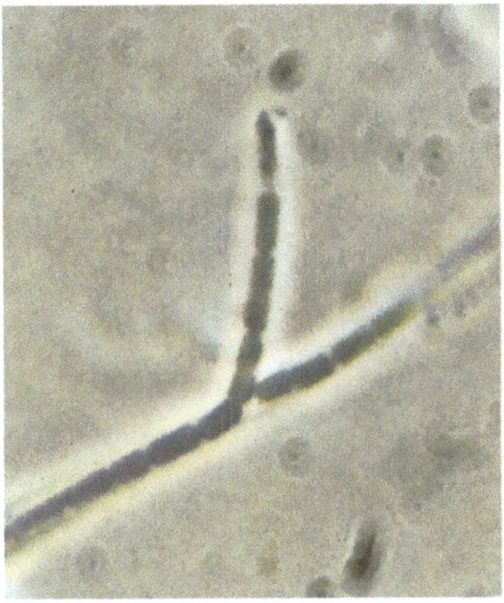

Abb. 2.13 Charakteristisches Merkmal von *Sphaerotilus natans*: unechte Verzweigung

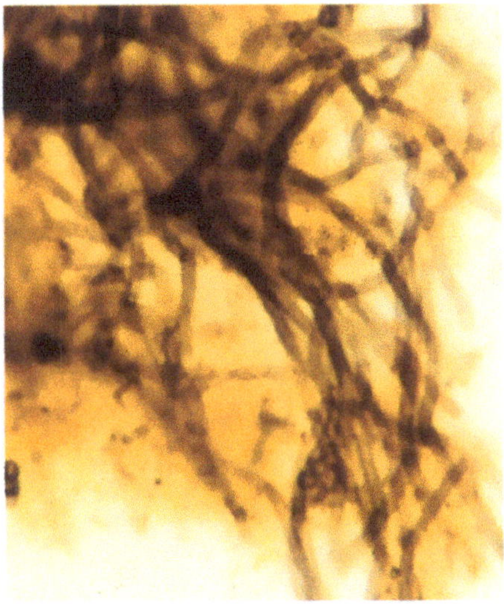

Abb. 2.14 Charakteristisches Merkmal von Typ 0092: Neisser-positiv (graublau)

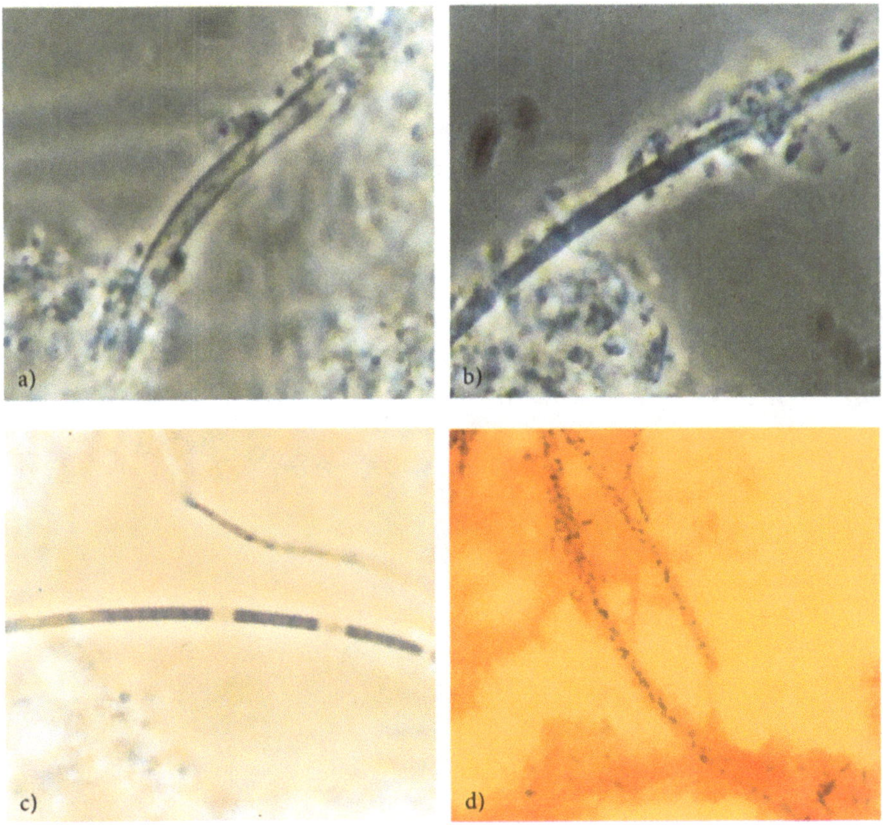

Abb. 2.15 Charakteristische Merkmale von Typ 0041/0675: a) Scheide (hier leer); b) Aufwuchs; c) kein Aufwuchs; d) gramvariable Farbreaktion

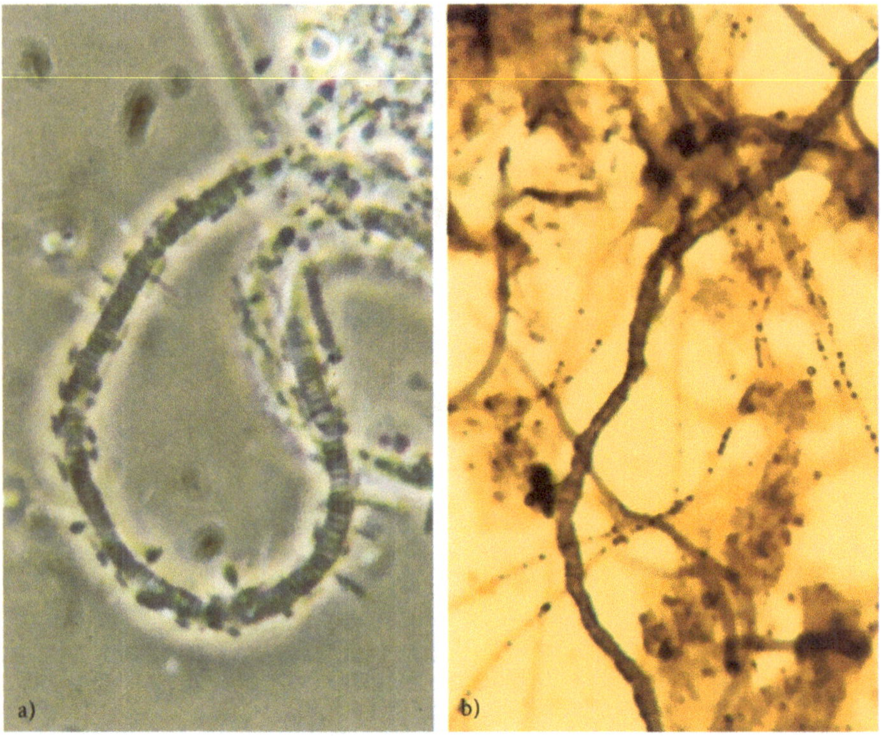

Abb. 2.16 Charakteristische Merkmale von *Nostocoida limicola III*: a) Zellwände und Einschnürungen; b) Neisser-positive Farbreaktion (ganzer Faden graublau)

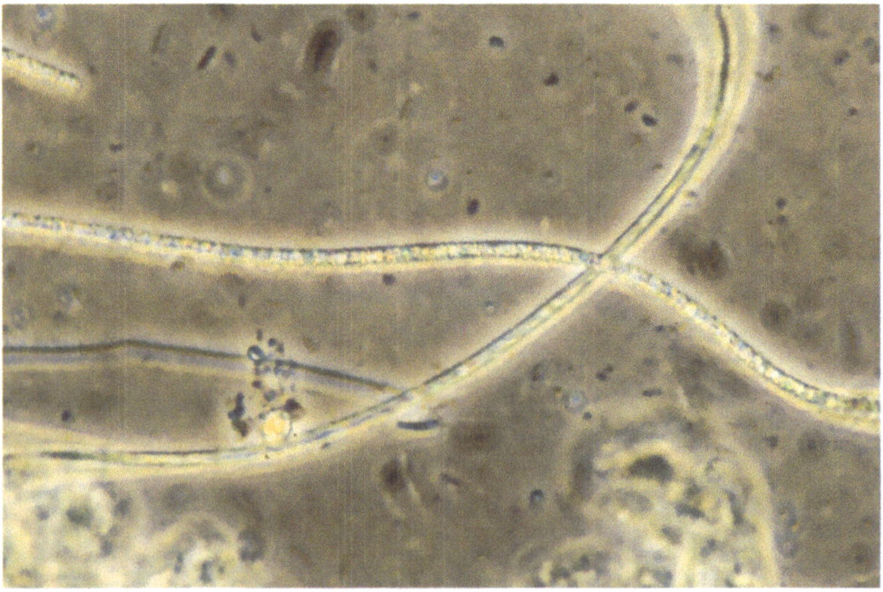

Abb. 2.17 Charakteristisches Merkmal von *Beggiatoa* sp.: Schwefelgranula

N. limicola II: Gebogene oder unregelmäßig gewundene Fäden, mit einem Durchmesser von 0,8-1,4 µm und einer Länge von 100-200 µm. Sie werden meist in der Flocke gefunden. Die Zellwände sind deutlich sichtbar, die Zellen scheibenförmig (discoid) mit Einschnürungen an den Zellwänden. Es treten weder eine Scheide noch Schwefelgranula auf. PHB-Granula sind dagegen häufig. Die Gram-Färbung kann unterschiedlich ausfallen. Am häufigsten ist eine gramnegative Reaktion, aber die Fäden können auch grampositiv vorkommen. In der Neisser-Färbung färbt sich meist der gesamte Faden graublau.

N. limicola III: Unregelmäßig gewundene Fäden mit einem Durchmesser von 1,5-2,0 µm und einer Länge von 200-300 µm. Die Fäden haben weder Scheide noch Aufwuchs. Zellwände und Einschnürungen sind deutlich zu erkennen (Abb. 2.16 a). Die Zellform ist oval. PHB-Granula werden häufig beobachtet. Schwefeleinlagerungen treten nicht auf. Normalerweise sind sowohl die Gram- als auch die Neisser-Färbung positiv, letztere mit einer gänzlich graublauen Färbung des Fadens (Abb. 2.16 b). Manchmal können beide Färbungen auch ein negatives Resultat haben.

Beggiatoa sp.

Lange, gebogene Fäden mit einem Durchmesser von 1,0-3,0 µm und einer Länge von 100-500 µm. Die biegsamen Fäden sind aktiv beweglich und gleiten langsam zwischen den Flocken. *Beggiatoa* sp. haben meist auch ohne Schwefeltest stark ausgebildete Schwefelgranula (Abb. 2.17). Die Zellen sind rechteckig, aber mit Schwefelgranula nur schwer zu erkennen. Es gibt weder Aufwuchs noch eine Scheide. Die Fäden sind gramnegativ und Neisser-negativ.

Typ 1851

Gerade oder leicht gebogene Fäden mit einem Durchmesser von 0,8-1,0 µm und einer Länge von 100-300 µm. Die Fäden ragen aus der Flocke heraus und wachsen häufig in Bündeln (Abb. 2.18). Eine Scheide ist vorhanden, aber nur schwer zu erkennen. Die rechteckigen Zellen zeigen keine Einschnürungen an den Zellwänden. Der oft spärliche Aufwuchs sitzt senkrecht auf der Fadenoberfläche (Abb. 2.18). Die Gram-Färbung fällt schwach grampositiv aus, Schwefelgranula sind nicht vorhanden.

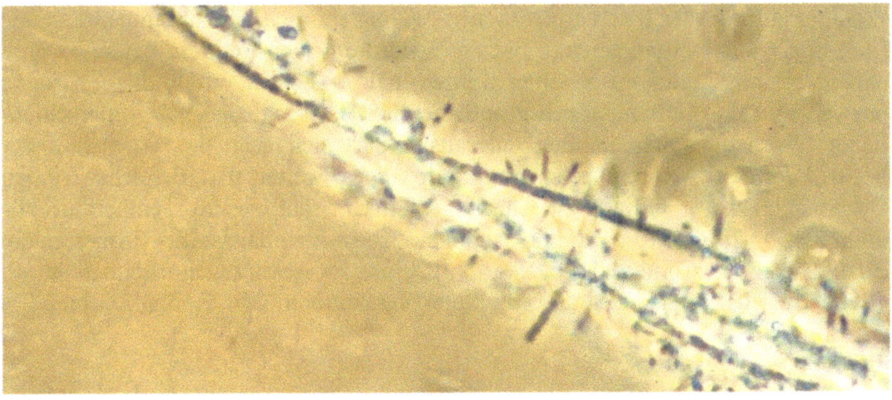

Abb. 2.18 Charakteristische Merkmale von Typ 1851: Fäden wachsen häufig in Bündeln, Aufwuchs senkrecht zur Fadenoberfläche

Zusätzliche Anmerkungen zur Identifizierung einzelner Fadentypen:

Nocardioforme Actinomyceten

Bei der mikroskopischen Untersuchung vor allem von Schäumen werden oft eine große Anzahl verzweigter Fäden gefunden, die unter der Bezeichnung „nocardioforme Actinomyceten" zusammengefaßt werden. Die Identifizierung dieser verzweigt wachsenden Mikroorganismen ist hier nach Jenkins et al. (1993) und Eikelboom u. van Buijsen (1983) beschrieben und basiert ausschließlich auf den folgenden morphologischen Merkmalen und charakteristischen Färbereaktionen:

- verzweigt
- grampositiv
- Neisser-negativ, gelegentlich auch mit Neisser-positiven Granula.

Es ist nicht so, wie die Bezeichnung als nocardioforme Actinomyceten vielleicht suggeriert, daß alle verzweigt wachsenden Actinomyceten in belebten Schlämmen und vor allem Schäumen der Gattung *Nocardia* zuzuordnen sind. Ganz im Gegenteil haben vielfältige Untersuchungen inzwischen deutlich gemacht, daß die gefundenen verzweigten Formen meist als Vertreter anderer Gattungen, vor allem *Gordona, Rhodococcus, Skermania* oder *Tsukamurella,* zu identifizieren sind (Lemmer u. Kroppenstedt 1984, Soddell u. Seviour 1990, Goodfellow et al. 1998). Im Zuge taxonomischer Untersuchungen stellte sich heraus, daß zwei der Gattung *Nocardia* zugeordnete Bakterienarten, die häufig in Schäumen gefunden wurden (Blackall et al. 1988, Blackall et al. 1991, Soddell et al. 1996), nicht richtig klassifiziert waren. So wurde *Nocardia amarae* inzwischen der Gattung *Gordona* zugeordnet und wird nun als *Gordona amarae* bezeichnet (Klatte et al. 1994). *Nocardia pinensis* gehört neuerdings in die Gattung *Skermania* und wird *Skermania piniformis* genannt (Chun, 1997). Der früher häufig verwendete Begriff „*Nocardia*-Schäume" ist somit tatsächlich irreführend, da er die Diversität der in belebten Schlämmen und Schäumen auftretenden nocardioformen Actinomyceten gänzlich unterschlägt. Die Bezeichnung dieser Schäume als „nocardioforme Schäume" ist daher besser gewählt (Sodell et al. 1998).

Eine eindeutige Identifizierung der nocardioformen Actinomyceten ist nur mit modernen molekularbiologischen Methoden möglich. Die klassische Lichtmikroskopie erlaubt in der hier beschriebenen Weise lediglich das zusammenfassende Einordnen in die Organismengruppe der nocardioformen Actinomyceten. Es muß dabei stets im Hinterkopf behalten werden, daß es sich innerhalb dieser Gruppe um verschiedene Gattungen mit grundlegenden Unterschieden, z.B. unterschiedlichen Wachstumsraten handelt. Hieraus erklärt sich auch das Wachstum der nocardioformen Actinomyceten innerhalb eines weiten B_{TS}-Bereiches. Allen Organismen dieser Gruppe ist jedoch gemeinsam, daß sie ihr Temperaturoptimum bei $\geq$ 20°C haben und hydrophobe Abwasserinhaltsstoffe (insbesondere Pflanzenöle, Paraffinöle, Hexadekan) als Substrat bevorzugen (Soddell et al. 1998). Hieraus ergeben sich auch die Selektionsfaktoren (vgl. Kap. 3.3.2.1).

Typ 021N und *Thiothrix* sp.

Durch *in situ* Hybridisierung wurde in den letzten Jahren die Problematik der ausschließlich morphologischen Identifizierung fädiger Bakterien deutlich. Bei der *in situ* Hybridisierung werden membrangebundene Nukleinsäuren in den Fäden mit spezifischen fluoreszierenden Oligonukleotidsonden direkt im belebten Schlamm hybridisiert. Wagner (1995) konnte nachweisen, daß die von ihm hergestellten, für Eikelboom Typ 021N und *Thiothrix* spezifischen Gensonden für die morphologisch identifizierten Fäden „paßten". Dadurch konnte die Annahme, daß Bakterien des Eikelboom Typ 021N möglicherweise mit *Thiothrix* sp. identisch sind (Pipes 1978), widerlegt werden. Es muß allerdings darauf hingewiesen werden, daß es bei Anwendung der Eikelboom-Identifizierung – auch bei großer Sorgfalt – möglicherweise zu Fehlinterpretationen hinsichtlich einer Differenzierung zwischen Typ 021N oder *Thiothrix* kommen kann. Für einen von sechs identifizierten Eikelboom Typ 021N-Fäden aus unterschiedlichen Kläranlagen in Dänemark, Deutschland und Australien paßte auch eine *Thiothrix*-Gensonde (Nielsen et al. 1998, Pernelle et al. 1998).

Eikelboom u. van Buijsen (1983) gehen bei ihrem Bestimmungsschlüssel von einer gramnegativen Farbreaktion bei *Thiothrix* sp. aus. Bei starker Schwefeleinlagerung zeigt *Thiothrix* sp. jedoch eine deutlich granulär grampositive Reaktion. Diese Tatsache führt zu Fehlinterpretationen. Es ist daher wichtig, sich bei der Differenzierung zwischen Typ 021N und *Thiothrix* sp. auf andere Merkmale zu konzentrieren. So weist z.B. Typ 021N im Lebendpräparat (ohne Anwendung des Schwefeltestes) keine oder nur selten und ganz vereinzelt Schwefeleinlagerungen auf, während *Thiothrix* sp. schon ohne Anwendung des Schwefeltestes Schwefel einlagert. Die Angabe von Eikelboom u. van Buijsen (1983) und Jenkins et al. (1993), daß der Schwefeltest bei Typ 021N schwach, bei *Thiothrix* sp. deutlich positiv ausfällt, kann nach Wagner (1996) nicht immer eindeutig als Identifizierungshilfe dienen, wird aber in den meisten Fällen beobachtet. *Thiothrix* sp. besitzt im Gegensatz zu Typ 021N eine Scheide. Diese ist zwar oft nur schwer zu erkennen, jedoch verleiht sie dem Faden eine glatte und sehr gleichmäßige Oberfläche, ohne Einschnürungen an den Querwänden. Dagegen sind bei Typ 021N Einschnürungen an den Querwänden ein deutliches Identifizierungsmerkmal. Tabelle 2.4 faßt noch einmal die wichtigsten Merkmale von Typ 021N und *Thiothrix* sp. vergleichend zusammen.

Tabelle 2.4 Identifizierungsmerkmale von Typ 021N und *Thiothrix* sp.

Typ 021N	*Thiothrix* sp.
gramnegativ mit hellen Bereichen	gramnegativ / granulär grampositiv
Neisser-negativ (selten positive Granula)	Neisser-negativ (selten positive Granula)
PHB-positiv	PHB-positiv
unverzweigt, mit Einschnürungen an den Querwänden der Zellen	unverzweigt, ohne Einschnürungen an den Querwänden der Zellen
Schwefelgranula: wenn überhaupt vorhanden, nach dem Schwefeltest kaum kräftiger	Schwefelgranula: meist vorhanden, nach dem Schwefeltest deutlich kräftiger
keine Scheide	mit Scheide
ohne Aufwuchs	ohne Aufwuchs

Typ 0041 und Typ 0675 oder Typ 0041/0675

Die Typen 0675 und 0041 werden sowohl bei Eikelboom u. van Buijsen (1983) als auch bei Jenkins et al. (1993) und Seviour et al. (1993) als Fäden beschrieben, die bis auf den Fadendurchmesser und die Fadenlänge identische Merkmale aufweisen. Auch die weitgehend identischen Selektionsfaktoren, die von Lemmer (1992) für beide Fäden angegeben werden, lassen auf einen Fadentyp schließen.

Wesentlicher Punkt ist jedoch, daß der Fadendurchmesser und die Fadenlänge vergleichsweise schlecht bestimmbare Merkmale sind und Ungenauigkeiten bei der Identifizierung auf der Basis dieses Merkmals nicht ausgeschlossen werden können. Aus diesem Grund werden die beiden Fäden hier als Typ 0041/0675 zusammengefaßt. Hieraus ergibt sich, daß alle Fäden als Typ 0041/0675 identifiziert werden, die folgende Merkmale gleichzeitig aufweisen:

- gerade oder leicht gebogene Fäden mit starkem Aufwuchs (selten ohne Aufwuchs und dann nur in industriellen Anlagen)
- grampositiv, wobei Bereiche im Faden mit starkem Aufwuchs gramnegativ oder gramvariabel sein können
- Neisser-negativ
- Durchmesser 0,8-2,0 µm und Länge 50-500 µm.

Nostocoida limicola

Sowohl Jenkins et al. (1993) als auch Seviour et al. (1993) geben die Merkmale von *Nostocoida limicola I-III* an, wie in Tabelle 2.5 zusammengestellt. Bei der Bestimmung von *N. limicola*-Fäden kommt es gelegentlich vor, daß nicht alle diese Merkmale übereinstimmen und eine Identifizierung dieser Fäden dann erhebliche Schwierigkeiten bereitet.

Tabelle 2.5 Identifizierungsmerkmale von *N. limicola I-III* nach Jenkins et al. (1993) und Seviour et al. (1993)

Fadentyp	Gram	Neisser	PHB	Durchmesser	Länge
N. limicola I	positiv	positiv	negativ	< 0,8 µm	100 µm
N. limicola II	positiv/negativ	positiv/negativ	positiv	0,8-1,4 µm	100-200 µm
N. limicola III	positiv	positiv	negativ	1,5-2,0 µm	200-300 µm

2.4.4 Analysenformblätter und Bestimmungsschlüssel

Die Identifizierung eines fadenförmigen Mikroorganismus erfolgt auf der Basis der in den mikroskopischen Untersuchungen ermittelten charakteristischen Merkmale (vgl. Kap. 2.4.1 und Kap. 2.4.2). Das *Analysenformblatt zur Identifizierung fadenförmiger Mikroorganismen* (S. 51) soll helfen, die Merkmale vollständig zu erfassen und übersichtlich zusammenzustellen. Die eigentliche Identifizierung erfolgt mit Hilfe von Bestimmungsschlüsseln. In den Abbildungen 2.19 und 2.20 sind zwei verschiedene Bestimmungsschlüssel von Jenkins et al. (1993) und von Eikelboom u. van Buijsen (1983) gezeigt. Es handelt sich um dichotome Schlüssel, denen man von links beginnend je nach Merkmalsausprägung des unbekannten Fadens bis zum Identifizierungsergebnis folgt. Da die Merkmale eines Fadens abhängig vom jeweiligen Zustand unterschiedlich stark ausgeprägt sein können und manchmal auch variieren, ist es dringend erforderlich, das Identifizierungsergebnis anhand der in Kap. 2.4.3 gegebenen Informationen und Bilder sorgfältig zu überprüfen. Wie ein Vergleich der beiden Bestimmungsschlüssel deutlich macht, ist es möglich, die Merkmale, die zu einer Identifizierung führen, unterschiedlich anzuordnen. Zur Identifizierung eines Fadens tauchen nicht alle Merkmale in der Entscheidungskette auf, sondern nur die von den jeweiligen Autoren ausgewählten. Stellt sich beim Abgleich aller erhobenen Merkmale heraus, daß der zu identifizierende Faden nicht mit beschriebenen Charakteristika des gefundenen Identifizierungsergebnisses übereinstimmt oder im Bild anders aussieht, müssen die in das Analysenformblatt eingetragenen Merkmale noch einmal überprüft werden.

Es ist durchaus möglich, daß ein fädiger Mikroorganismus anhand der Schlüssel nicht eindeutig identifiziert werden kann, da zur Vereinfachung nur die wichtigsten Fadentypen hier aufgenommen sind. In einem solchen Fall sollte der Faden als nicht identifiziert (n.i.) mit seiner Merkmalsbeschreibung in der Dokumentation des mikroskopischen Bildes vermerkt werden.

Einige fadenförmige Mikroorganismen sind allein durch ihre Färberesultate eindeutig zu identifizieren. Bei anderen sind es morphologische Merkmale, die letztlich zu einer Identifizierung führen. Ein dichotomer Bestimmungsschlüssel hat immer nur einen Ausgangspunkt, an dem man – unabhängig vom vorliegenden Faden – beginnen muß. So beginnt der hier vorgestellte Schlüssel von Eikelboom u. van Buijsen (Abb. 2.20) mit der Gram-Färbung und der Neisser-Färbung, der Schlüssel von Jenkins et al. (Abb. 2.19) mit der Frage nach Schwefelgranula. Das fädige Bakterium *Microthrix parvicella* ist in dem Schlüssel von Eikelboom u. van Buijsen allein durch die Merkmale „grampositiv“ und „Neisser-positiv mit Granula“ sehr schnell zu identifizieren. In dem Schlüssel von Jenkins et al. werden dagegen die Merkmale „keine Schwefelgranula“, „stark grampositiv“, „keine Verzweigungen“, „keine Zellwände sichtbar“ und „Neisser-positive Granula“ herangezogen, d.h. es müssen deutlich mehr Entscheidungen getroffen werden, ob ein Merkmal vorhanden ist oder nicht. Mit etwas Erfahrung läßt sich der jeweils günstigere Bestimmungsschlüssel auswählen. Fehlt diese Erfahrung, dann kann es leicht passieren, daß durch die Wahl eines ungünstigen Schlüssels die Entscheidungskette zur Identifizierung länger als nötig ist und dadurch die Fehlermöglichkeiten zunehmen.

In Ergänzung zu den vorhandenen Bestimmungsschlüsseln ist daher ein Bestimmungsschema entwickelt worden (Abb. 2.21), bei dessen Anwendung zwischen verschiedenen Ausgangspunkten gewählt werden kann. Alle farbig unterlegten Kästchen mit einem schwarzen Punkt an der Seite stellen einen möglichen Ausgangspunkt für die Identifizierung dar. Blau unterlegt sind charakteristische Merkmale, die bereits im Lebendpräparat auffällig sind. Zeigt der zu identifizierende Faden bereits im Lebendpräparat Schwefelgranula, Aufwuchs, eine nadelähnliche, gerade Wuchsform oder deutliche Einschnürungen an den Zellwänden, so kann an den entsprechenden Ausgangspunkten mit der Identifizierung begonnen werden. Trifft keines dieser Merkmale im Lebendpräparat auf den unbekannten Faden zu, müssen die Färbepräparate hinzugezogen werden. Grün unterlegt sind Ausgangspunkte für Fäden, die keine der genannten Merkmale im Lebendpräparat zeigen und in der Gram-Färbung positiv reagieren. Gelb unterlegt sind Ausgangspunkte für Fäden, die in der Neisser-Färbung typisch graublau angefärbt werden. Ein richtiges Identifizierungsergebnis ist nur dann gegeben, wenn alle Merkmale, die zwischen dem gewählten Ausgangspunkt und dem Identifizierungsergebnis liegen, auf den unbekannten Faden zutreffen. Ist ein Merkmal dabei, das nicht mit dem unbekannten Faden übereinstimmt, so muß geprüft werden, ob ein anderer Ausgangspunkt in Frage kommt, d.h. ob der Ausgangspunkt richtig gewählt ist.

Das Bestimmungsschema soll dabei helfen, Entscheidungswege so kurz wie möglich zu halten. Das fädige Bakterium *Haliscomenobacter hydrossis* hat z.B. eine ganz typische nadelähnliche, gerade Wuchsform mit einem Fadendurchmesser von 0,5 µm. Mit der zusätzlichen Information, daß der Faden gramnegativ ist, ist *H. hydrossis* zweifelsfrei zu identifizieren. Nach den Bestimmungsschlüsseln ist das Heranziehen einer Vielzahl von weiteren Merkmalen für eine Identifizierung nötig. So muß nach Jenkins et al. zusätzlich entschieden werden, ob der Faden Schwefelgranula enthält, wie er in der Neisser-Färbung reagiert und ob Zellwände vorhanden sind. Bei Eikelboom u. van Buijsen sind zusätzliche Entscheidungen zur Reaktion in der Neisser-Färbung, zur Beweglichkeit, zu vorhandenen oder nicht vorhandenen Verzweigungen, Schwefelgranula und Querwänden zu treffen.

Das Bestimmungsschema ist in zahlreichen Mikroskopiekursen mit Erfolg getestet worden. Gerade bei ungeübten Betrachtern wurden die Vorteile der kürzeren Entscheidungswege durch eine erheblich höhere „Erfolgsquote" bei der Identifizierung deutlich. Zusätzliche Vereinfachung ist dadurch gegeben, daß in das Bestimmungsschema lediglich 14 fadenförmige Mikroorganismen aufgenommen wurden, während in den Bestimmungsschlüsseln von Jenkins et al. und Eikelboom u. van Buijsen über 20 verschiedene Organismen enthalten sind. Das Bestimmungsschema kann daher die bestehenden Bestimmungsschlüssel keineswegs ersetzen. Ist ein Faden mit Hilfe des Schemas nicht zu identifizieren, ist immer einer der Bestimmungsschlüssel zu Rate zu ziehen. Bei den 14 fädigen Mikroorganismen im Bestimmungsschema handelt es sich nach Erfahrung der Autorinnen um die regelmäßig in belebten Schlämmen dominierenden Typen.

Analysenformblatt zur Identifizierung fadenförmiger Mikroorganismen

Kläranlage: .... Datum: ....

Merkmal	Ausprägung	fadenförmige Mikroorganismen 1	2	3	4
Fadenposition	aus der Flocke herausragend				
	in der Flocke wachsend				
	freiliegend zwischen den Flocken				
Fadenform	gerade				
	gebogen				
	verknäuelt				
Aufwuchs	fehlt				
	mäßig				
	stark				
Verzweigungen	fehlen				
	echt				
	unecht				
Scheide	fehlt				
	vorhanden				
Beweglichkeit	fehlt				
	gleitend				
Zellwände	nicht erkennbar				
	erkennbar				
Einschnürungen	fehlen				
	vorhanden				
Zellform	nicht erkennbar				
	quadratisch				
	rechteckig				
	stäbchenförmig				
	scheibenförmig				
	kugelig				
Fadendurchmesser	[µm]				
Schwefelgranula	weder in vivo noch nach S-Test				
	in vivo				
	nach S-Test				
Gram-Färbung	gramnegativ				
	grampositiv				
	gramvariabel				
Neisser-Färbung	Neisser-negativ				
	Neisser-positiv (Granula)				
	Neisser-positiv (graublau)				
PHB-Färbung	negativ				
	positiv				

Name des Fadens Nr. 1 .... Häufigkeit: ....

Name des Fadens Nr. 2 .... Häufigkeit: ....

Name des Fadens Nr. 3 .... Häufigkeit: ....

Name des Fadens Nr. 4 .... Häufigkeit: ....

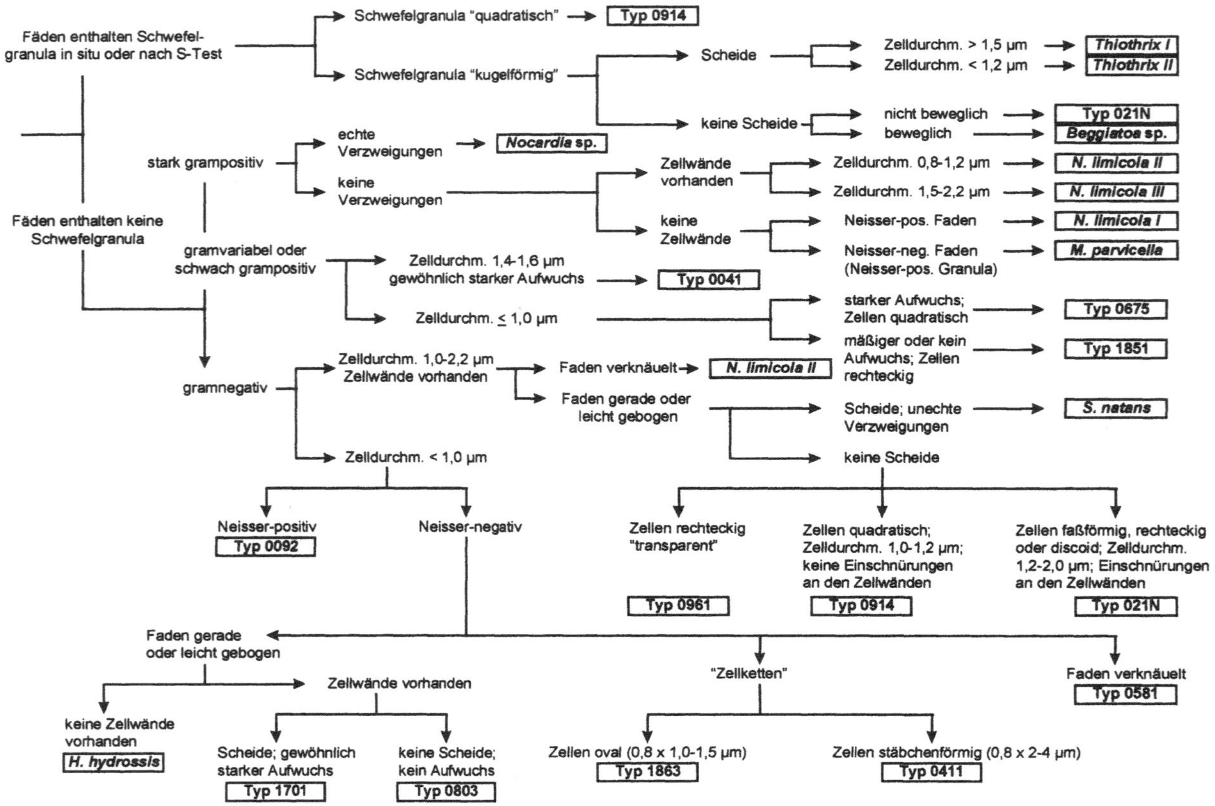

Abb. 2.19 Bestimmungsschlüssel für die Identifikation fädiger Mikroorganismen (übersetzt aus dem Englischen, Jenkins et al. 1993)

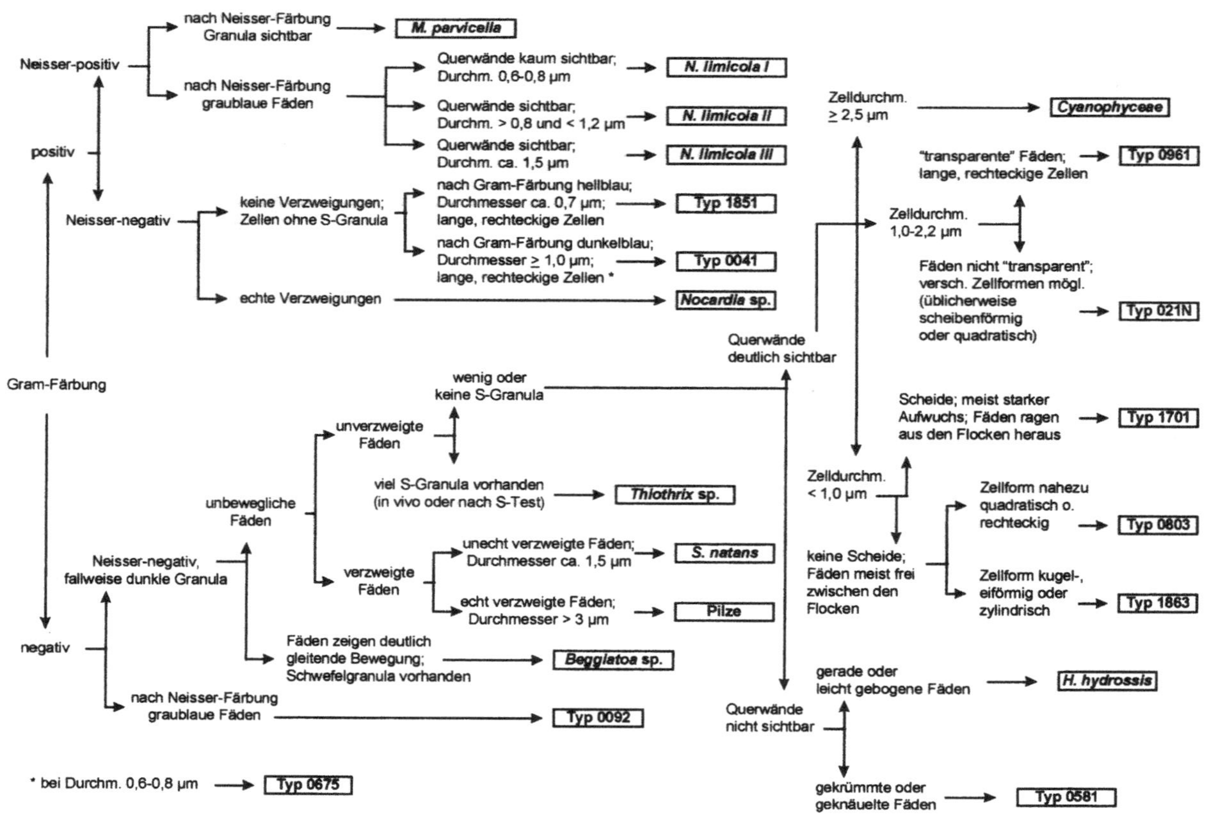

Abb. 2.20 Bestimmungsschlüssel für die Identifikation fädiger Mikroorganismen (verändert nach Eikelboom u. van Buijsen 1983)

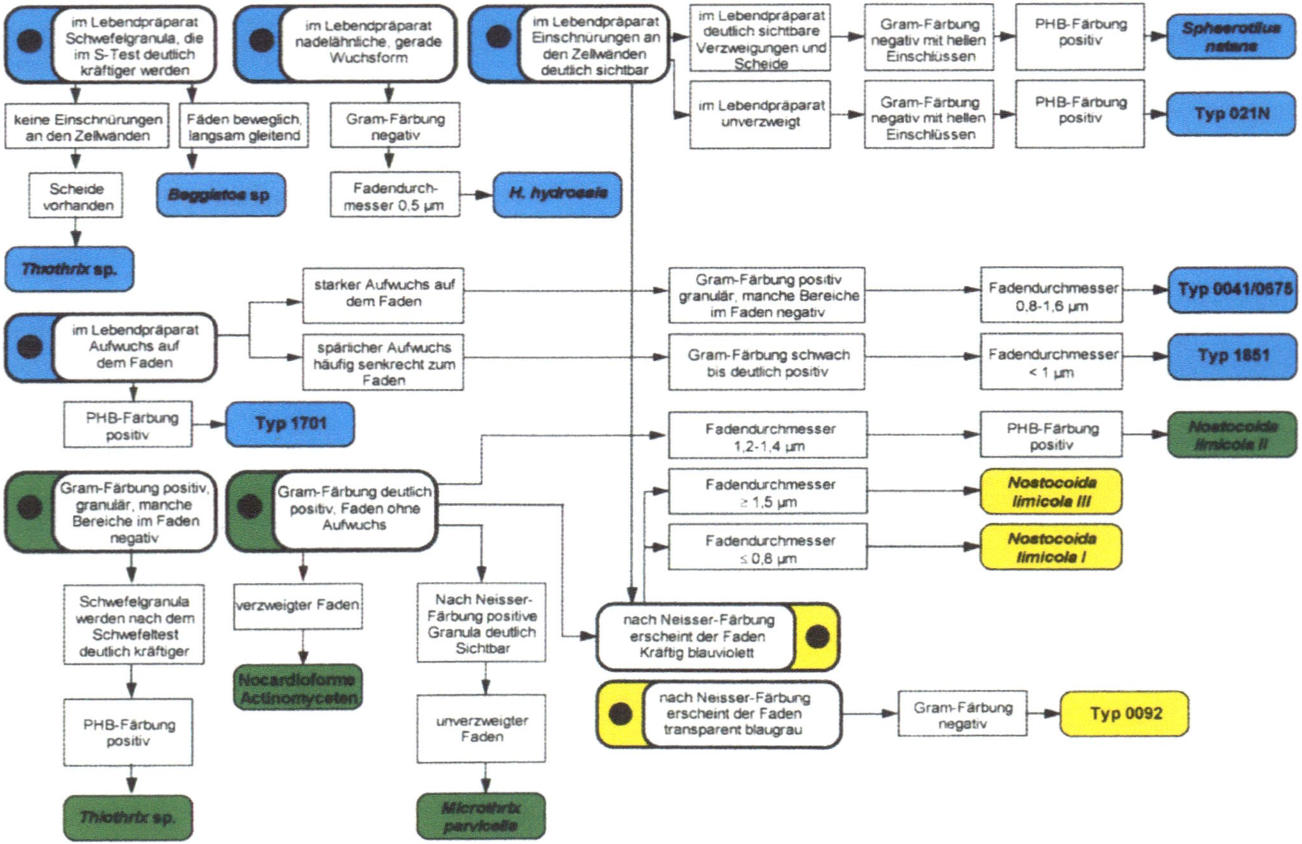

Abb. 2.21 Bestimmungsschema zur Identifizierung der häufigsten fadenförmigen Mikroorganismen im belebten Schlamm

Während bzw. nach der Mikroskopie eines fädigen belebten Schlammes ist es wichtig, alle gewonnenen Erkenntnisse genau zu dokumentieren, um bei nachfolgenden Untersuchungen Veränderungen feststellen zu können. Für diese Dokumentation wurde das *Analysenformblatt zur mikroskopischen Untersuchung fädiger belebter Schlämme* entworfen (S. 56). Neben der ISV relevanten Fädigkeit des Schlammes können Informationen zur Flockenmorphologie, zum Flokkendurchmesser und zu den identifizierten fädigen Mikroorganismen festgehalten werden.

2.4.5 Bestimmung der Häufigkeit einzelner Fadentypen zur Dokumentation von Populationsverschiebungen

Fädige belebte Schlämme enthalten meist nicht nur einen Fadentypen, sondern eine Population verschiedener fadenförmiger Bakterien, die mit unterschiedlicher Häufigkeit auftreten. Meist lassen sich ein oder zwei dominante Fadentypen identifizieren, während die restlichen nur sekundär auftreten. Für die routinemäßige Erfassung ist es ausreichend, den Rang eines Fadens mit den Symbolen x = dominant oder o = sekundär zu bezeichnen. Will man dagegen mögliche Populationsverschiebungen deutlicher herausarbeiten, müssen Häufigkeiten für die verschiedenen fädigen Mikroorganismen festgelegt werden.

Durch die alleinige mikroskopische Betrachtung des Lebendpräparates kann eine Einschätzung der Häufigkeit eines bestimmten Fadens im belebten Schlamm nicht immer vorgenommen werden. Besonders bei Fäden, die eher in der Flocke wachsen, ist eine Einschätzung ihres Vorkommens oft schwierig. Viele fädige Mikroorganismen zeigen ganz charakteristische Reaktionen in der Gram- oder Neisser-Färbung, so daß die entsprechend gefärbten Trockenpräparate für die Einschätzung der Häufigkeit hinzugezogen werden können. Zur Dokumentation werden die Häufigkeiten der dominant und sekundär vorkommenden Fäden auf einer Skala von 0-7 eingestuft (Tabelle 2.6) und in das *Analysenformblatt zur mikroskopischen Untersuchung fädiger belebter Schlämme* eingetragen.

Tabelle 2.6 Beschreibung der Stufen für die Häufigkeit einzelner Fadentypen

Häufigkeitsstufe [-]	Beschreibung
0-1	keine oder einzelne Fäden der Art / des Typs
2	wenige Fäden der Art / des Typs
3	einige Fäden der Art / des Typs
4	häufig Fäden der Art / des Typs
5	sehr häufig Fäden der Art / des Typs
6	reichlich Fäden der Art / des Typs
6-7	übermäßig viele Fäden der Art / des Typs
7	ausschließlich Fäden der Art / des Typs

Analysenformblatt zur mikroskopischen Untersuchung fädiger belebter Schlämme

Herkunft der Probe:	Datum der Entnahme:
	Datum der Untersuchung:

ISV relevante Fädigkeit:							
○	○	○	○	○	○	○	○
0 - 1	2	3	4	5	6	6 - 7	7

Flockenmorphologie:			
kräftig, kompakt, leicht abgerundet		Agglomerat aus kleinen Flocken und Fäden	
kräftig , kompakt, unregelmäßig geformt		Fäden vornehmlich in der Flocke verknäuelt	
locker strukturiert, leicht abgerundet		kurze Fäden aus der Flocke herausragend	
locker strukturiert, unregelmäßig geformt		lange Fäden aus der Flocke herausragend	
mineralischer Flockenkern vorhanden		freischwimmende Bakterien	
organische Fasern häufig		extrazelluläre polymere Substanzen (EPS)	

Flockendurchmesser in µm:			
< 150	150 - 500	> 500	keine Einzelflocken meßbar

Identifizierte fadenförmige Mikroorganismen und ihre Einzelhäufigkeiten:					
Name	Rang	Häufigkeit	Name	Rang	Häufigkeit
Microthrix parvicella			Typ 0092		
nocardioforme Actinomyceten			Typ 0041/0675		
Typ 021N			*Beggiatoa* sp.		
Thiothrix sp.			Typ 1701		
Haliscomenobacter hydrossis			Typ 0961		
Sphaerotilus natans			Typ 0803		
Typ 1851			Typ 0411		
Nostocoida limicola					

Rang: x = dominant o = sekundär

0 -1 = keine oder einzelne Fäden der Art/des Typs	5 = sehr häufig Fäden der Art/des Typs
2 = wenige Fäden der Art/des Typs	6 = reichlich Fäden der Art/des Typs
3 = einige Fäden der Art/des Typs	6 -7 = übermäßig viele Fäden der Art/des Typs
4 = häufig Fäden der Art/des Typs	7 = ausschließlich Fäden der Art/des Typs

Bemerkungen:

3 Selektionsbedingungen und Gegenmaßnahmen für die am häufigsten vorkommenden fädigen Bakterien

Die genaue Kenntnis der Mechanismen und Bedingungen der Selektion von fädigen Bakterien in den Mischbiozönosen der belebten Schlämme ist Voraussetzung für die Entwicklung von Gegenmaßnahmen. Die Wirksamkeit der Gegenmaßnahmen hängt von der Spezifität der Maßnahmen ab. Liegen für bestimmte Blähschlamm- oder Schwimmschlammbildner fundierte Kenntnisse über ihre Entwicklungsmechanismen und ihre physiologischen Ansprüche in einer Mischkultur vor, können auch spezifische Gegenmaßnahmen entwickelt werden. Dies ist bisher jedoch nur für einige fadenförmige Bakterien der Fall. Darüber hinaus gibt es ganz selten Blähschlamm- oder Schwimmschlammereignisse, die nur durch einen Faden verursacht sind. Die Regel ist, daß sich Gemeinschaften von fädigen Organismen einstellen, die miteinander und auch als einzelne Fäden an bestimmte Situationen angepaßt sind (z.B. treten Typ 021N und *Thiothrix* sp. oder auch *Microthrix parvicella* und Typ 0092 häufig miteinander vergesellschaftet auf). Daraus ergibt sich, daß wirksame Gegenmaßnahmen in der Praxis eher auf Gruppen von fädigen Mikroorganismen abgestimmt sein müssen als auf einzelne dominante Fäden.

3.1 Selektionsbedingungen von fädigen Bakterien in Mischbiozönosen belebter Schlämme

Als die biologische Abwasserreinigung noch in den Kinderschuhen steckte, beschrieb bereits Smit (1934), daß das „Aufblähen des belebten Schlammes“ und daraus resultierende Absetzschwierigkeiten mit der Massenentwicklung von fädigen Bakterien zusammenhing. Erst 1975 unterschied Eikelboom die verschiedenen Fadenorganismen aufgrund morphologischer und einiger Färbekriterien. Er ermittelte, daß ca. 30 verschiedene Fadenbakterien in Blähschlamm und Schwimmschlamm eine Rolle spielen, wobei etwa 10 für die meisten Blähschlamm- und Schwimmschlammereignisse verantwortlich sind. Die Anwendung der aus diesen Arbeiten von Eikelboom entstandenen Bestimmungsschlüssel (Eikelboom u. van Buijsen 1983, Jenkins et al. 1993) zeigte, daß Blähschlamm- und Schwimmschlammbildner meist in Gemeinschaften auftreten, die gleiche Nahrungsansprüche und Substratkonzentrationen lieben, wie z.B. Hochlastsituationen oder schwach belastete Belebungsanlagen. Die wesentlichen Gruppen von Organismen, die sich herausgebildet haben, sind:

- Schwefelbakterien
- Gramnegative Bakterien aus Hochlastanlagen
- Grampositive Bakterien aus Niedriglastanlagen

Dabei ist die Einordnung in sogenannte Hochlast- und Niedriglastanlagen relativ neu und mittlerweile international vereinbart. Es ist jedoch anzumerken, daß auch die sogenannten Hochlastanlagen im Vergleich zu früheren „echten" Hochlastanlagen schwach belastet sind, d.h. in einem Schlammbelastungsbereich B_{TS} von < 0,15 bis 0,3 kg kg^{-1} d^{-1} gefahren werden. Hingegen sind sogenannte Schwachlastanlagen solche, die bei einer Schlammbelastung B_{TS} deutlich < 0,15 kg kg^{-1} d^{-1} betrieben werden. Die meisten Anlagen liegen mit ihrer Belastung sogar im Stabilisierungsbereich von B_{TS} < 0,05 kg kg^{-1} d^{-1}. Die Begriffe „Hochlast-/Niedriglastanlagen" werden trotz ihrer mangelnden Klarheit auch in diesem Buch verwendet, da sie mittlerweile, wie oben bereits erwähnt, international eingeführt sind.

Die genannten Bakteriengruppen und ihre Selektionsfaktoren sind im folgenden zusammengefaßt. Sie werden auch in dem Arbeitsbericht der ATV-Arbeitsgruppe 2.6.1 aufgeführt (1998):

Schwefelbakterien

Die Schwefelbakterien stellen die erste Gruppe dar, mit Vertretern der Gattungen *Thiothrix* und *Beggiatoa,* Typ 021N und Typ 0914. Ihnen ist gemeinsam, daß sie reduzierte Schwefelverbindungen als Elektronendonatoren verwenden, diese oxidieren und elementaren Schwefel einlagern. Da sie auch Schwefelwasserstoff verwenden können, weist ihre Anwesenheit in Kläranlagen auf anaerobe Prozesse hin, die entweder

- in langen Kanalnetzen auftreten können oder
- infolge von Sauerstoffmangel in den Belebungsanlagen selbst, besonders bei Schlammablagerungen, entstehen oder
- auftreten, wenn anaerobe Vorbehandlungsanlagen vor aeroben Behandlungsstufen liegen.

Das Vorkommen fadenförmiger Schwefelbakterien wird insbesondere in industriellen und seltener in kommunalen Anlagen beobachtet, in die sehr hoch belastete Abwässer, angefaulte Abwässer und reduzierte Schwefelverbindungen eingeleitet werden. Die Folge einer „Anfaulung" sind in der Regel erhöhte Konzentrationen an organischen Säuren, die die Organismen dieser Gruppe sehr gut verwerten können. In Anlagen mit Nährstoffelimination und geringer Schlammbelastung treten Schwefelbakterien sehr selten auf und sind in der Regel nicht dominant.

Aufgrund der Besonderheiten der Schwefelbakterien lassen sich die wesentlichen Selektionsfaktoren folgendermaßen zusammenfassen:

- Industrielles Abwasser mit erhöhten Konzentrationen an organischen Säuren, Abwässer mit erhöhten Schwefel- und/oder Sulfat/Sulfidkonzentrationen, hohem CSB:N-Verhältnis und
- relativ hoch belastete Belebungsanlagen mit Sauerstoffdefiziten

sind günstige Voraussetzungen für ein Wachstum von Schwefelbakterien.

Gramnegative Bakterien aus Hochlastanlagen

Die zweite Gruppe sind gramnegative „Hochlastbakterien“, die heute nur noch in geringem Maße in kommunalen Anlagen auftreten. Dies ist eigentlich nur dann zu beobachten, wenn erhebliche Industrieabwasseranteile behandelt werden, und wenn die CSB-Schlammbelastung $B_{TS} \geq 0{,}3$ kg kg^{-1} d^{-1} beträgt. Typischerweise treten die „Hochlastfäden“ in nicht nitrifizierenden Anlagen mit häufigen Stoßbelastungen auf. Gefördert werden sie durch ein hohes Kohlenstoffangebot bei einem Mangel an N- und P-Verbindungen. In reinen Industrieanlagen setzen sie sich auch durch, wenn die Schlammbelastung im niedrigen Bereich liegt. Dabei wird in der Regel die Voraussetzung erfüllt sein, daß überproportional viel leicht abbaubares Substrat vorhanden ist und volldurchmischte Becken vorliegen. Typische, häufig auftretende Fäden dieser Kategorie sind *Sphaerotilus natans, Haliscomenobacter hydrossis*, Typ 021N, Typ 1701 und Typ 1863. Die Selektionsbedingungen der wichtigsten Fäden sind in Kapitel 3.3 genauer erläutert.

Für insbesondere diese klassischen Blähschlammbildner, die heute allerdings auf den kommunalen Kläranlagen nicht mehr die wichtigste Rolle spielen, sind die generellen Selektionsbedingungen gut bekannt. Entsprechend konnten auch Abhilfemaßnahmen entwickelt werden, deren Erfolg in der Praxis bewiesen ist. Anders sieht es mit den Schwimmschlammbildnern aus, die heute auf den kommunalen Kläranlagen die meisten Betriebsprobleme verursachen, ohne daß bislang allgemein gültige wirksame Maßnahmen entwickelt sind.

Die vorgestellten gramnegativen „Hochlastfäden“ sind – betrachtet man ihre Wachstumskinetik – befähigt, sich in volldurchmischten Becken durchzusetzen. Dabei kommen diese Fadenförmigen nur im Vergleich zu den heute sehr niedrig belasteten kommunalen Anlagen aus Hochlastsituationen, d.h. sie treten in Anlagen auf, die gerade im Hinblick auf die Stoffe, auf denen die Organismen wachsen, höhere Konzentrationen aufweisen. Damit muß nicht automatisch eine höhere Schlammbelastung verbunden sein. Das Entscheidende ist, daß diese Organismen alle durch eine hohe Substrataffinität gekennzeichnet sind. Damit sind sie in der Lage, bei geringen Substratkonzentrationen das Substrat maximal aufzunehmen und zu wachsen. In jedem volldurchmischten Belebungsbecken tritt diese Situation – Einstellung geringer Substratkonzentrationen – auf. Das zulaufende Substrat wird im volldurchmischten Becken sehr stark verdünnt (entsprechend dem Volumen des Belebungsbeckens), so daß sich Substratkonzentrationen nahe der Ablaufkonzentrationen einstellen. Den experimentellen Beweis für die Abhängigkeit der sogenannten „Hochlastfäden“ von der niedrigen Substratkonzentration in einem Belebungsbecken lieferte Chudoba (1973), indem er nachwies, daß in einem volldurchmischten Belebungsbecken Blähschlamm auftrat, während sich bei einer Unterteilung des gleich großen Beckens in verschieden viele Kammern (2,4,8 Kaskaden) bei sonst gleichen Versuchsbedingungen keine Fadenorganismen bildeten (Abb. 3.1). Durch Dosierung des gesamten Abwassers und Rücklaufschlammes in die erste Kaskade wird der Schlamm dort hoch belastet und ein großer Anteil des CSB/BSB's wird eliminiert. Entsprechend bildet sich ein deutlicher Substratgradient im Verlaufe der Kaskaden aus. Dieser wirkt sich positiv auf die Schlammstruktur aus. Die flockig wachsenden Organismen werden durch die hochbelastete Kaskade dadurch bevorzugt, daß sie bei einer höheren Substratkonzentration viel Substrat aufnehmen

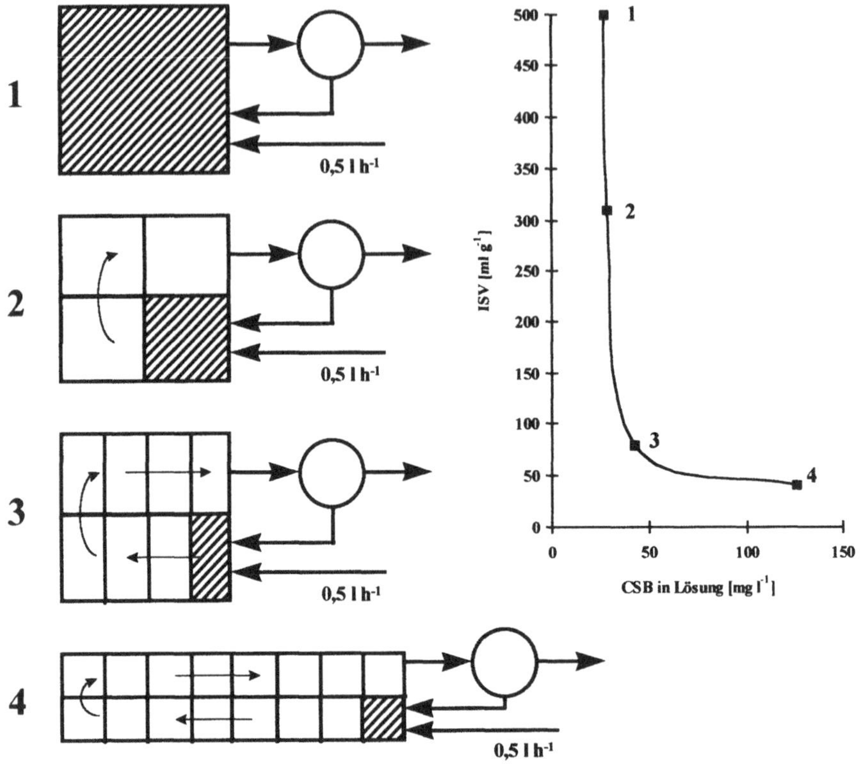

Abb. 3.1 Einfluß der Unterteilung des Belebungsbeckens auf den Schlammindex (nach Chudoba 1973)

können. Die „Spezialität" der fadenförmigen Bakterien liegt hingegen in der Aufnahme von viel Substrat bei einer niedrigen Substratkonzentration. Wenn in einer ersten Kaskadenstufe schon viel des abbaubaren Substrates durch die flokkenförmig wachsenden Bakterien entnommen ist, haben die fädigen Bakterien in den weiteren Kaskadenstufen wesentlich weniger Substrat, welches sie aufnehmen und verwerten können. Damit können sie – im Vergleich zu einer Situation mit volldurchmischten Belebungsbecken – nicht mehr so gut wachsen und werden verdrängt.

Grampositive Bakterien aus Niedriglastanlagen

Die dritte Gruppe der fadenförmigen Organismen in belebten Schlämmen umfaßt die überwiegend grampositiven Fadenbakterien, die häufig in niedrig belasteten Anlagen mit N- und P-Elimination auftreten. Für ihre Massenentwicklung ist kennzeichnend, daß Schwimmschlammschichten an die Oberfläche von Belebungsbecken, Nachklärungen und Faulbehältern flotieren. Häufig anzutreffende Vertreter dieser Gruppe sind *Microthrix parvicella*, nocardioforme Actinomyceten, Typ 0092, Typ 1851, *Nostocoida limicola*, wobei die beiden letztgenannten oft als subdominante Begleitorganismen erscheinen.

Interessant ist, daß sich im Laufe von ca. zehn Jahren das Spektrum von Fädigen auf kommunalen Kläranlagen entscheidend zugunsten der grampositiven „Niedriglastbakterien" verschoben hat (Lind u. Lemmer 1998). Diese Entwicklung korreliert mit der Inbetriebnahme von sehr vielen Anlagen mit N-(Nitrifikation und Denitrifikation) und oft auch biologischer P-Elimination. Schwimmschlamm- und Schaumbildner treten hauptsächlich in kommunalen Anlagen mit mehr oder weniger deutlichem Industrieabwasseranteil auf. Probleme mit Schwimmschlamm sind nach unseren Erfahrungen vermehrt zu erwarten, wenn

- Anlagen mit sehr niedriger BSB_5-Schlammbelastung im Bereich B_{TS} deutlich $< 0{,}15\ kg\,kg^{-1}\,d^{-1}$ betrieben werden,
- erhöhte Fettkonzentrationen im Abwasser vorhanden sind,
- Sauerstoffdefizite auftreten, d.h. länger währende O_2-Gehalte $< 2\ mg\,l^{-1}$ in den belüfteten Zonen bzw. Zeiten,
- in sehr niedrig belasteten Anlagen zeitweise hohe Ammoniumgehalte zu messen sind,
- Anlagen mit biologischer Phosphorelimination und anaeroben Schlammkontaktzeiten > 1 h betrieben werden,
- hohe Konzentrationen an längerkettigen Fettsäuren auftreten.

Microthrix parvicella und nocardioforme Actinomyceten sind sehr häufig in angereicherten Schwimmschlammschichten zu finden. In 93% aller Fälle von betroffenen Anlagen war *Microthrix parvicella* vertreten, in 5% der Schwimmschlamm- und Schaumereignisse waren nocardioforme Actinomyceten die verursachenden dominanten Mikroorganismen (Knoop 1997). Neben diesen beiden wichtigsten Gattungen sind in Schwimmschlämmen und Schäumen noch Typ 0041/0675, Typ 1851 und Typ 0092 zu finden. Dabei ist hervorzuheben, daß *Microthrix parvicella* der bei weitem wichtigste Schwimmschlammverursacher ist und auch fast immer für länger andauernde Schaumprobleme in den Faulbehältern verantwortlich ist. Dies gilt europaweit (Eikelboom et al. 1998).

3.2 Gegenmaßnahmen

Spezifische Maßnahmen gegen grampositive „Hochlastbakterien"

Zunächst soll auf spezifische Maßnahmen gegen insbesondere gramnegative „Hochlastbakterien" eingegangen werden. Es wurde bereits angesprochen, daß sich fadenförmige Mikroorganismen, und dabei besonders die gramnegativen Bakterien aus relativ höher belasteten Anlagen, besonders gut in volldurchmischten Belebungsbecken durchsetzen können, in denen sich kein Substratgradient im Verlaufe der biologischen Reinigung ausbildet. Ist dies hingegen wie bei einer Pfropfenströmung oder in Kaskadenanlagen gegeben, so haben die Blähschlammorganismen keine so guten Entwicklungsmöglichkeiten. Von diesem Tatbestand, der von Chudoba (1973) experimentell belegt werden konnte, leitet sich die wichtigste verfahrenstechnische Gegenmaßnahme gegen Blähschlamm ab. Dabei sind diese Gegenmaßnahmen – *Hochlaststufen oder Selektoren* – besonders wirksam gegen gramnegative sog. „Hochlastfäden".

Selektoren, bzw. hochbelastete, vorgeschaltete Kontaktbecken (Abb. 3.2), in denen Rücklaufschlamm und Zulauf gemischt werden, erzeugen in den Anlagen einen ausgeprägten Substratgradienten. In der Regel sollten Selektoren aerob betrieben werden. Die Hochlaststufen oder Selektoren sind den Belebungsbecken vorgeschaltet. In ihnen ist eine intensive Mischung von Abwasser und Schlamm nötig, ein Teil der Abwasserinhaltsstoffe wird adsorptiv an die Belebtschlammflocke gebunden. Dadurch wird dem Belebtschlamm-Wasser-Gemisch ein bedeutsamer Anteil an gut abbaubaren Abwasserinhaltsstoffen (je nach Konzentration des Abwassers 30-75%) entzogen. Der BSB/CSB sollte allerdings in den hochbelasteten Selektoren nicht veratmet werden. Die eigentliche Umsetzung des Substrates und das resultierende Biomassenwachstum des belebten Schlammes soll erst in der Belebungsanlage stattfinden und nicht im Selektor. Entsprechend kommt es bei der Konzeption und Planung eines Selektors darauf an, möglichst genau zu ermitteln, wieviel des leicht abbaubaren Substrates in einem Selektor unter aeroben Bedingungen adsorptiv gebunden werden muß, um das weitere Wachstum eines Blähschlammbildners zu unterdrücken.

Die aerobe Selektortechnik hat sich im letzten Jahrzehnt in vielen Anwendungsfällen bewährt. Nach unserer Erfahrung sind aerobe Selektoren wirksam gegen Fäden wie *Haliscomenobacter hydrossis*, Typ 021N, *Thiothrix* sp. und *Sphaerotilus natans*. Andere Autoren berichten von weiteren Organismen, die durch aerobe Selektoren „relativ leicht beherrschbar sind", wie Typ 0092, *Microthrix parvicella*, Typ 0961, *Nostocoida limicola* u.a. (Matsché u. Kreutzinger 1998). Dies deckt sich nicht mit unseren Erfahrungen. Schwierig ist der Einsatz insbesondere bei den Organismen, die in der Lage sind, an die Oberfläche zwischen Wasser und Luft zu flotieren. Diese sind dann meist auch noch an sehr geringe Substratkonzentrationen im Belebungsbecken angepaßt, so daß sie trotz Selektor im Belebungsbecken wachsen können. Dazu gehören insbesondere *Microthrix parvicella*, *Nostocoida limicola* und Typ 0092.

Die wichtigsten Grundlinien für die Selektortechnik wurden 1988 (ATV-Arbeitsgruppe 2.6.1) definiert. Nicht in allen Punkten haben diese Grundlinien heute noch Bestand, aber die folgenden Grundsätze sind nach wie vor gültig:

- Die Wirkungsweise eines Selektors ist dann optimal, wenn der CSB im Ablauf des Selektors ca. 30 mg l^{-1} höher ist als der CSB im Ablauf des Nachklärbekkens.

Die Praxis hat erwiesen, daß sich kein präziser idealer CSB-Wert für den Ablauf des Selektors festlegen läßt, sondern daß entscheidender ist, daß möglichst viel leicht abbaubares Substrat, auf dem die verursachenden Fäden gut wachsen, adsorptiv an die Belebtschlammflocken gebunden werden kann. Die Gesamt-CSB-Konzentration, der sich daraus ergibt, kann durchaus deutlich höher als 30 mg l^{-1} sein.

- Raumbelastungen um den Wert $B_R = 10$ kg m^{-3} d^{-1} sollten angestrebt werden. Bei Industrieabwässern können höhere Raumbelastungen $B_R \leq 20$ kg m^{-3} d^{-1} gefahren werden.

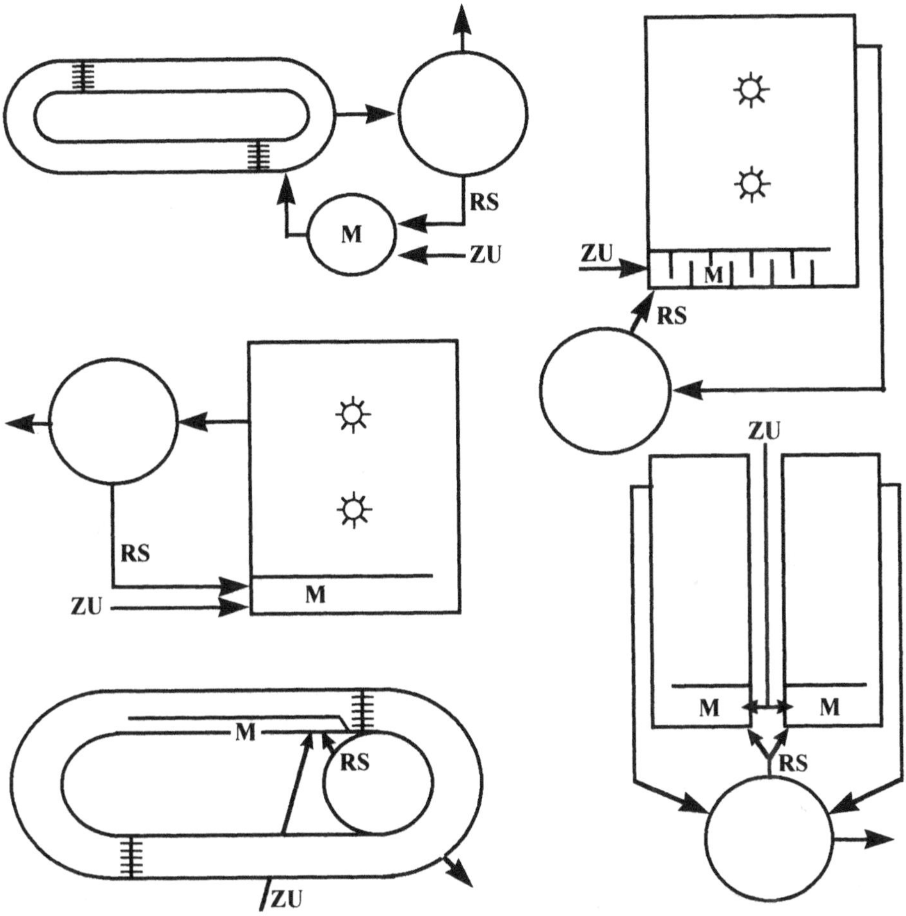

Abb. 3.2 Belebungsbecken mit Kontaktbecken zur Blähschlammvermeidung: 5 Beispiele aus den Niederlanden (nach Eikelboom 1982)
M = hochbelastete Mischzone; ZU = Zulauf; RS = Rücklaufschlamm

Diese Größenordnung von Raumbelastungen hat sich bewährt und ist eine gute Orientierungshilfe für die Praxis. Die weiteren Vorschläge aus 1988, daß nämlich bei „angestrebter Denitrifikation und biologischer Phosphorelimination" der Selektor nur gerührt und nicht belüftet und bei einer Raumbelastung von $B_R = 2{,}5\ \mathrm{kg\,m^{-3}\,d^{-1}}$ betrieben werden sollte, waren nicht erfolgreich. Unter diesen Bedingungen konnte gerade gegen die Fäden, die sich in Anlagen mit Nitrifikation/Denitrifikation und biologischer Phosphorelimination ansiedeln, nicht effektiv vorgegangen werden.

Die wichtigsten Größen, die heute zu beachten sind, sind aus verschiedenen Berichten (Lemmer et al. 1998, Prendl 1997, Kroiss et al. 1997, Matsché u. Kreutzinger 1998 und Rosenwinkel 1994) und eigenen Versuchen und Erfahrungen zusammengefaßt:

- Kontaktzeit von Zulauf und Rücklaufschlamm: Die Aufenthaltszeit sollte so gewählt werden, daß hauptsächlich durch Adsorption so viel an leicht abbaubarem Substrat entfernt wird, daß kritische, leicht abbaubare Abwasserinhaltsstoffe wie organische Säuren vollständig entfernt sind. Häufig reichen Aufenthaltszeiten im Selektor von ca. 15 - 20 Minuten aus.
- Die kontinuierliche Adsorptionskapazität des belebten Schlammes ist entscheidend für den längerfristigen Effekt, nicht der Grad des aeroben Abbaus.
- Eine gute Sauerstoffversorgung des Selektors ist erforderlich. Die ausreichende Belüftung gewährleistet einen gewissen Substratabbau, der die Organismen mit genügend Energieäquivalenten versorgt, so daß eine kontinuierliche Substratadsorption erhalten bleiben kann. Für den Erhalt der Adsorptionsleistung ist eine Größenordnung der Sauerstoffversorgung von ca. 0,25 kg O_2 kg^{-1} CSB zu gewährleisten. Eine optimale Einrichtung eines Selektors ist möglich, wenn der Sauerstoffverbrauch für das leicht abbaubare Substrat exakt bestimmt wird und sich dann der Sauerstoffbedarf genau errechnen läßt.
- Der gesamte Rücklaufschlamm sollte über eine hochbelastete Vorstufe geführt werden. Die Trockensubstanzkonzentration im Selektor entspricht dann der im Belebungsbecken. Wird nur ein Teilstrom des Rücklaufschlammes über den Selektor geführt, kann dies ebenfalls zu einer Schlammstrukturverbesserung führen. Allerdings werden noch gewisse Mengen an leicht abbaubaren Substanzen in die Belebungsbecken eintreten.
- Die adsorptiv gebundenen Stoffe müssen im Belebungsbecken abgebaut werden. Nur dann bleibt die Adsorptionskapazität des Rücklaufschlammes erhalten. Dies ist gewährleistet, wenn bei 20°C das Mindestschlammalter 5 Tage beträgt.
- Bei Fäden wie Typ 021N ist ein Selektor mit Kaskaden günstiger als ein einstufiger.

Das erforderliche Selektorvolumen kann nach Prendl (1997) wie folgt berechnet werden:

$$V_{SEL} = \frac{Q \cdot S_S}{oTS_{SEL} \cdot q_{min(SS,OV)}}$$

V_{SEL}	erforderliches Selektorvolumen (m^3)
Q	Abwasserzufluß ($m^3\,h^{-1}$)
S_S	Konzentration an leicht abbaubarem gelösten Substrat (kg CSB m^{-3})
$Q \cdot S_S$	Fracht an leicht abbaubarem Substrat, die im Selektor entfernt werden soll (kg CSB h^{-1})
oTS_{SEL}	organische Trockensubstanz im Selektor (kg m^{-3})
$q_{min(SS,OV)}$	minimale zu erwartende spezifische Substrateliminationsrate in Abhängigkeit von der Konzentration an leicht abbaubarem Substrat und der Sauerstoffversorgung (kg CSB kg^{-1} oTS h^{-1})

Spezifische Maßnahmen gegen grampositive Bakterien aus Niedriglastanlagen

Im weiteren soll auf spezifische Maßnahmen gegen grampositive Bakterien aus Niedriglastanlagen eingegangen werden. Diese dritte Gruppe fadenförmiger

Bakterien in Belebungsanlagen tritt heute hauptsächlich in Anlagen mit Nitrifikation/Denitrifikation auf und nicht selten in Anlagen, die zusätzlich noch über eine biologische Phosphorelimination verfügen. Der wichtigste Vertreter dieser Gruppe ist *Microthrix parvicella*, weil dieser Faden fast immer an Schwimmschlammereignissen beteiligt ist. Dabei ist der Organismus in der Regel vergesellschaftet mit anderen Fäden, die ebenfalls in der Lage sind, an ihre Zellen Gasblasen anzulagern. Dieses trägt zur Flotation des belebten Schlammes erheblich bei. Bezogen auf die einzelnen Fäden werden spezifische Gegenmaßnahmen in den Kapiteln 3.3 und 3.4 genau erläutert.

Generalisierend gilt für diese Gruppe, daß es wenige abgesicherte spezifische Gegenmaßnahmen gibt:

- Es ist sicher, daß sich eine Erhöhung der Schlammbelastung B_{TS} auf eine Größenordnung von z.B. 0,15 $kg\,kg^{-1}\,d^{-1}$ positiv auswirkt.
- Da die Organismen deutlich jahreszeitlich abhängig auftreten, d.h. sich bevorzugt im Winter entwickeln, hat die Abwassertemperatur einen deutlichen Effekt. In der Regel bilden sich über einige Wochen kalten Winterwetters Schwimmschlammereignisse langsam aufbauend aus.
- Eine separate Entfernung der Schwimmschlammschichten und eine gesonderte Behandlung dieser Schlammfraktionen hat sich bewährt. Wird der Schwimmschlamm über wenige Wochen konsequent aus dem Schlammkreislauf entfernt, bricht die Fadenpopulation zusammen und der ISV wird deutlich besser. Schwierigkeiten gibt es rein technisch mit dem Räumen der Schwimmschlammschichten. Die Maßnahme ist nur dann effektiv, wenn entweder speziell geeignete Räumeinrichtungen (Dittrich 1999) dauerhaft eingesetzt werden oder aber die Schwimmschlammschicht so dick und verdichtet ist, daß sich das Räumen „lohnt", d.h. genügend Biomasse (> als der Zuwachs an Fäden) aus dem System entnommen werden kann.

Unspezifische Maßnahmen

Zu den unspezifischen Maßnahmen gehören die Dosierung einer Vielzahl von Chemikalien, sog. Zuschlagstoffe, die als Abhilfemaßnahmen auf Kläranlagen eingesetzt werden, meist um vorhandene Betriebsprobleme durch Blähschlamm, Schwimmschlamm und Schaum zu beheben oder zu mindern. Es ist die Regel, daß unspezifische Maßnahmen aus der Not der Situation heraus erprobt werden und die Anwendung oft keine systematische Grundlage hat. Unspezifische Maßnahmen können nach dem Ziel des gewünschten Effektes unterschieden werden:

- Schädigung der Fäden
- Beschwerung des leichten Schlammes
- Förderung der Flockenbildung bzw. der flockenbildenden Mikroorganismen

Schädigung der Fäden

Um in einem Blähschlamm die Fäden zu schädigen bzw. diese selektiv zu zerstören, werden Chemikalien eingesetzt, die die Zellen der Bakterien schädigen, so daß sie absterben. Bei den Fäden verursacht diese Schädigung in der Regel ein Brechen der Fäden. Es erscheinen nur noch kurze Fadenbruchstücke und das schlechte Absetzen des belebten Schlammes verbessert sich. Dabei wird davon ausgegangen, daß die Fäden stärker geschädigt werden als die zu Flocken aggregierten Bakterien. Für kurze Behandlungszeiträume (Tage) trifft das auch zu und bewährt sich in der Praxis. Begründet ist dies dadurch, daß die Wirkkonzentration der letztlich für alle Belebtschlammorganismen toxischen Stoffe für die aus der Flocke ragenden Fäden höher ist als für die im Verband sitzenden Flockenbildner. Aufgrund der Tatsache, daß bei Chemikalienbehandlung des belebten Schlammes alle Organismen in ihm betroffen werden, bewähren sich diskontinuierliche Behandlungskonzepte mehr als solche, bei denen etwas kontinuierlich dosiert wird. Entscheidend ist, daß diese Maßnahmen immer nur dann positiv wirken, wenn sie zeitlich begrenzt eingesetzt werden. Je nach Schlammbeschaffenheit und Anlagensituation überwiegt sonst der Schaden den Nutzen.

Folgende Stoffe werden heute hauptsächlich zur selektiven Schädigung von Fäden und Blähschlamm eingesetzt:

- Oxidationsmittel (Ozon, Peroxid)
- Kalk

Bis vor wenigen Jahren wurde insbesondere in Amerika auch Chlor verwendet. Aufgrund der sich bildenden chlororganischen Verbindungen (AOX) und der dazu festgelegten gesetzlichen Grenzwerte für die Einleitung kommt diese Maßnahme in Deutschland nicht in Frage. Bei der Nutzung von Kalk für die Blähschlammbekämpfung kommt, anders als beim Einsatz der reinen Oxidationsmittel, zum Effekt der Schädigung noch die Beschwerung.

Durch den Einsatz von *Oxidationsmitteln* wird die selektive Vernichtung von fädigen Bakterien angestrebt. Aufgrund der Wuchsform der gramnegativen „Hochlastbakterien" und deren relativ schneller Vermehrung in hochbelasteten Anlagen kann man einen Erfolg bei dieser Gruppe von Organismen erwarten. Dazu gibt es eine Reihe von Praxiserfahrungen über den erfolgreichen Einsatz von Peroxid und Ozon sowie Kalk bei Blähschlammbildnern wie *Haliscomenobacter hydrossis*, *Thiothrix* sp. und *Sphaerotilus natans*; allerdings ist bei diesen Maßnahmen damit zu rechnen, daß der Erfolg nur kurzfristig ist. Für eine dauerhafte Problemlösung muß die Ursache gesucht und abgestellt werden.

Bei grampositiven „Schwachlastbakterien" überwiegt leicht der Schädigungsaspekt der gesamten Belebtschlammflocke den positiven Aspekt der Fadenminderung. Für diese Fäden hat sich tendenziell nur eine *Kalkbehandlung* bewährt. Ferner zeigt sich in der Praxis immer wieder, daß auch eine dauerhafte Dosierung von Kalk zu Adaptationseffekten führt. Als Maßnahme zur selektiven Fadenbekämpfung muß die Kalkdosierung sehr radikal sein, d.h. daß durch die Zugabe von Kalkhydrat bzw. gebranntem Kalk ein pH-Wert von 10,5 bis 11 z.B. im Rücklaufschlamm eingestellt wird. Die infolge dieser Radikalkur einsetzende Trübung und der Einbruch der Reinigungsleistung ist in der Regel nach zwei Tagen überwunden. Besonders effizient scheint die Kalkdosierung in den Rücklaufschlamm während der Nachtstunden zu sein (geringe Substratversorgung, größere Schädigung). Der gesamte belebte Schlamm muß einmal einem pH-Wert von 10,5 bis 11,0 ausgesetzt werden, um einen Effekt zu erzielen.

Im Hinblick auf die Anwendung von Peroxid gilt noch deutlicher das für die Kalkanwendung gesagte. Die Behandlung mit Peroxid kann zu einer kurzfristigen Entlastung führen. Wird nicht gleichzeitig die Ursache des Blähschlammereignisses erforscht, wachsen die Fäden schnell wieder nach. Vor einem dauerhaften Einsatz von Peroxid ist zu warnen. Ein dauerhafter Einsatz führt zur Schädigung des gesamten Schlammes mit den entsprechenden Konsequenzen (Rückgang der Reinigungsleistung, Trübung). Ferner muß bekannt sein, durch welchen Faden der Blähschlamm verursacht wird, denn alle Fadenförmigen, die katalaseaktiv sind, können das Peroxid als Sauerstoffquelle „verwerten". Damit haben sie eine besonders gute Sauerstoffversorgung im System und der Effekt der selektiven Schädigung wird konterkariert.

Für Schwimmschlamm, verursacht beispielsweise durch nocardioforme Actinomyceten oder auch *Microthrix parvicella,* eignet sich der Einsatz von Oxidationsmitteln nicht für die Bekämpfung. Der Einsatz von H_2O_2 kann insbesondere in viskosen Schwimmschlämmen zu einer Verstärkung der Schaumbildung führen. Geht es darum, abgezogenen Schwimmschlamm, der sich beispielsweise auf der Belebung oder Nachklärung anreicherte, gesondert zu behandeln, eignet sich Kalk. Es hat sich erwiesen, daß ein temporär auftretendes *Microthrix parvicella*-Problem relativ schnell behoben werden kann, wenn die Möglichkeit besteht, den Schwimmschlamm abzuziehen und an der Faulung vorbeizuführen. Damit werden Probleme in den Faulbehältern vermieden. Die Kalkbehandlung des Schwimmschlammes macht eine direkte Schlammbehandlung dieser Fraktionen möglich. Ferner gehen die *Microthrix parvicella*-Fäden bei pH-Werten von ca. 10,5 – eingestellt mit gebranntem Kalk oder Kalkhydrat – kaputt. Beobachtungen der jüngsten Zeit weisen daraufhin, daß eine zeitweise Dosierung von aluminiumhaltigen Fällmitteln (vgl. Kap. 3.3.1) den ISV von Belebtschlamm-Mischbiozönosen, die durch *Microthrix parvicella* beeinträchtigt sind, verbessert.

Beschwerung des leichten Schlammes

Hinter diesem Ziel – Beschwerung des leichten Schlammes, damit er sich besser absetzt – verbergen sich verschiedene Maßnahmen bzw. unterschiedliche Substanzen, die dem belebten Schlamm zugegeben werden:

- Beschwerungsstoffe wie Eisen- und/oder Aluminiumsalze und auch Kalk
- Beschwerungs- und Aufwuchsstoffe wie Braunkohlenkoksstaub, Talk

Mit Zugabe dieser Mittel soll die Dichte des belebten Schlammes erhöht werden. Durch die Dosierung von kleinen, unlöslichen, organischen oder anorganischen Partikeln kann die Dichte der Belebtschlammflocken ohne eigentliche Volumenzunahme signifikant erhöht werden. Bei längerer Dosierzeit der reinen *Beschwerungsstoffe*, die auch in die Belebtschlammflocke eingebaut werden, verändert sich das TS:oTS-Verhältnis im Schlamm. Normalerweise liegt das Verhältnis bei einem Anteil der organischen Bestandteile von 75-85%. In Anlagen, in die über längere Zeit Beschwerungsstoffe dosiert werden, können die organischen Anteile an der TS auf Werte um die 50% absinken. Dies ist bereits als ein Mißverhältnis zu bezeichnen, welches vermieden werden sollte. Auf die wirksamen Zugabemengen und Konzentrationen wird im Detail in den Kapiteln 3.3 und 3.4 eingegangen, in denen die Bekämpfungsmaßnahmen zusammengestellt sind.

Beim Einsatz von *Beschwerungsstoffen und Aufwuchsstoffen* wird gelegentlich beobachtet, daß die organischen Partikel den flockenbildenden Mikroorganismen als Aufwuchsflächen dienen. Allerdings muß leider angemerkt werden, daß dieser positive Effekt auf einer Kläranlage beobachtet wird, auf der nächsten wiederum nicht, ohne daß die Ursache klar ist. Für die Besiedelung scheint wichtig zu sein, daß die Aufwuchspartikel relativ klein sind verglichen mit der Größe der Belebtschlammflocken (ca. 15% der Größe).

Talkpartikel (mittlere Partikelgröße 6 µm, Dichte 2.800 kg m^{-3}), die oft eine Mischung verschiedener Mineralien darstellen, haben einen hydrophoben und einen hydrophilen Anteil. Der hydrophobe Anteil ist im Wasser nicht stabil, aber dennoch tritt eine Stabilisation zusammen mit den hydrophoben Schlammflocken (durch die exopolymere Matrix) ein. Die direkte Folge sind dichtere Schlammflocken. Sekundär soll die zur Verfügung gestellte Aufwuchsfläche bewachsen werden. Erfolgreiche Anwendungen (bei Typ 0041 und Typ 0961, Bidault et al. 1997) setzten hohe Initialdosierungen voraus (Biomasse:Talk-Verhältnis 1:1). Die Dosierung konnte dann nach einigen Schlammaltern reduziert werden. Das hohe Biomasse:Talk-Verhältnis bedeutet eine Einschränkung der Anwendbarkeit auf Systeme mit hohem Schlammalter, da ansonsten die Kosten immens sind. Neben den Kosten für die Einsatzmenge an Talk kommt hinzu, daß gegebenenfalls die Schlammentsorgungskosten ansteigen.

Für die Anwendung von Braunkohlenkoksstaub (BKKS) oder auch Anthrazit gilt grundsätzlich das Gleiche wie für die Dosierung von Talk. Die Einsatzmengen müssen relativ hoch sein. Dies lohnt sich nur bei Anlagen mit relativ hohem Schlammalter. Ferner muß es gelingen, daß der BKKS in die Schlammflocke integriert wird. Wenn dies geschehen ist, können die Partikel auch bewachsen werden (Rieger 1990). Begründet ist dies dadurch, daß die Kohlepartikel als Adsorbens für Abwasserinhaltsstoffe und Sauerstoff fungieren. Allerdings ist aus unserer Praxis zu berichten, daß ein Bewachsen der Partikel und damit ein länger anhaltender Effekt der Maßnahmen nicht zu beobachten war (vgl. Kap. 3.3.1.3).

Förderung der Flockenbildung und der flockenbildenden Mikroorganismen

Für die Förderung der Flockenbildung kommen aus der Palette der Zusatzstoffe eigentlich nur die Flockungshilfsmittel, also hochgeladene Polymere, in Frage. Für die Förderung der flockenbildenden Mikroorganismen bzw. für die Verdrängung fadenförmiger Bakterien werden seit Jahrzehnten immer noch Bakterien- und Enzympräparate angeboten. Diese Maßnahme ist in der Regel von sehr mäßigem Erfolg bzw. führt mikrobiologisch nicht zum Verdrängen der fadenförmig wachsenden Mikroorganismen.

Die Wirksamkeit des Einsatzes von *Flockungshilfsmitteln* zur Verbesserung der Absetzbarkeit von Blähschlamm hängt von der Flockenstruktur und der Wechselwirkung zwischen Flocke und Flockungshilfsmittel ab. Bakterienflocken bestehen aus Einzelbakterien, anorganischen Partikeln, partikulären organischen Partikeln und verschiedenen Protozoen sowie gelegentlich Mehrzellern.

Auf der trophischen Ebene der Bakterien setzt sich die Flocke, die durchschnittlich um die 150 µm groß ist (Bereich von < 100 bis 300 µm), aus kleineren Untereinheiten zusammen, die miteinander durch netzartige Matrixstrukturen (EPS) verbunden sind. Die tatsächliche Größe der durchschnittlichen Belebtschlammflocke von Anlagen hängt von der Abwasserzusammensetzung und den Betriebsbedingungen (Belastung, Sauerstoffversorgung) ab. Die Flockungsprozesse werden dabei durch die Vander-Waals-, elektrostatischen Kräfte sowie Gravitationskräfte bestimmt. Zwischen den einzelnen Bakterienflocken bestehen

Tabelle 3.1 Eignung der verschiedenen Zusatzstoffe zur Blähschlamm- und Schwimmschlammbekämpfung (Kappeler 1998)

Zusatzstoffe	Blähschlamm infolge			Blähschlamm/ Schwimmschlamm
	gramnegativer Hochlastbakt.	Schwefelbakt.	Actinomyceten	inf. grampositiver Schwachlastbakt.
Oxidationsmittel	+	- [1]	?	+
Kalk	+	- [1]	-	+
Aluminiumsalze	+	- [1]	+	+
Beschwerungs- und Aufwuchsstoffe	- [2]	- [1]	?	+
Enzym- und Bakterienpräparate	-	-	-	-
Flockungsmittel	+	- [1]	?	+

[1] ist mit verfahrenstechnischen Mitteln zu lösen

[2] nur bei hohem Schlammalter

abstoßende Kräfte, die durch die elektrostatischen Ladungen an den Bakterienflockenoberflächen bedingt sind. Die meisten Oberflächen von Belebtschlammflocken sind negativ geladen, so daß sie sich abstoßen. Durch Adsorption von positiv geladenen, z.B. kationischen Polymeren an die Schlammflocke wird die Ladung der Flockenoberfläche neutralisiert und die Flockengröße kann zunehmen. Werden z.B. hochgeladene Polymere über die Kompensation der negativen Ladungen hinaus dosiert (Überdosierung), kehrt sich der positive Effekt um und es kann zu einer Destabilisierung der Flocke kommen.

Die Zugabe von Bakterien- und Enzympräparaten geschieht mit der Absicht, die Bakterienzusammensetzung längerfristig zu beeinflussen, so daß beispielsweise keine oder weniger Fäden wachsen. Durch die dauerhafte Dosierung von konservierten flockenbildenden Bakterien bzw. Bakterienpräparaten soll die Belebtschlammpopulation gestärkt und die fädigen Organismen verdrängt werden. Die Dosierung von Bakterienpräparaten müßte allerdings in sehr hohen Mengen erfolgen, um erfolgreich zu sein. Dies ist mit hohen Kosten verbunden. In der Praxis ist die Zugabe von Bakterienpräparaten zur Blähschlammbekämpfung meist nicht erfolgreich und daher keine realistische Möglichkeit. In dieser Einschätzung befinden wir uns in guter Übereinstimmung mit der ATV-AG 2.6.1 sowie dem Verband Schweizer Abwasser- und Gewässerfachleute (Verbandsbericht 1998).

Zusammenfassend ergibt sich aus diesem Kapitel, daß die vorgestellten Zuschlagsstoffe eine sehr unterschiedliche Eignung zeigen (Tabelle 3.1). Während die Zusatzstoffe Oxidationsmittel und Kalk aufgrund ihrer vernichtenden Wirkung in entsprechenden Konzentrationen nur für einen kurzfristigen Einsatz geeignet sind, können Eisen- und Aluminiumsalze, Kalk in geringen Konzentrationen, Beschwerungsmittel sowie Flockungshilfsmittel auch längerfristig eingesetzt werden. Bei Flockungshilfsmitteln sind Überdosierungen zu vermeiden.

Eine Abschätzung der Wirkung von Zusatzstoffen ist in der Regel durch Laborversuche möglich; dies gilt insbesondere für die Wirkung von Eisen, Aluminium und Flockungshilfsmitteln, während der Effekt von Beschwerungsmitteln wie BKKS oder Talk erst großtechnisch richtig sichtbar wird. Für den Einsatz von Oxidationsmitteln verweisen wir auf die Angaben in den Kapiteln 3.3 und 3.4. Im Rahmen der angegebenen Konzentrationen gibt es genügend Erfahrungen, daß diese wirken.

3.3 Fädige Bakterien mit großer Bedeutung für das Absetzverhalten

3.3.1 *Microthrix parvicella*

3.3.1.1 Wachstumscharakteristika und Selektionsfaktoren

- *Microthrix parvicella* ist in Nordeuropa der Hauptverursacher von Blähschlamm- und Schaumbildungen in 93% der kommunalen Kläranlagen mit Nährstoffelimination. Vergesellschaftet mit *M. parvicella* kommen in diesen schwachbelasteten Anlagen häufig Typ 0041/0675 (vgl. Kap. 3.4.2), Typ 0092 (vgl. Kap. 3.4.1), *Nostocoida limicola* (vgl. Kap. 3.4.3) und nocardioforme Actinomyceten (vgl. Kap. 3.3.2) vor. Bei veränderter Substratqualität oder veränderten Milieubedingungen können in Einzelfällen auch *Thiothrix* (vgl. Kap. 3.3.4), *Haliscomenobacter hydrossis* (vgl. Kap. 3.3.5) oder *Sphaerotilus natans* (vgl. Kap. 3.3.6) subdominant neben *M. parvicella* auftreten.
- *M. parvicella* neigt aufgrund seiner hydrophoben Zelloberflächen zum Flotieren und reichert sich in Schäumen auf Beckenoberflächen massiv an.
- Die Zugabe von schäumendem *M. parvicella*-dominierten belebten Schlamm (Überschußschlamm) oder Schaum in den Faulbehälter führt in 70% der Fälle auch im Faulbehälter zu starker Schaumbildung. Der Faulbehälter kann in der Folge häufig nicht voll ausgelastet betrieben werden oder muß in extremen Fällen ganz außer Betrieb genommen werden.
- Der fadenförmige Mikroorganismus wächst in Abhängigkeit von der BSB_5-Schlammbelastung und der Temperatur (Knoop 1997):
  - Die optimale Vermehrung von *M. parvicella* erfolgt bei Temperaturen unter 15°C und einer BSB_5-Schlammbelastung $B_{TS} \leq 0{,}1$ kg kg^{-1} d^{-1}. Unter diesen Bedingungen wird der Faden zwischen 200 und 500 µm lang und führt durch massives Anwachsen zu Schlammindices bis 500 ml g^{-1}.
  - Das Wachstum von *M. parvicella* ist bei Temperaturen < 15 °C deutlich abhängig von der BSB_5-Schlammbelastung und dem daraus resultierenden Schlammalter. Bei einer BSB_5-Schlammbelastung $B_{TS} > 0{,}2$ kg kg^{-1} d^{-1} kann sich *M. parvicella* trotz niedriger Temperaturen nicht dauerhaft im belebten Schlamm etablieren.

- Bei länger anhaltenden Temperaturen ≥ 20°C kann *M. parvicella* in den Mischbiozönosen belebter Schlämme auch bei einer BSB_5-Schlammbelastung $B_{TS} \leq 0{,}1$ kg kg^{-1} d^{-1} seine Population nicht aufrecht halten. *M. parvicella* zerfällt in kurze Bruchstücke und nimmt in seiner Häufigkeit ab.

- Kommunales Abwasser ist das optimale „Selektionsgemisch" für *M. parvicella* in der Mischbiozönose eines belebten Schlammes. Dabei scheinen langkettige Fettsäuren zumindest in geringen Konzentrationen essentiell zu sein (Slijkhuis 1983, Andreasen u. Nielsen 1998). Bei Anwesenheit von langkettigen Fettsäuren steigern auch kurzkettige Fettsäuren den Zellertrag von *M. parvicella* (Slijkhuis 1983), weshalb Lind u. Lemmer (1998) davon ausgehen, daß Zentrate und Dekantate aus der anaeroben Schlammbehandlung das Wachstum von *M. parvicella* fördern.
- Aus eigenen Untersuchungen und den Ergebnissen von Switzenbaum et al. (1992), Eikelboom (1994), Eikelboom u. Andreasen (1995), Rossetti et al. (1994), Ekama et al. (1996b) und Gabb et al. (1996a, b) läßt sich ableiten, daß eine ausschlaggebende Größe für die Entwicklung von *M. parvicella* im belebten Schlamm von Kläranlagen mit Nährstoffelimination der Wechsel zwischen anaeroben, anoxischen und aeroben Zonen ist. Der Vorteil vorgeschalteter anaerober bzw. anoxischer Zonen wird u.a. in der dort stattfindenden Hydrolyse partikulärer Abwasserinhaltsstoffe vermutet, die zu einer besseren Verfügbarkeit von langkettigen Fettsäuren für *M. parvicella* führt (Lind u. Lemmer 1998).
- Niedrige Sauerstoffgehalte von < 1 mg l^{-1} in der Belebung fördern das Wachstum von *M. parvicella*. Gegenüber anderen Selektionsfaktoren ist der Sauerstoffkonzentration allerdings eine eher untergeordnete Bedeutung beizumessen. Zu lange anoxische Phasen fördern die Flotation von *M. parvicella*-Schlämmen.
- *M. parvicella* benötigt nach Untersuchungen von Slijkhuis (1983) reduzierte Stickstoffverbindungen als Stickstoffquelle. Hoch ammoniumhaltige Abwässer, wie z.B. Trübwasser aus der Schlammbehandlung, können daher für *M. parvicella* förderlich sein (Lind u. Lemmer 1998). Untersuchungen mit den Mischbiozönosen belebter Schlämme zeigten aber, daß *M. parvicella* bei vollständiger Nitrifikation mit einer Restkonzentration von lediglich 0,7 mg l^{-1} NH_4-N im Belebungsbecken genauso ungehindert wächst wie bei unvollständiger Nitrifikation mit NH_4-N-Konzentrationen von 37 mg l^{-1} in der Belebung (Knoop 1997).
- *M. parvicella* ist in der Lage, sich an der biologischen Phosphorelimination zu beteiligen, d.h. Phosphat unter aeroben Bedingungen als Polyphosphat in den Zellen zu speichern und diesen Phosphatspeicher unter anaeroben Bedingungen zum Zweck der Energiegewinnung wieder „aufzulösen". Die „Bio-P-Stoffwechselprozesse" P-Aufnahme und P-Rücklösung laufen bei *M. parvicella* jedoch so langsam ab, daß sie dem fadenförmigen Mikroorganismus bei den anaeroben bzw. aeroben Aufenthaltszeiten in einer Bio-P-Anlage keinen wesentlichen Wachstumsvorteil verschaffen können.

3.3.1.2
Auftreten in kommunalen Anlagen

Da ein nennenswertes Vorkommen von *M. parvicella* in industriellen Anlagen selten beobachtet wird, beschränkt sich dieses Kapitel auf Untersuchungen zum Auftreten von *M. parvicella* in exemplarisch ausgewählten kommunalen großtechnischen Anlagen und Versuchsanlagen.

Fallbeispiele: Verschiedene kommunale Anlagen.

Abwasserzusammensetzung. Alle beschriebenen Anlagen behandeln Abwasser, das überwiegend kommunal geprägt ist.

Abwasserreinigungsverfahren. Die großtechnischen Kläranlagen A und B wurden zum Zeitpunkt der Untersuchungen mit einer periodischen Änderung der Schlammbelastung gefahren, während die Schlammbelastung bei der großtechnischen Anlage C und der Versuchsanlage konstant gehalten wurde.

Kläranlage A: Bei Kläranlage A handelt es sich um eine Kaskadenanlage mit Nitrifikation und Denitrifikation. Da die Anlage ohne Vorklärung betrieben wird, gelangt das Abwasser nach der mechanischen Vorreinigung (Siebrechenanlage, belüfteter Sand- und Fettfang) direkt in die aus insgesamt 6 Rundbecken bestehende Belebung. Jedes der Rundbecken teilt sich in eine innen liegende unbelüftete Denitrifikations- und in eine außen liegende belüftete Nitrifikationszone. Der Zufluß in die Becken erfolgt jeweils in die Denitrifikationszonen. Während der Vegetationsperiode im Sommer wird die Anlage bei einer hohen BSB_5-Schlammbelastung betrieben, so daß – bedingt durch ein kurzes Schlammalter – keine Nitrifikation mehr stattfinden kann. Der gereinigte, aber noch stickstoffhaltige Ablauf der Kläranlage wird auf landwirtschaftlich genutzte Flächen verregnet, so daß der Stickstoff als Nährstoff für Feldfrüchte wie Weizen, Roggen, Gerste, Raps und Zuckerrüben genutzt werden kann. Die hohe BSB_5-Schlammbelastung wird durch Außerbetriebnahme einzelner Rundbecken erreicht. In den Wintermonaten, während der Vegetationsruhe, wird die Kläranlage mit Nitrifikation und Denitrifikation bei niedriger BSB_5-Schlammbelastung gefahren. Dazu werden alle 6 Becken benötigt, von denen 4 in Reihe und 2 parallel dazu geschaltet werden. Das so weitestgehend von Nährstoffen gereinigte Abwasser wird zu einem großen Teil auf Waldflächen versickert.

Kläranlage B: Bei der Kläranlage B handelt es sich um eine zweistufige Belebungsanlage. Der Zulauf zur Kläranlage gelangt über einen Rechen und einen Sandfang in das Vorklärbecken. Nach dieser mechanischen Vorreinigung erfolgt im Belebungsbecken die biologische Elimination von Kohlenstoff und Stickstoff durch simultane Denitrifikation. Den Belebungsbecken folgen zwei Zwischenklärbecken und anschließend zwei Tropfkörper zur abschließenden Nitrifikation des im Ablauf der Zwischenklärung noch vorhandenen Ammoniumstickstoffs. Über das Nachklärbecken erfolgt der Ablauf in den Vorfluter. Phosphat wird in dieser Anlage durch chemische Fällung eliminiert.

Kläranlage C: Bei Kläranlage C handelt es sich um eine Anlage mit ganzjährig niedriger BSB_5-Schlammbelastung B_{TS} von durchschnittlich 0,09 kg kg^{-1} d^{-1}. In der Kläranlage erfolgt neben dem Kohlenstoffabbau die biologische Elimination von Stickstoff und Phosphor nach dem ISAH-Verfahren. Durch den punktförmigen Sauerstoffeintrag werden aerobe und anoxische Zonen geschaffen, in denen Stickstoffoxidation und -reduktion simultan ablaufen. Der Ablauf vom Belebungsbecken gelangt in das Nachklärbecken und später in Schönungsteiche mit Ablauf in den Vorfluter.

Versuchsanlage: Bei der Versuchsanlage im Labormaßstab handelte es sich um eine Anlage, die sowohl für den Kohlenstoffabbau als auch für die biologische Stickstoff- und Phosphorelimination ausgelegt war. Die Anlage wurde im Hauptstromverfahren betrieben, d.h. die Phosphorelimination erfolgte in dem vom Hauptstrom durchflossenen Belebungsbecken durch Akkumulation von Polyphosphat in den Bakterienzellen. Der P-Austrag aus dem System wurde über die Entnahme von Überschußschlamm vollzogen. Das als Voraussetzung für einen funktionierenden Bio-P-Prozess notwendige Anaerobbecken war dem Belebungsbecken vorgeschaltet.

Die Tabellen 3.2 und 3.3 fassen die genannten und weitere wichtige Kenndaten der beschriebenen Anlagen vergleichend zusammen.

Mikroskopisches Bild. Auswirkung auf den Schlammindex. Das Wachstum von *M. parvicella* zeigte sich bei Temperaturen < 15 °C deutlich abhängig von der BSB_5-Schlammbelastung und dem daraus resultierenden Schlammalter. Der nachfolgenden Übersicht ist zu entnehmen, daß das Wachstum von *M. parvicella* sowohl im Versuchsanlagenbetrieb als auch in den großtechnischen Anlagen jeweils durch Reduktion der BSB_5-Schlammbelastung B_{TS} auf $\leq 0{,}1$ kg kg^{-1} d^{-1} induziert werden konnte.

Kläranlage A:
- BSB_5-Schlammbelastung reduziert von 0,19 kg kg^{-1} d^{-1} auf 0,08 kg kg^{-1} d^{-1}
- Temperatur 18°C, während der Untersuchungsphase abfallend auf 14°C
- Gesamtschlammalter 16 Tage
- nach 27 Tagen erreichte *M. parvicella* eine Häufigkeit von 4,5 und seine typische Länge von 300-500 µm
- nach 27 Tagen lag der ISV bei 180 ml g^{-1}

Kläranlage B:
- BSB_5-Schlammbelastung reduziert von 0,16 kg kg^{-1} d^{-1} auf 0,08 kg kg^{-1} d^{-1}
- Temperatur 14°C, während der Untersuchungsphase ansteigend auf 15°C
- Gesamtschlammalter 11 Tage
- nach 8 Tagen erreichte *M. parvicella* mit 300-500 µm seine typische Länge
- nach 12 Tagen lagen der ISV bei 280 ml g^{-1} und die *M. parvicella*-Häufigkeit bei 6,5

Versuchsanlage:
- BSB_5-Schlammbelastung reduziert von 0,5 kg kg^{-1} d^{-1} auf $\leq 0{,}1$ kg kg^{-1} d^{-1}
- Temperatur 12°C, konstant während der Versuchsphase
- Gesamtschlammalter 30 Tage
- nach 22 Tagen erreichte *M. parvicella* mit 300-500 µm seine typische Länge
- nach 29 Tagen lagen der ISV bei 150 ml g^{-1} und die *M. parvicella*-Häufigkeit bei 3

Unterschiede hinsichtlich der Geschwindigkeit des Anwachsens von *M. parvicella* und dem Anreicherungsgrad des Fadens lassen sich vermutlich auf verschiedene Abwasserqualitäten und Betriebsweisen der Anlagen zurückführen. Nach Lind u. Lemmer (1998) sind Anlagen besonders schaumanfällig, wenn sie

Tabelle 3.2 Kenndaten kommunaler Abwasserreinigungsanlagen mit einem dominanten Auftreten von *M. parvicella* (hier: periodische Änderung der Schlammbelastung)

Wichtige Einflußgrößen auf das Vorkommen von *M. parvicella*	Einheit	**Anlage A**		**Anlage B**	
BSB_5-Schlammbelastung B_{TS}	**[$kg\,kg^{-1}\,d^{-1}$]**	**0,08**	**0,19**	**0,16**	**0,08**
Schlammalter	**[d]**	**14,0**	**6,0**	**4,0**	**11,0**
CSB_{gesamt} im Zulauf	[$mg\,l^{-1}$]	675,0	753,0	434,0	381,0
$BSB_{5,\,gesamt}$ im Zulauf	[$mg\,l^{-1}$]	321,0	359,0	167,0	147,0
CSB / BSB_5	[-]	2,1	2,1	2,6	2,6
Ammoniumstickstoff im Zulauf	[$mg\,l^{-1}$]	38,7	55,0	43,5	32,8
Sauerstoffkonzentration im Belebungsbecken	[$mg\,l^{-1}$]	1,8	1,4	1,6	1,5
pH-Wert im Belebungsbecken	[-]	7,1	7,3	7,7	7,0
Temperatur im Belebungsbecken	**[°C]**	**≤12,0**	**20,0**	**≤12,0**	**20,0**

Tabelle 3.3 Kenndaten kommunaler Abwasserreinigungsanlagen mit einem dominanten Auftreten von *M. parvicella* (hier: konstante Schlammbelastung)

Wichtige Einflußgrößen auf das Vorkommen von *M. parvicella*	Einheit	**Anlage C**		**Versuchsanlage**		
BSB_5-Schlammbelastung B_{TS}	**[$kg\,kg^{-1}\,d^{-1}$]**	**0,09**	**0,09**	**0,12**	**0,11**	**0,09**
Schlammalter	**[d]**	**16,0**	**15,0**	**30,0**	**18,0**	**25,0**
CSB_{gesamt} im Zulauf	[$mg\,l^{-1}$]	355,0	469,0	842,0	772,0	669,0
$BSB_{5,\,gesamt}$ im Zulauf	[$mg\,l^{-1}$]	154,0	204,0	421,0	386,0	335,0
CSB / BSB_5	[-]	2,3	2,3	2,0	2,0	2,0
Ammoniumstickstoff im Zulauf	[$mg\,l^{-1}$]	44,9	40,0	60,7	58,8	52,2
Sauerstoffkonzentration im Belebungsbecken	[$mg\,l^{-1}$]	0-3,2	0-2,2	5,1	4,4	4,9
pH-Wert im Belebungsbecken	[-]	7,3	7,3	7,4	7,1	7,2
Temperatur im Belebungsbecken	**[°C]**	**≤12,0**	**20,0**	**5,0**	**12,0**	**20,0**

u.a. über eine Schlammfaulung, ein Vorklärbecken, Oberflächenbelüfter mit einem maximalen O_2-Gehalt der belüfteten Zone von < 2 mg l^{-1} und eine simultane Denitrifikation verfügen. Weiterhin haben sich das Fehlen eines Fettabscheiders und eine P-Fällung mittels Eisensalzen als förderlich für eine Schaumbildung erwiesen. Bei Kläranlage B, in der sich *M. parvicella* mit Abstand am schnellsten und effektivsten anreichern konnte, sind all diese Bedingungen erfüllt. Dagegen verfügt Anlage A über einen Fettabscheider, eine Druckbelüftung und kann auf den Einsatz von Eisensalzen zur P-Fällung verzichten. Obwohl die Anlage nicht für eine biologische Phosphorelimination ausgelegt ist, können die P-Ablaufwerte ohne Fällmittelzugabe eingehalten werden. Für die Versuchsanlage muß hervorgehoben werden, daß der Impfschlamm aus einer hochbelasteten, ausschließlich kohlenstoffeliminierenden Anlage stammte (B_{TS} von 0,5 kg kg^{-1} d^{-1}). Der belebte Schlamm enthielt bei Inbetriebnahme der Versuchsanlage und Belastungsumstellung keine *M. parvicella*-Fäden, während sie in den Anlagen A und B bei Belastungsumstellung bereits mit geringer Häufigkeit auftraten.

Im belebten Schlamm der Versuchsanlage reicherte sich mit Umstellung des zuvor hochbelasteten Schlammes auf eine BSB_5-Schlammbelastung $B_{TS} \leq 0{,}1$ kg kg^{-1} d^{-1} ein Mikroorganismus an, der nicht identifiziert werden konnte und hier als kettenförmiger, nicht identifizierter Faden (Ketten n.id. 2) beschrieben wird. Er kam in kompakten Zellaggregaten in den Flocken des belebten Schlammes vor und war daher nur im gefärbten Präparat deutlich zu erkennen. Die Gram- und Neisser-Färbungen fielen beide positiv aus, genau wie bei *M. parvicella.* 15 Tage nach der Belastungsumstellung konnte *M. parvicella* mit einer Fadenlänge von 30-80 µm bereits deutlich im belebten Schlamm identifiziert werden (Abb. 3.3).

Bei Erhöhung der BSB_5-Schlammbelastung B_{TS} von 0,08 kg kg^{-1} d^{-1} auf 0,19 kg kg^{-1} d^{-1} in Kläranlage A sank der Schlammindex innerhalb von 10 Tagen von 192 auf 130 ml g^{-1}. Die Häufigkeit von *M. parvicella* nahm aber im gleichen Zeitraum nur geringfügig von 6 auf 5,5 ab (Abb. 3.5). Das deutliche Absinken des Schlammindex wurde durch eine Veränderung der Schlammstruktur hervorgerufen. *M. parvicella*-Fäden lagerten sich unter dem Einfluß einer höheren BSB_5-Schlammbelastung zu Strängen zusammen. Sie zeigten in dieser Phase leichten Aufwuchs. Durch die Kristallviolettfärbung konnte sichtbar gemacht werden, daß die normalerweise durch *M. parvicella* hervorgerufene zerfaserte und vernetzte Struktur des belebten Schlammes durch die Strangbildung erheblich kompakter wurde. Auf das erhöhte Substratangebot reagierte *M. parvicella* mit einer verstärkten intrazellulären PHB-Speicherung, während Polyphosphatgranula nur noch reduziert auftraten (Abb. 3.4).

Durch die Erhöhung der BSB_5-Schlammbelastung B_{TS} von 0,08 kg kg^{-1} d^{-1} auf 0,19 kg kg^{-1} d^{-1} verkürzte sich das Gesamtschlammalter von 16 auf 6 Tage. Dieses Schlammalter war für den fädigen Organismus zu kurz, um bei gleichzeitig steigender Temperatur seine Populationsdichte aufrecht zu halten, so daß 71 Tage nach Belastungsumstellung eine *M. parvicella*-Häufigkeit von nur noch 1,5 im belebten Schlamm zu verzeichnen war (Abb. 3.5). Nach der weitgehenden Elimination von *M. parvicella* aus dem belebten Schlamm wurde deutlich, daß der immer noch relativ hohe Schlammindex auch durch die flockenbildende nitrifizierende und phosphoreliminierende Bakterienpopulation bedingt war. Diese verursacht tendenziell auch ohne Fäden einen hydrophoben und schlecht entwässerbaren Schlamm in nährstoffeliminierenden Kläranlagen.

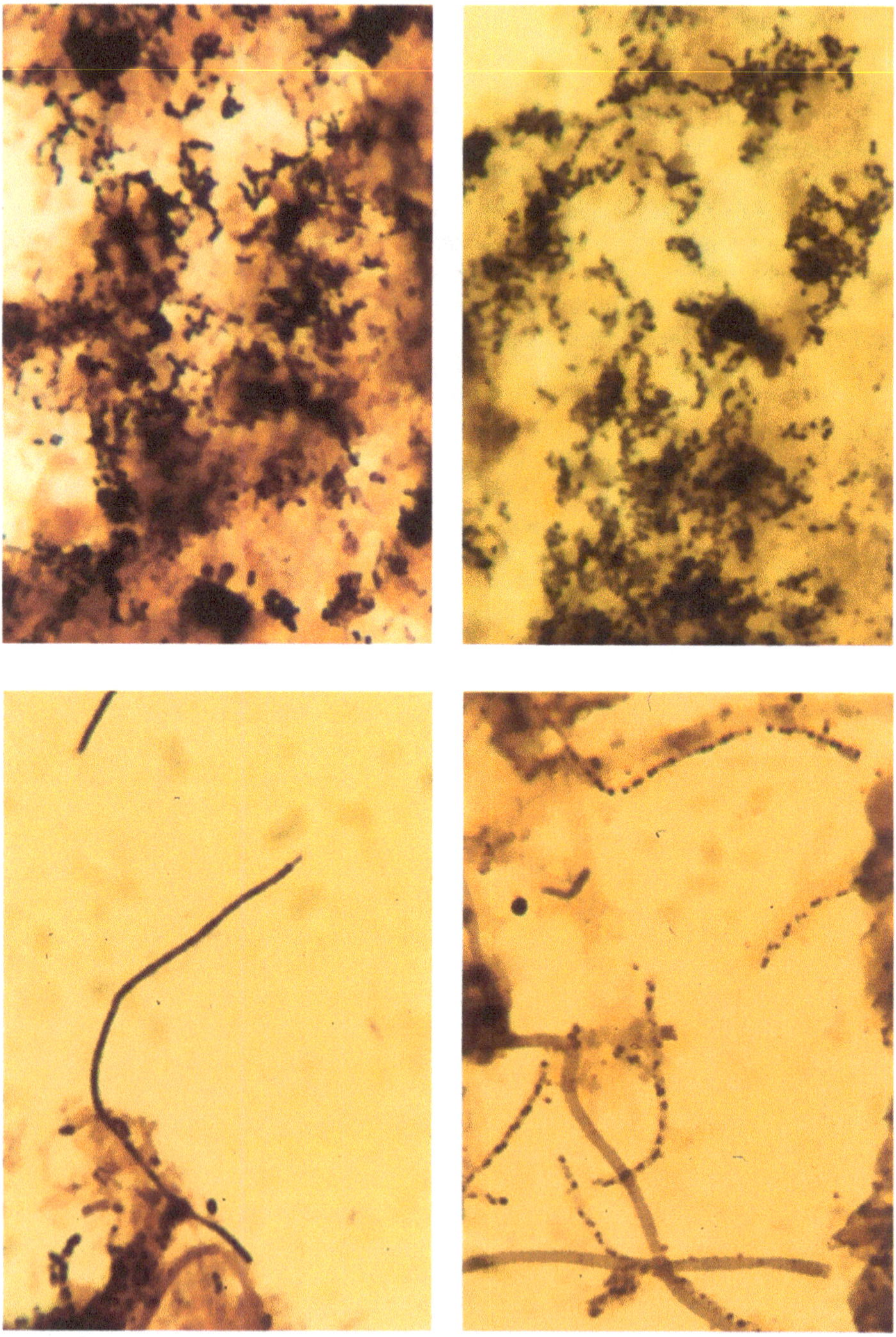

Abb. 3.3 Kettenförmige fädige Mikroorganismen (Ketten n.id. 2) bei Beginn (oben) und 30-80 µm kurze *M. parvicella*-Fäden 15 Tage nach Umstellung der Versuchsanlage von einer Schlammbelastung B_{TS} von 0,5 kg kg^{-1} d^{-1} auf eine $B_{TS} \leq 0{,}1$ kg kg^{-1} d^{-1} (unten). Linke Seite: Gram-Färbung, Hellfeld mit Öl, 1500fache Vergrößerung. Rechte Seite: Neisser-Färbung, Hellfeld mit Öl, 1500fache Vergrößerung.

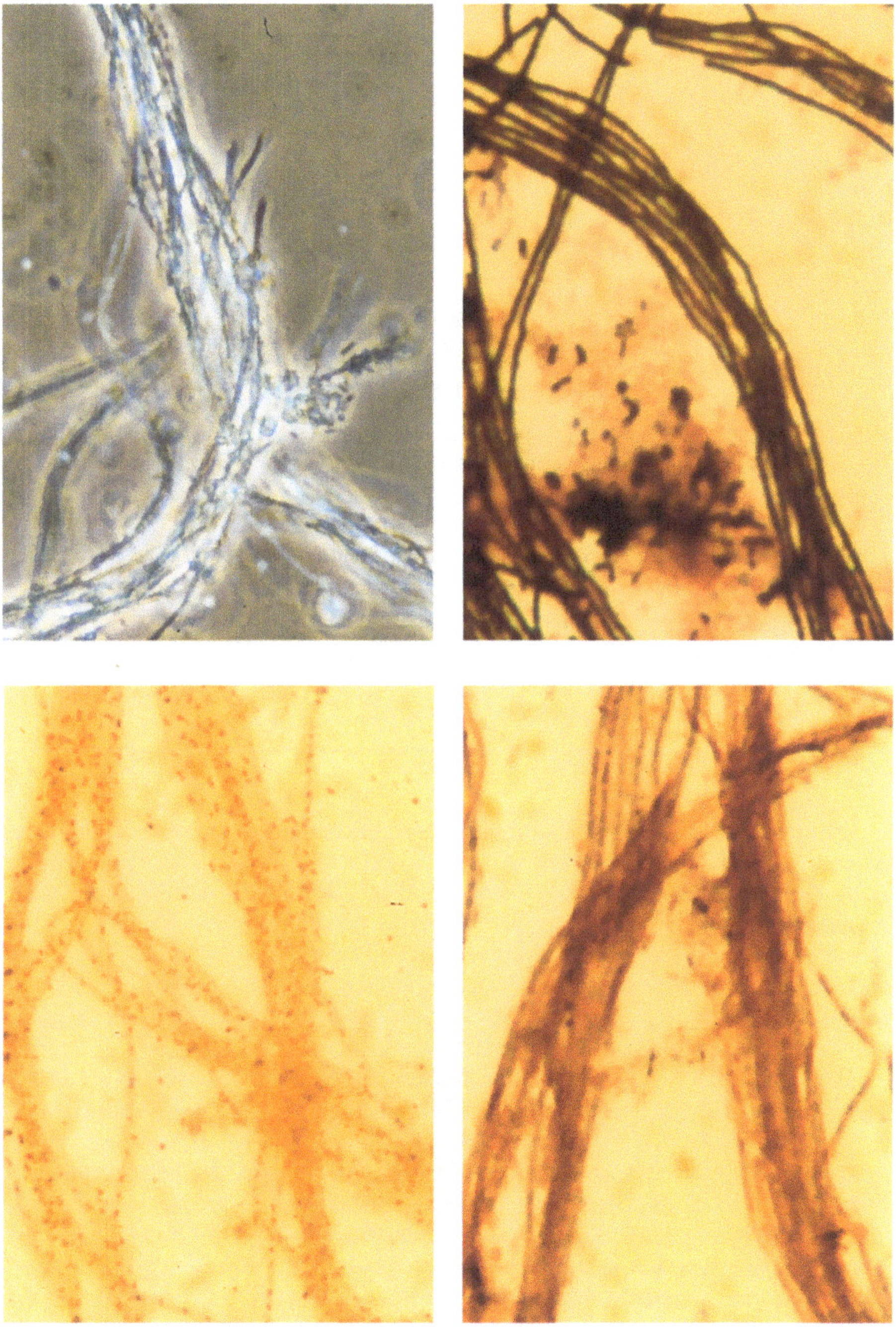

Abb. 3.4 Strangbildung von *M. parvicella* nach 10 Tagen bei einer BSB_5-Schlammbelastung B_{TS} von 0,19 kg kg^{-1} d^{-1}. Oben links: Lebendpräparat im Phasenkontrast, 480fache Vergrößerung. Oben rechts: Gram-Färbung, Hellfeld mit Öl, 1500fache Vergrößerung. Unten links: Neisser-Färbung, Hellfeld mit Öl, 1500fache Vergrößerung. Unten rechts: Sudanschwarz-Färbung, Hellfeld mit Öl, 1500fache Vergrößerung.

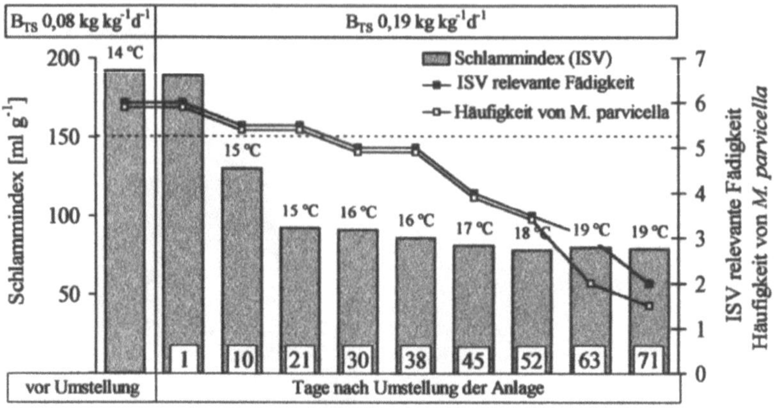

Abb. 3.5 Entwicklung des Schlammindex und der Häufigkeit von *M. parvicella* nach der Erhöhung der BSB_5-Schlammbelastung von 0,08 kg kg^{-1} d^{-1} auf 0,19 kg kg^{-1} d^{-1} in Kläranlage A

Tabelle 3.4 Abhängigkeit des Schlammindex von der Temperatur (Versuchsanlage)

Absetzverhalten des belebten Schlammes	Einheit	Versuchsanlage bei 5°C	bei 12°C	bei 20°C
Schlammindex	[ml g^{-1}]	270	270	150

Die Einfluß der Temperatur auf das Absetzverhalten des belebten Schlammes und auf die Häufigkeit von *M. parvicella* konnte im Versuchsanlagenbetrieb unter definierten Bedingungen bei 5°C, 12°C und 20°C besonders deutlich nachgewiesen werden (Tabelle 3.4). Die Ergebnisse zeigen, daß die optimale Wachstumstemperatur für *M. parvicella* zwischen 5°C und 15°C liegt und der Faden in diesen Temperaturbereich seine Populationsdichte im belebten Schlamm sehr gut aufrecht halten kann (Abb. 3.6). Die ISV relevante Fädigkeit wird allein durch die Häufigkeit von *M. parvicella* bestimmt.

Eine Verschiebung der Population fadenförmiger Mikroorganismen im belebten Schlamm war bei Temperaturen ≥ 20°C und einer BSB_5-Schlammbelastung $B_{TS} < 0{,}1$ kg kg^{-1} d^{-1} zu registrieren. *M. parvicella* wurde bei diesen Temperaturen weitgehend aus dem System verdrängt (Abb. 3.7). Der Schlammindex sank auf ≤ 150 ml g^{-1} ab. Bei der mikroskopischen Untersuchung zeigten sich strukturelle Veränderungen im *M. parvicella*-Faden bezogen auf die Fadenlänge und das Färbeverhalten der Zellen. Der überwiegende Teil der Fäden wies bereits 8 Tage nach der Temperaturerhöhung vermehrt gramnegative Bereiche im Faden auf. Zeitgleich mit der zunehmenden Gram-Variabilität wurden von *M. parvicella* verstärkt Sudanschwarz-positive Granula gebildet. Die gramnegativen Bereiche, die auf lysierte Zellen im Faden hindeuten, wirkten wie Bruchstellen im Faden. Es kam zu einer Anhäufung 30-80 µm kurzer *M. parvicella*-Fäden, bevor der Mikroorganismus vollständig aus dem belebten Schlamm verdrängt wurde (Abb. 3.8).

Während der 20°C-Phase wuchsen Typ 0092 (Häufigkeit 4), Typ 0041/0675 (Häufigkeit 2-3) und *Nostocoida limicola* (Häufigkeit 2) im belebten Schlamm an. Da Typ 0092 und *Nostocoida limicola* überwiegend in der Flocke wachsen, Typ 0041/0675 zwar auch aus der Flocke herauswächst, aufgrund seines Aufwuchses aber eher zur Vergrößerung der Flocke beiträgt, blieb das Absetzverhalten des belebten Schlammes von dieser Fadenpopulation weitgehend unbeeinflußt.

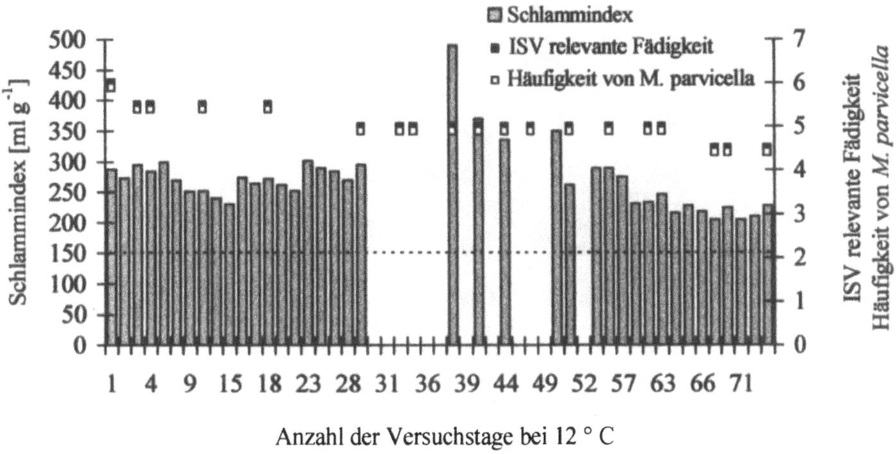

Abb. 3.6 Schlammindex und Häufigkeit von *M. parvicella* bei 12°C in der Versuchsanlage

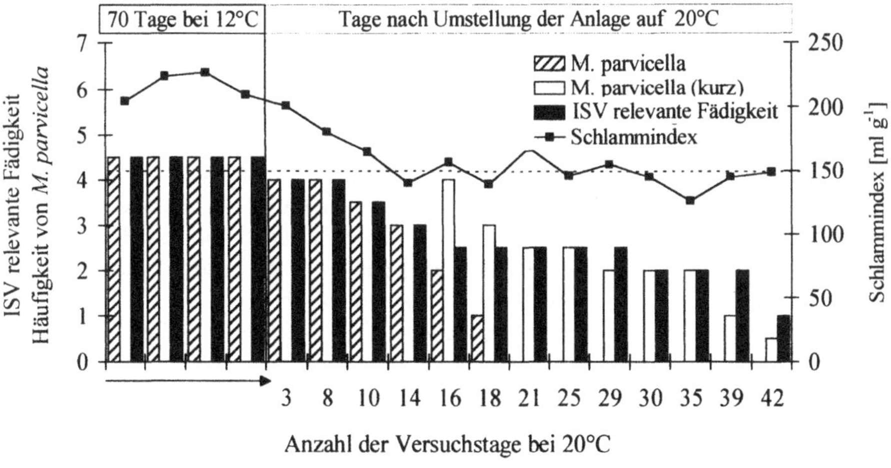

Abb. 3.7 Schlammindex und Häufigkeit von *M. parvicella* bei 20°C in der Versuchsanlage

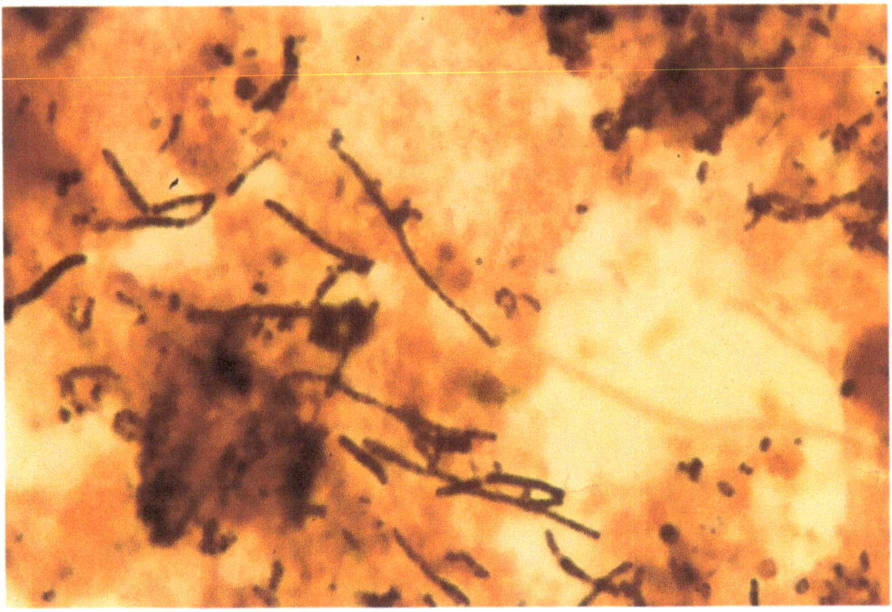

Abb. 3.8 *M. parvicella* nach 16 Tagen bei 20°C im Versuchsanlagenbetrieb. Gram-Färbung, Hellfeld mit Öl, 1500fache Vergrößerung

3.3.1.3 Bekämpfungsmaßnahmen

Erhöhung der Schlammbelastung.

Im ATV-Regelwerk Abwasser, Arbeitsblatt A 131 (1991) wird für die Praxis empfohlen, Anlagen zur Nitrifikation bei 10°C je nach Anlagengröße mit einem Mindestschlammalter von 8-10 Tagen zu betreiben. Das Schlammalter hängt dabei direkt von der Schlammbelastung ab. Die Erfahrungen haben gezeigt, daß bei unseren klimatischen Bedingungen bei einer Schlammbelastung $B_{TS} < 0{,}15$ kg kg^{-1} d^{-1} eine Nitrifikation einsetzt. Viele erweiterte und neu gebaute Kläranlagen mit Nährstoffelimination sind heute „für die Zukunft" und mit Sicherheitsaufschlägen in Bezug auf die Beckengrößen gebaut worden. Oft wurden optimistische Prognosen z.B. über das Entwicklungspotential von Gewerbegebieten etc. in die Planung und den Bau mit einbezogen. Hieraus resultiert heute oft eine Schlammbelastung, die erheblich unter der ATV-Empfehlung liegt. Je deutlicher die belebten Schlämme aber unterbelastet sind, desto stärker wird das Wachstum von *M. parvicella* begünstigt. An dieser Stelle soll deshalb darauf hingewiesen werden, daß ein genaues Nachrechnen der tatsächlichen, aktuellen BSB_5-Schlammbelastung erforderlich ist, um bei deutlichem Unterschreiten einer B_{TS} von 0,1 kg kg^{-1} d^{-1}, die BSB_5-Schlammbelastung mindestens auf diesen Wert anzuheben. Dies kann z.B. durch Reduzierung des TS-Gehaltes in der Belebung oder durch Umgehung des Vorklärbeckens geschehen. Mit entsprechenden Maßnahmen sollte möglichst schon im Sommer bei niedrigen *M. parvicella*-Häufigkeiten im belebten Schlamm begonnen werden, damit einer Massenvermehrung bei fallenden Temperaturen entgegengewirkt werden kann.

Aus den Untersuchungen an Kläranlage A ist deutlich geworden, daß durch die Erhöhung der BSB_5-Schlammbelastung B_{TS} auf 0,2 kg kg^{-1} d^{-1} kurzfristig (innerhalb von 10 Tagen) ein Schlammindex $\leq$ 150 ml g^{-1} erreicht werden kann. Zur längerfristigen Stabilisierung des Schlammindex auf < 150 ml g^{-1} muß jedoch ein erheblich längerer Zeitraum veranschlagt werden. Im Fallbeispiel dauerte es 10 Wochen, bis das verkürzte Schlammalter zu einem weitgehenden Austrag von *M. parvicella* aus dem belebten Schlamm geführt hatte. Da die Nitrifikanten bei BSB_5-Schlammbelastungen $\geq$ 0,2 kg kg^{-1} d^{-1} (Verkürzung des Schlammalters auf 3-5 Tage) innerhalb kurzer Zeit aus dem System ausgewaschen werden, besteht bei kurzfristiger und besonders bei langfristiger Erhöhung der BSB_5-Schlammbelastung die Gefahr von Grenzwertüberschreitungen, besonders Stickstoff betreffend. Vor dem Hintergrund der gesetzlichen Bestimmungen kann daher nur nach Abwägen der Positiv- und Negativeffekte zu dieser Maßnahme geraten werden. Sie muß im Einzelfall mit Erfahrung und Know-how umgesetzt werden.

Konsequenter Abzug der Schwimmschlamm- und Schaumschichten von den Beckenoberflächen.

Aufgrund fehlender Strategien zur selektiven Bekämpfung von *M. parvicella* ist die Entwicklung des fadenförmigen Bakteriums in Kläranlagen mit weitergehender Abwasserreinigung bei Temperaturen unter 20°C kaum zu unterbinden. Für den Betrieb der Anlagen ist die Eigenschaft des Bakteriums, an die Beckenoberflächen zu flotieren und sich hier in Schäumen anzureichern, besonders problematisch. Durch das fortgesetzte Schäumen im Faulbehälter wird auch der Verfahrensschritt der Schlammbehandlung durch *M. parvicella* massiv beeinträchtigt. Um die negativen Auswirkungen auf den Anlagenbetrieb möglichst gering zu halten, kann ein konsequenter Abzug der Schaumschichten von den Beckenoberflächen empfohlen werden. So berichtete Pitman (1991, 1992, 1996) von der Kläranlage Johannesburg, daß durch die Vermeidung oberflächenberuhigter Zonen ein Ansammeln bzw. Aufstauen von Schaum verhindert werden konnte. Der ständige Weitertransport der Schaumfraktion bis in die Nachklärung, verbunden mit einer dort wirkenden Abzugsvorrichtung, führte zu einer Reduzierung des Schlammindex und einer Verringerung der Schaumneubildung. Dittrich (1999) nahm diese Erfahrungen auf und erprobte direkt in der Belebung den Prototyp einer Abzugsanlage für Schaum (konzipiert von der Firma Entwässerungstechnik HM in Fallingbostel) auf der Kläranlage Hildesheim. Das zentrale Element dieser Abzugsanlage besteht aus einem Siebband, das kontinuierlich Schaum von der Wasseroberfläche abnimmt, gleichzeitig entwässert und in einen rechteckigen Edelstahlbehälter fördert. Von hier wird der Schaum mit einer Pumpe, die über eine Füllstandsmessung gesteuert wird, laufend abgepumpt. Die Belebungsbecken der Kläranlage Hildesheim sind als Umlaufgräben für eine simultane Nitrifikation und Denitrifikation konzipiert. Das Schaumabzugssystem wurde an einer Außenwand am Beginn der Umlenkung in ein Becken eingehängt. Für ein Funktionieren des Systems ist eine ausreichende Anströmgeschwindigkeit des Schaumes notwendig, die durch die übliche Strömungsgeschwindigkeit im Umlaufgraben sichergestellt wird. Eine viermonatige Testphase, in der das Abzugssystem dauerhaft betrieben wurde, ergab ein Absinken des

Schlammindex um 30% gegenüber einer parallelen Straße ohne Schaumabzug. Nach ersten Abschätzungen geht Dittrich (1999) davon aus, daß bei Abwassertemperaturen < 15°C ca. 60% des anfallenden Überschußschlammes mit dem beschriebenen System als Schaum zu entfernen sind. Wird für die abgezogenen Schäume ein anderer Entsorgungsweg als das Einbringen in den Faulbehälter gewählt, so erfährt nicht nur die Einheit Belebungsbecken/Nachklärbecken eine Entlastung, sondern auch der Faulbehälter wird vor Schaumproblemen weitgehend geschützt.

Dosierung von kationischen Flockungshilfsmitteln bei extremer Blähschlammbildung und Gefahr des Biomasseabtriebs.

Durch eine Dosierung von kationischen Flockungshilfsmitteln bei extremer Blähschlammbildung und der Gefahr von Biomasseabtrieb verbesserten sich die Flokkungseigenschaften des belebten Schlammes innerhalb kürzester Zeit erheblich. Flockungshilfsmittel zerstören jedoch nicht die *M. parvicella*-Fäden im belebten Schlamm, sondern es kommt bei konstant hoher Fadenhäufigkeit zu einer physikalisch/chemischen Reaktion des Mittels mit der Flocke, in deren Folge sich kompakte Flocken mit gutem Absetzvermögen ausbilden. Wird das Mittel nicht mehr dosiert, ist der positive Effekt sofort reversibel.

Dosierung von Kalk.

Die Dosierung von Kalk in das Belebungsbecken führte nur zu einer geringfügigen Absenkung des ISV von 350 auf 300 ml g^{-1}. Durch Erhöhung der Dosierung wurde kurzfristig ein pH-Wert von 9 erreicht, der aber nicht zu einer Schädigung von *M. parvicella* oder einer weiteren Verbesserung des ISV führte.

Dosierung von Eisenchlorid.

Die Dosierung von 400 ml Eisenchlorid pro m^3 Abwasserzulauf hatte nur einen geringfügig positiven Effekt. Der Schlammindex sank nach einer Dosierdauer von 7 Tagen von 340 auf 240 ml g^{-1}. Eine Erhöhung der Dosierung auf 600 ml Eisenchlorid pro m^3 Abwasser verbesserte die Situation nicht weiter.

Dosierung von Aluminiumsalzen und -polymeren.

Die Dosierung von Aluminiumverbindungen ist zur Zeit als Bekämpfungsmaßnahme von wichtigen Schwimmschlamm- und Schaumbildnern in der Diskussion. Neben einer rein beschwerenden Wirkung auf die Schlammflocken, wird von einer hemmenden Wirkung von Aluminiumverbindungen auf *M. parvicella* und nocardioforme Actinomyceten (vgl. Kap. 3.3.2) berichtet. Eikelboom u. Andreasen (1995) beobachteten, daß in N- und P-eliminierenden Anlagen mit Pfropfenströmung eine simultane Fällung mit Aluminiumsalzen fast immer zu einer niedrigen Anzahl von Fadenbakterien und zu guten Absetzeigenschaften der Schlämme führte. Eikelboom berichtet weiter (1996), daß es gelingt, eine *M. parvicella* verursachte starke Schaumbildung durch Dosierung von Aluminiumsalzen zum Verschwinden zu bringen. Die Ursache vermutet er nicht in einer direkten Hemmung des Fadens, sondern eher in einer veränderten Verfügbarkeit des Substrats. Nach Eikelboom (1999) wirkt Aluminium in einer Dosierung von 3 mg Al g^{-1} TS d^{-1} in einem Schlammbelastungsbereich von 0,01-0,15 kg kg^{-1} d^{-1}

und einem Schlammalter zwischen 15 und 20 Tagen. Lind u. Lemmer (1998) untermauern die Aussage, daß sich eine Dosierung von Aluminiumverbindungen (hier als Vor- oder Nachfällung) hemmend auf *M. parvicella* auswirkt, während eine simultane Phosphorfällung mit Eisensalzen das Wachstum begünstigt. Matsché u. Kreutzinger (1998) bestätigen vereinzelte positive Erfahrungen mit Aluminiumverbindungen aus Anwendungsbeispielen in Österreich.

Zobel (1999) berichtet von einem Großversuch auf der Kläranlage Aachen-Soers, in dem Natriumaluminat als Fällungsmittel zum Einsatz kam. Die Dosierung der Natriumaluminatlösung, die einen Anteil an Aluminium von 10,5 % enthielt, erfolgte in den Schneckenpumpensumpf des Rücklaufschlammes. Ausgehend von einer Abwassermenge bei Trockenwetter von 65000 $m^3 d^{-1}$ und einem Phosphatgehalt von 3 mg l^{-1}, betrug die Dosiermenge des Aluminiumsalzes zunächst 75 l h^{-1}, entsprechend 280 kg Aluminium pro Tag. Die Menge wurde später auf 170 kg d^{-1} zurückgenommen. Aufgrund der Dosierung des Aluminiumsalzes sank der Schlammindex innerhalb von 6 Wochen von 229 ml g^{-1} auf unter 100 ml g^{-1}. Mikroskopische Untersuchungen machten deutlich, daß die durch *M. parvicella* bedingte Fädigkeit deutlich zurückging.

Vor einer Überdosierung von Aluminiumsalzen ist allerdings zu warnen (Kappeler 1998), da die elektrostatische Ladung der Schlammflocken positiv wird und dadurch ausgelöst Schlammflocken zerfallen. Verschiedentlich wurde von Kläranlagen berichtet, daß sich bei Dosierung von Aluminiumverbindungen die Entwässerungs- bzw. Eindickeigenschaften von Klärschlamm verschlechtern.

Die im Handel angebotenen Mischungen von Zusatzstoffen, z.B. Aluminiumsalze und Flockungsmittel, sind für den Einzelfall zu beurteilen.

Eine Dosierung von Aluminiumverbindungen zur Bekämpfung von *M. parvicella* ist jedoch nicht immer erfolgreich. Eine über 5 Wochen vorgenommene Dosierung von Aluminiumsulfat (68%ig) und Natriumaluminat (68%ig) führte in einer kommunalen Kläranlage mit Problemen durch *M. parvicella* nicht zu der erhofften Verbesserung des Schlammabsetzverhaltens. Nach anfänglich höherer Dosierung von je 500 l am ersten Tag, je 190 l am zweiten Tag, wurden ab dem dritten Tag je 100 l d^{-1} dosiert. Der ISV stieg trotz Zugabe der Aluminiumverbindungen von durchschnittlich 130 ml g^{-1} in der ersten Woche auf durchschnittlich 260 ml g^{-1} in der fünften Woche an. Die Dosierung wurde daraufhin eingestellt.

Dosierung von Braunkohlenkoksstaub (BKKS).

Bei der Dosierung von BKKS handelt es sich um eine unspezifische Bekämpfungsmaßnahme, die aber dennoch in dieses Kapitel mit aufgenommen wurde, da gerade auf kommunalen Kläranlagen mit Nährstoffelimination und dadurch bedingten *M. parvicella*-Problemen BKKS häufig als „Wundermittel" angeboten wird. Über die Wirkungsweise von Kohle, insbesondere Braunkohlenkoks, im Belebungsverfahren besteht folgende Modellvorstellung (Rieger 1990): Kohlepartikel funktionieren als Puffer und temporäres Adsorbens für Sauerstoff und Abwasserinhaltsstoffe. Die Konzentration an adsorbierten Stoffen ist auf der Kohlenoberfläche höher als im umgebenden Medium. Dies macht die Oberfläche für die Besiedlung von Mikroorganismen attraktiv. Mit zunehmender Adsorbtionerhöht sich die Stoffwechselaktivität der Mikroorganismen und die Besiedelung der Kohlepartikel verstärkt sich. Bei licht- und elektronenmikroskopischen

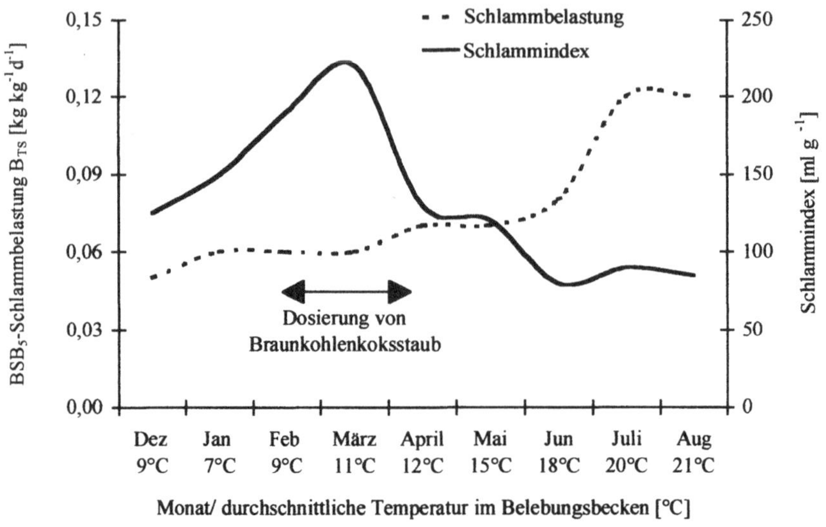

Abb. 3.9 Verbesserung des Schlammindex durch Dosierung von Braunkohlenkoksstaub

Untersuchungen wurde deutlich, daß ein biologischer Rasen auf Kohlepartikeln nur teilweise vorhanden ist. Der Rasen wirkt jedoch als "Kitt" zwischen den Kohlepartikeln. Die Tatsache, daß auch große Kohlepartikel sichtbar in die Agglomerate eingeschlossen sind, zeigt nach Rieger (1990) die gute Haftung zwischen Bakterien und Kohlepartikeln.

In einer kommunalen Kläranlage, die als Stabilisierungsanlage mit Schreiber-Rundbecken ausgestattet war, konnte der durch *M. parvicella* erhöhte Schlammindex von 220 ml g^{-1} durch Dosierung von BKKS auf annähernd 150 ml g^{-1} gesenkt werden (Abb. 3.9). Die Zugabe des BKKS erfolgte im Temperaturbereich 9-12 °C, so daß ein Temperatureinfluß als Ursache für die *M. parvicella*-Reduktion ausgeschlossen werden kann. Auch der Anstieg der Schlammbelastung durch Reduktion des TS-Gehaltes im Belebungsbecken war zu diesem Zeitpunkt noch minimal und erreichte nicht den für die Verdrängung von *M. parvicella* günstigen Bereich einer $B_{TS} > 0{,}1$ kg kg^{-1} d^{-1}.

Die Dosierung des BKKS erfolgte an der Stelle, an der Zulauf und Rücklaufschlamm vermischt werden. Aus Abbildung 3.9 ist zu erkennen, daß es sich bei der Dosierung von BKKS zur Verbesserung des ISV nicht um eine Maßnahme mit sofortig durchschlagendem Erfolg handelt, sondern daß erst eine Zugabe über vier Wochen Wirkung zeigte. Ein dauerhaftes Absenken des ISV auf < 100 ml g^{-1} bei gleichzeitiger Reduktion der Häufigkeit von *M. parvicella* und Ausbildung einer kompakten Flockenstruktur konnte aber trotz langer BKKS-Dosierung erst durch eine Erhöhung der BSB_5-Schlammbelastung B_{TS} auf > 0,1 kg kg^{-1} d^{-1} und Temperaturen > 18°C im Belebungsbecken erreicht werden.

Von vielen Kläranlagen wird aber von Mißerfolgen mit der Dosierung von BKKS berichtet. Dies gilt insbesondere, wenn das Bläh-/Schwimmschlammproblem massiv auftritt. Nach eigenen mikroskopischen Untersuchungen wird BKKS nicht signifikant in den belebten Schlamm eingebaut oder von flockig wachsenden Bakterien besiedelt. Ob daher eine positive Wirkung von BKKS über eine reine Flockenbeschwerung hinaus durch das Bereitstellen zusätzlicher Aufwuchsflächen für flockenbildende Bakterien zu erwarten ist, muß zumindest bezweifelt werden.

Kein Erfolg durch Installation eines Selektors.
In einigen Fällen wurde von einer erfolgreichen Bekämpfung von *M. parvicella* durch die Installation eines aeroben Selektors berichtet. So beschreiben Pujol u. Canler (1994) Untersuchungen auf 12 großtechnischen Anlagen, von denen 9 Probleme mit Blähschlamm und Schaumbildung durch *M. parvicella* hatten. Die Installation von Selektoren führte in 90% der Fälle zu einer Verbesserung des Schlammindex, in 55% der Fälle zu einer Verminderung der Schaumbildung. Die Selektoren waren klein im Verhältnis zum Belebungsbeckenvolumen (< 3%) und wurden mit Belastungen zwischen 2,4 und 7,2 kg kg^{-1} d^{-1} bezogen auf den gelösten CSB betrieben. Die Kontaktzeiten lagen zwischen 10 und 30 Minuten. Ein Erfolg setzte frühestens nach 2-3 Schlammaltern ein. Obwohl sich der Schlammindex in einigen Fällen deutlich verringerte, konnten bei 5 von 9 Anlagen Werte von 200 ml g^{-1} nicht unterschritten werden. In zwei weiteren Anlagen blieb der Schlammindex ≥ 150 ml g^{-1} und lediglich bei zwei Anlagen konnten durch den Selektoreinbau Schlammindices von 100 ml g^{-1} stabilisiert werden.

Daigger u. Nicholson (1990) erzielten gute Erfolge mit einem aeroben Selektor in einer schwachbelasteten Nitrifikationsanlage mit Problemen durch *M. parvicella*. Der Selektor funktionierte als Dreier-Kaskade mit einer Kontaktzeit von 11 Minuten und einer BSB_5-Schlammbelastung von 4,9 kg kg^{-1} d^{-1} bezogen auf das Gesamtvolumen und 14,8 kg kg^{-1} d^{-1} bezogen auf das erste Teilbecken. Durch Belüftung wurde eine Sauerstoffkonzentration > 2 mg l^{-1} eingestellt. Gleichzeitig mit dem Selektoreinbau wurde das alte volldurchmischte, mit Oberflächenbelüftern ausgestattete Belebungsbecken durch ein Becken mit feinblasiger Druckbelüftung ersetzt. In der Folge sank der ISV von Werten zwischen 150 und 600 ml g^{-1} auf im Durchschnitt 74 ml g^{-1}. Da es sich bei der hier beschriebenen Anlage nicht um eine typische „*M. parvicella*-Anlage" mit einem Wechsel zwischen belüfteten und unbelüfteten Zonen handelt, stellt sich die Frage, welcher Anteil am Erfolg der optimierten Sauerstoffversorgung in der Gesamtanlage zuzurechnen ist.

So stellten Gabb et al. (1991) fest, daß *M. parvicella* nicht in schwachbelasteten belebten Schlämmen vorkommt, die dauerhaft belüftet werden, egal ob ein Selektor vorhanden ist oder nicht. Wird das System dagegen intermittierend belüftet, so reichert sich *M. parvicella* an. Nach den Erfahrungen von Gabb et al. kann der ISV unter diesen Bedingungen auch nicht durch einen aeroben Selektor unter Kontrolle gehalten werden.

Zusammenfassend kann festgestellt werden, daß der Nutzen eines aeroben Selektors zur Bekämpfung von *M. parvicella* grundsätzlich in Frage zu stellen ist. Dies gilt um so mehr, da sich *M. parvicella* der Wirkungsweise eines Selektors dadurch entzieht, daß er seine „ökologische Nische" an der Grenzschicht zwischen Wasser und Luft findet. Wird diese nicht gestört, kann *M. parvicella* dort ein sehr langes Schlammalter erreichen.

Kein Erfolg durch Dosierung von Wasserstoffperoxid (H_2O_2).

Eine Dosierung von Wasserstoffperoxid (H_2O_2) war in den für Nitrifikanten nicht schädlichen Konzentrationen erfolglos gegen *M. parvicella*. Nur bei Fäden, die eine Scheide ausbilden, wurden bisher mit niedrigen Konzentrationen Erfolge erzielt. Dabei zerstört Wasserstoffperoxid die den Faden umgebende Scheidenhülle und die Einzelzellen fallen auseinander, woraus ein verbessertes Absetzverhalten resultiert (Jenkins et al. 1993). Da *M. parvicella* keine Scheide ausbildet, ist Wasserstoffperoxid nur wirksam, wenn es in hohen Konzentrationen eingesetzt wird und so den Faden abtötet. Diese Konzentrationen schädigen aber den gesamten belebten Schlamm und besonders Nitrifikanten so stark, daß das Reinigungspotential z.T. oder komplett verloren geht.

Mechanische Zerkleinerung von Blähschlamm und Schaum.

Die mechanische Zerkleinerung von Blähschlamm und/oder abgezogenen Schwimmschlamm- und Schaumfraktionen wird seit einigen Jahren untersucht (Laube 1994, Müller et al. 1999, Dittrich 1999). Der Ansatz ist natürlich nicht auf *M. parvicella* dominierte Schlämme und Schäume beschränkt, ist aber gerade für die Behandlung von *M. parvicella*-Schäumen vor Zugabe in den Faulbehälter interessant. Aus der vergleichenden Betrachtung verschiedener Zerkleinerungsgeräte ergibt sich heute der Schluß, daß die technische Realisierbarkeit einer mechanischen Zerkleinerung fädiger Schlämme oder Schäume z.B. mittels Ultraschall oder Hochdruckhomogenisator auch für große Kläranlagen realisierbar scheint. Aus den Arbeiten von Dittrich (1999) und Müller et al. (1999) geht hervor, daß eine notwendige Flockenzerkleinerung bereits mit einem geringen Eintrag mechanischer Energie erreicht wird – ein wichtiger Aspekt für die wirtschaftliche Betrachtung. Zur Wahl und Optimierung der jeweils geeigneten Zerkleinerungsmethode und zur Wahl des Einsatzortes auf einer Kläranlage sind sicher noch weiterführende Untersuchungen notwendig.

3.3.1.4
Zusammenfassender Literaturabgleich für Microthrix parvicella

Zusammenfassend ergibt sich für *M. parvicella*, daß der Faden in erster Linie durch die Betriebsweisen nährstoffeliminierender Kläranlagen und die damit verbundene niedrige Schlammbelastung selektioniert wird. Durch sein beschleunigtes Wachstum gerade bei niedrigen Temperaturen kann sich *M. parvicella* in den Wintermonaten weitgehend konkurrenzlos in den Mischbiozönosen durchsetzen. Bekämpfungsmaßnahmen, die selektiv gegen *M. parvicella* wirken, sind bislang nicht entwickelt. Inwieweit der Einsatz von Aluminiumverbindungen gegen das fädige Bakterium diese Lücke schließen kann, bedarf weiterer detaillierter Untersuchungen.

M. parvicella gehört zu den fädigen Mikroorganismen, bei denen sowohl aerobe als auch anaerobe und anoxische Selektoren die Vermehrung in intermittierend belüfteten Systemen zur Stickstoff- und Phosphorentfernung und Mehrbeckenanlagen mit anaeroben, anoxischen und aeroben Zonen nicht kontrollieren können (Gabb et al. 1991, Ekama et al. 1996a, Prendl 1996, Casey et al. 1995, Gabb et al. 1996b, Still et al. 1996). In der Konsequenz bedeutet dies, daß in

Zukunft andere Bedingungen gefunden werden müssen, die *M. parvicella* aus dem System ausschließen und gleichzeitig den Erhalt der Organismen sichern, die für die Stickstoff- und Phosphorelimination wichtig sind. Die Erweiterung bestehender Anlagen mit biologischer Stickstoff- und Phosphorelimination in kontinuierlich durchflossenen voll durchmischten Becken wird immer in mehr oder weniger starker Ausprägung das Wachstum von *M. parvicella* und Blähschlammbildung zur Folge haben (Knight et al. 1995).

Nach dem heutigen Stand der Forschung scheint eine Erhöhung der Schlammbelastung (Knoop u. Kunst 1997) bei gleichzeitig kontinuierlichem Abzug der Schwimmschlamm- und Schaumfraktionen von den Belebungsbekkenoberflächen (Seyfried et al. 1998) die erfolgreichste Maßnahme zur Bekämpfung von *M. parvicella* zu sein. Die abgezogenen Schwimmschlamm- und Schaumfraktionen sollten nicht in den Faulbehälter gegeben, sondern vollständig aus dem Schlammkreislauf entfernt werden. As Entsorgungswege kommen hier Aufkalkung und Deponierung oder – wenn möglich – eine landwirtschaftliche Verwertung nach Entwässerung in Frage. Ferner erscheint eine Optimierung der Denitrifikationsprozesse erfolgversprechend.

3.3.2 Nocardioforme Actinomyceten

3.3.2.1 Wachstumscharakteristika und Selektionsfaktoren

- Nocardioforme Actinomyceten werden sowohl in kommunalen als auch industriellen Kläranlagen selektiert oder können auch aus Misch- und Ausgleichsbecken industrieller Betriebe in kommunale Kläranlagen eingetragen werden.
- Nocardioforme Actinomyceten verursachen in erster Linie Schaum- und Schwimmschlamm in kommunalen und industriellen Abwasserreinigungsanlagen, während sie für Blähschlammereignisse – aufgrund ihrer Wuchsform – auch bei hoher Fadenhäufigkeit in der Regel nicht verantwortlich sind.
- Nocardioforme Actinomyceten verfügen – vergleichbar mit *M. parvicella* – über hydrophobe Zelloberflächen, weshalb sie eine hohe Flotationsbereitschaft haben. Darüber hinaus tragen sie durch Exkretion oberflächenaktiver Substanzen zur Stabilität sich bildender Schäume bei (Lind u. Lemmer 1998).
- Hydrophobe Substrate wie Fette und Öle begünstigen das Wachstum der nocardioformen Actinomyceten, da sie ihnen aufgrund ihrer hydrophoben Oberflächen offensichtlich selektiv zur Verfügung stehen (Lind u. Lemmer 1998). Auch oberflächenaktive Abwasserinhaltsstoffe wirken förderlich.
- Konzentrationen an lipophilen Stoffen > 150 mg l^{-1} bzw. Fettschlammbelastungen > 0,03 kg kg^{-1} d^{-1} begünstigen das Wachstum nocardioformer Actinomyceten vor allem dann, wenn gleichzeitig die Betriebstemperatur im Misch- und Ausgleichsbecken oder im Belebungsbecken > 20°C beträgt.
- Nocardioforme Actinomyceten benötigen lange Schlammalter, um sich bei ihrem langsamen Wachstum etablieren zu können. Auf der anderen Seite liegt die optimale Substratkonzentration für eine nennenswerte Vermehrung der fädigen Bakterien höher, als es in den oft unterbelasteten nährstoffeliminierenden Kläranlagen gegeben ist. Nocardioforme Actinomyceten sind daher in

stickstoffeliminierenden Anlagen selten dominant. Ihr Verbreitungsschwerpunkt liegt eher im Bereich von Anlagen mit höherer Schlammbelastung (Arbeitsbericht der ATV-Arbeitsgruppe 2.6.1, 1998), wo sie in den Schwimmschlamm- und Schaumschichten dennoch die benötigten langen Schlammalter finden. Partikuläres Substrat fördert das Wachstum der nocardioformen Actinomyceten.

- Die Anreicherung nocardioformer Actinomyceten erfolgt unabhängig von der BSB_5-Schlammbelastung B_{TS} im Bereich 0,1 bis > 0,5 kg kg^{-1} d^{-1}, wenn gleichzeitig hydrophobe Substanzen, unpolare Kohlenwasserstoffe oder oberflächenaktive Substanzen wie Tenside vorhanden sind (Lemmer 1990). Bei Anwesenheit von leicht abbaubarem Substrat können nocardioforme Actinomyceten im niedrigen Belastungsbereich B_{TS} von 0,07 bis 0,15 kg kg^{-1} d^{-1} aufgrund der langen Schlammalter auch ohne Tenside oder hydrophobe Kohlenwasserstoffe wachsen (Lemmer 1985).
- Ein hoher Sauerstoffgehalt fördert das Wachstum nocardioformer Actinomyceten (Scruggs u. Randall 1998).
- Bei hohen Abwassertemperaturen > 20°C können nocardioforme Actinomyceten in industriellen Abwasserreinigungsanlagen dominant werden. Dies ist z.B. bei der Papierfabrikation zum einen auf die produktionsbedingte Abwasserzusammensetzung (Zellulose, Stärke) zurückzuführen, zum anderen auf die hohe Konzentration an Tensiden in den speziellen Abwässern.
- Bei Temperaturen < 20°C werden nocardioforme Actinomyceten in Gesellschaft mit *M. parvicella* in kommunalen Kläranlagen gefunden. Aus Abwasser isolierte *Rhodococcus*- und *Gordona*-Stämme zeigten ein deutliches Temperaturoptimum bei < 20°C, während *Nocardia amarae* erst bei > 25-30°C Wachstum zeigte, mit einem Optimum bei 28°C (Lemmer 1985). Dies legt nahe, daß es sich bei den in Kläranlagen „diagnostizierten" *Nocardia* sp. häufig um *Rhodococcus*- oder *Gordona*-Arten gehandelt haben wird (vgl. Kap. 2.4.3 – Zusätzliche Anmerkungen zur Identifizierung einzelner Fadentypen).

3.3.2.2
Auftreten in kommunalen und industriellen Anlagen

Die nachfolgenden Beispiele aus der Praxis sollen verdeutlichen, daß nocardioforme Actinomyceten in erster Linie durch die Abwasserqualität und erst in zweiter Linie durch die Anlagenkonfiguration oder Betriebsweise selektiert werden.

Fallbeispiel 1: Industrielle Abwasservorbehandlung – Eiverarbeitung – mit Einleitung in eine kommunale Kläranlage.

Abwasserzusammensetzung. Das Abwasser der eiverarbeitenden Industrie war geprägt durch hohe Konzentrationen an Lipiden und Proteinen. Die wesentlichen Abwasserinhaltsstoffe waren Substanzen, die auch im Hühnerei (Eigelb und Eiklar) enthalten sind: 6,5 g Eiweiß, davon 0,27 g Methionin, 0,15 g Cystin, 0,45 g Lysin, 6,1 g Fett, davon 4,1 g Neutralfett (0,9 g Linolsäure), 1,6 g Phospholipide (1,3 g Lecithin). Im Zulauf zur kommunalen Kläranlage war, bedingt durch den hohen Abwasseranteil aus der Lebensmittel verarbeitenden Industrie (Eiverarbeitung aber auch Milchverarbeitung und Schlachtereien), von einem hohen Gehalt an organischen Stickstoffverbindungen, sowie von hohen Eiweiß- und Fettkonzentrationen auszugehen. Ferner waren durch die Produktionszyklen der angeschlossenen Gewerbebetriebe häufig Belastungsschwankungen in der kommunalen Kläranlage zu verzeichnen.

Abwasserreinigungsverfahren. Das Abwasser der eiverarbeitenden Industriefirma wurde in einem unbelüfteten Behälter gesammelt und in einem belüfteten Misch- und Ausgleichsbecken vergleichmäßigt. Der Ablauf aus diesem Becken wurde in die kommunale Kläranlage abgeleitet und dort zunächst mechanisch vorgereinigt. Die biologische Behandlung erfolgte in zwei parallel betriebenen Belebungsrundbecken mit intermittierender Denitrifikation. Die BSB_5-Schlammbelastung B_{TS} lag in den Belebungsbecken bei durchschnittlich 0,1 $kg\,kg^{-1}\,d^{-1}$ bei einem CSB:BSB_5-Verhältnis von 1,7. Tabelle 3.5 zeigt die wesentlichen Abwasser- bzw. Anlagendaten der industriellen Abwasservorbehandlung.

Mikroskopisches Bild. Nocardioforme Actinomyceten traten sowohl im Abwassersammelbehälter und im Misch- und Ausgleichsbecken des Industriebetriebes, als auch im belebten Schlamm der kommunalen Anlage auf. Das Vorkommen war nicht saisonal bedingt, sondern ganzjährig auf die Abwasserqualität zurückzuführen. Förderlich für das Wachstum der nocardioformen Actinomyceten war weiterhin eine ganzjährig hohe Durchschnittstemperatur von 22°C im Misch- und Ausgleichsbecken.

Im unbelüfteten *Abwassersammelbehälter* konnte sich aufgrund der ungünstigen Milieubedingungen keine Flockenstruktur ausbilden. Hier wurden die nocardioformen Actinomyceten zusammen mit flockenbildenden Bakterien massenhaft frei in der Lösung gefunden. Aufgrund der Sauerstoffversorgung im *Misch- und Ausgleichsbecken* bildeten sich hier, wenn auch nur wenige, mit 40 µm sehr kleine Flocken aus, die als „pin-point" („Stecknadelkopf") Flocken bezeichnet werden („normale" Flockengrößen liegen zwischen 150-300 µm). Nocardioforme

Tabelle 3.5 Kenndaten einer industriellen Abwasservorbehandlungsanlage mit einem dominanten Auftreten nocardioformer Actinomyceten (hier: Eiverarbeitung)

Wichtige Einflußgrößen auf das Vorkommen nocardioformer Actinomyceten	Einheit	Abwasser- bzw. Anlagendaten
Sauerstoffkonzentration im Misch- und Ausgleichsbecken	[$mg\,l^{-1}$]	1,1
pH-Wert im Misch- und Ausgleichsbecken	[-]	8,3
Temperatur im Misch- und Ausgleichsbecken	[°C]	22,0
CSB_{gesamt} im Zulauf zum Misch- und Ausgleichsbecken	[$g\,l^{-1}$]	4,7
$BSB_{5,gesamt}$ im Zulauf zum Misch- und Ausgleichsbecken	[$g\,l^{-1}$]	3,4
CSB / BSB_5	[-]	1,4
BSB_5-Schlammbelastung B_{TS}	[$kg\,kg^{-1}\,d^{-1}$]	0,4
Fettkonzentration im Zulauf	[$g\,l^{-1}$]	6,1
Fettbelastung der TS	[$kg\,kg^{-1}\,d^{-1}$]	0,7

Actinomyceten kamen, zusammen mit vielen nichtfädigen Bakterien, mit einer Häufigkeit von 6-7 überwiegend frei in der Lösung vor. Im Schwimmschlamm/ Schaum, der auf dem Misch- und Ausgleichsbecken flotierte, reicherten sie sich mit einer Häufigkeit von 7 an.

Aus dem belüfteten Misch- und Ausgleichsbecken gelangten die nocardioformen Actinomyceten über den Ablauf in das *Belebungsbecken der kommunalen Kläranlage.* Bei der mikroskopischen Untersuchung konnten deutlich Flocken erkannt werden, in denen nocardioforme Actinomyceten mit einer Häufigkeit von 5 angereichert vorlagen. Hieraus folgt, daß ein Eintrag nocardioformer Actinomyceten in eine kommunale Anlage über den Ablauf einer industriellen Anlage erfolgen kann. Zusätzlich zu den nocardioformen Actinomyceten wurden aufgrund der stark schwankenden Stickstofffrachten im belebten Schlamm der kommunalen Anlage fädige Bakterien vom Typ 021N identifiziert (vgl. Kap. 3.3.3).

Auswirkung auf den Schlammindex. Bei annähernd gleicher Häufigkeit nocardioformer Actinomyceten in den verschiedenen Schlämmen (Belebungsbecken der kommunalen Anlage, Misch- und Ausgleichsbecken der industriellen Vorbehandlung) war der Schlammindex in erster Linie vom Grad der Flockenausbildung abhängig. Bildeten sich bei großer Häufigkeit von nocardioformen Actinomyceten nur wenige kleine Flocken aus, wurden die nocardioformen Actinomyceten nicht in den Flockenverband eingeschlossen und der ISV stieg bis 370 ml g^{-1} an. War eine bessere Flockenbildung zu verzeichnen, so wurden die Fäden in den Flockenverband eingebunden und der ISV sank auf $\leq$ 150 ml g^{-1}. Aufgrund der stark hydrophoben Zelloberflächen der nocardioformen Actinomyceten bildeten sich massive Schwimmschlamm- und Schaumschichten auf den belüfteten Becken aus, in denen sich der fädige Organismus massenhaft anreichern konnte. Bei Abtrieb von Schwimmschlamm oder Schaum kam es zum Eintrag von Fäden in die nachfolgenden Becken oder in den Vorfluter.

Fallbeispiel 2: Industrielle Anlage - Wollwäsche.

Abwasserzusammensetzung. Charakteristisch für das Abwasser des Wolle waschenden Betriebes waren hohe Lipidkonzentrationen (Wollfett).

Abwasserreinigungsverfahren. Das Abwasser aus der Wollwäsche wurde in einer aeroben biologischen Abwasserreinigungsanlage behandelt. Es durchlief drei hintereinander geschaltete Belebungsbecken ohne Denitrifikation. Die BSB_5-Schlammbelastung B_{TS} betrug 0,02 kg kg^{-1} d^{-1} bei einem CSB:BSB_5-Verhältnis von 7,5. Das biologisch gereinigte Abwasser wurde durch ein Nachklärbecken in den Vorfluter abgeleitet. Tabelle 3.6 zeigt die wichtigsten Abwasser- und Anlagendaten.

Mikroskopisches Bild. Die nocardioformen Actinomyceten wurden auch im vorliegenden Fallbeispiel durch die Abwasserqualität selektiert und ganzjährig beobachtet. Wie schon bei der eiverarbeitenden Industrie förderte eine ganzjährig hohe Durchschnittstemperatur von 27°C im Belebungsbecken zusätzlich das Wachstum.

Die mikroskopische Untersuchung der durchmischten Probe aus dem Belebungsbecken zeigte einen deutlich fädigen Schlamm, mit Flockendurchmessern von etwa 60 µm („pin-point“ Flocke). Die ISV relevante Fädigkeit wurde bei 5-6

Tabelle 3.6 Kenndaten einer industriellen Abwasserreinigungsanlage mit einem dominanten Auftreten nocardioformer Actinomyceten (hier: Wollwäsche)

Wichtige Einflußgrößen auf das Vorkommen nocardioformer Actinomyceten	Einheit	Abwasser- bzw. Anlagendaten
Sauerstoffkonzentration im Belebungsbecken	[mg l^{-1}]	0,9
pH-Wert im Belebungsbecken	[-]	8,4
Temperatur im Belebungsbecken	[°C]	27,0
CSB_{gesamt} im Zulauf zum Belebungsbecken	[g l^{-1}]	3,0
$BSB_{5,gesamt}$ im Zulauf zum Belebungsbecken	[g l^{-1}]	0,4
CSB / BSB_5	[-]	7,5
BSB_5-Schlammbelastung B_{TS}	[kg kg^{-1} d^{-1}]	0,02
Fettkonzentration im Zulauf	[g l^{-1}]	1,0
Fettbelastung der TS	[kg kg^{-1} d^{-1}]	0,04

eingestuft. Als dominanter Faden konnte Typ 0092 identifiziert werden (vgl. Kap. 3.4.1), während nocardioforme Actinomyceten mit einer Häufigkeit von 3 nur subdominant vorkamen. Im Schaum auf der Belebung traten sowohl die nocardioformen Actinomyceten als auch Typ 0092 mit einer Häufigkeit von 7 auf.

Die in *Fallbeispiel 2* beschriebene Anlage wurde bei geringerer Schlammbelastung und höherer Temperatur betrieben, als die Anlage mit Einleitung aus der eiverarbeitenden Industrie (*Fallbeispiel 1*), wodurch die Dominanz von Typ 0092 zu erklären ist. Der massenhaft frei in der Lösung vorkommende Faden verursachte eine verminderte Reinigungsleistung der Anlage dadurch, daß er – nicht in die Schlammflocken eingebunden – mit der wäßrigen Phase abtrieb und so den Ablauf-CSB deutlich erhöhte.

Auswirkung auf den Schlammindex. Die Fäden des Typs 0092 wurden bei der Messung des ISV lediglich als getrübter Überstand wahrgenommen. Der zwar aus kleinen, aber kompakten Flocken bestehende Schlamm setzte sich dagegen relativ gut ab, da die nocardioformen Actinomyceten nur mit einer Häufigkeit von 3 vorhanden waren. Dadurch bedingt lag der aus dem Absetzvolumen berechnete ISV mit < 100 ml g^{-1} sehr niedrig und konnte in diesem Fall das tatsächliche Wachstum der fädigen Organismen nicht widerspiegeln. Die nocardioformen Actinomyceten reicherten sich auch in diesem Fall besonders an den Beckenoberflächen an und führten so zu Schwimmschlamm- und Schaumbildung. Typ 0092 flotierte passiv mit den nocardioformen Actinomyceten in die Schaumschichten.

Fallbeispiel 3: Kommunale Anlage mit industriellem Einfluß.

Abwasserzusammensetzung. Das Abwasser der im Fallbeispiel beschriebenen Anlage war zu ¾ kommunalen Ursprungs und zu ¼ von verschiedenen Betrieben

Tabelle 3.7 Kenndaten einer kommunalen Abwasserreinigungsanlage mit einem dominanten Auftreten nocardioformer Actinomyceten (industrieller Einfluß)

Wichtige Einflußgrößen auf das Vorkommen nocardioformer Actinomyceten	Einheit	Abwasser- bzw. Anlagendaten
Sauerstoffkonzentration im Belebungsbecken	[$mg\ l^{-1}$]	1,5
pH-Wert im Belebungsbecken	[-]	7,4
Temperatur im Belebungsbecken		
Frühjahr	[°C]	12,0
Herbst		18,0
CSB_{gesamt} im Zulauf zum Belebungsbecken	[$g\ l^{-1}$]	0,5
$BSB_{5,gesamt}$ im Zulauf zum Belebungsbecken	[$g\ l^{-1}$]	0,2
CSB / BSB_5	[-]	2,5
BSB_5-Schlammbelastung B_{TS}	[$kg\ kg^{-1}\ d^{-1}$]	0,13
Fettkonzentration im Zulauf	[$g\ l^{-1}$]	>0,15
Fettbelastung	[$kg\ kg^{-1}\ d^{-1}$]	>0,03

der Metallverarbeitung, 8 Krankenhäusern, 2 Molkereien und 3 Brauereien zugeleitet. Für die Entwicklung fadenförmiger Mikroorganismen waren hohe Tensid- und Fettkonzentrationen (Wachse) ausschlaggebend.

Abwasserreinigungsverfahren. Das Abwasser wurde in einer Abwasserreinigungsanlage mit simultaner Denitrifikation behandelt. Die Elimination von Phosphor erfolgte durch chemische Fällung. Die BSB_5-Schlammbelastung B_{TS} im Belebungsbecken betrug durchschnittlich 0,13 kg kg^{-1} d^{-1} bei einem CSB:BSB_5-Verhältnis von 2,5 (Tabelle 3.7).

Mikroskopisches Bild. Die nocardioformen Actinomyceten wurden in dieser kommunalen Anlagen mit Nährstoffelimination durch die industriell bzw. gewerblich beeinflußte Abwasserqualität selektiert. Sie kamen zusammen mit *Microthrix parvicella* vor. Die beiden fädigen Organismen sind gemeinsam in kommunalen Anlagen zu finden, wenn die Konzentration an lipophilen Stoffen Werte > 150 mg l^{-1} erreicht und die Konzentration an oberflächenaktiven Substanzen (Tensiden) hoch ist. Diese Substrate können von verzweigten und unverzweigten Actinomyceten (*M. parvicella*) gleichermaßen genutzt werden und so zur Anreicherung der Fäden im Schlamm beitragen. Die nocardioformen Actinomyceten waren nicht ganzjährig dominant, da die Durchschnittstemperaturen im Belebungsbecken saisonal schwankten. In den Winter- und Frühjahrmonaten, in denen die Temperaturen bei ≤ 12-15°C lagen, waren nocardioforme Actinomyceten nur mit einer Häufigkeit von 3 im belebten Schlamm vorhanden. Im Schaum reicherten sich die Fäden in diesem Zeitraum mit einer Häufigkeit von 4-5 an.

Obwohl die Substratqualität förderlich für das Wachstum der nocardioformen Actinomyceten war, blieben sie aufgrund der niedrigen Temperaturen im Winter und Frühjahr subdominant. Der psychrophile Organismus *M. parvicella* wächst dagegen gerade bei ≤ 15°C, während sich konstante Temperaturen ≥ 20°C nachteilig auswirken (vgl. Kap. 3.3.1). Aus diesem Grund wurden bei steigenden Temperaturen auf ≥ 20 °C während der Sommermonate und im Herbst nocardioforme Actinomyceten dominant und mit einer Häufigkeit von 5 identifiziert. Vergleicht man die Häufigkeiten beider Fadentypen im belebten Schlamm, so ist demnach eine genau gegenläufige Tendenz festzustellen (Abb. 3.10).

Auswirkung auf den Schlammindex. Obwohl die nocardioformen Actinomyceten in den Sommermonaten fast die gleiche Häufigkeit erreichten wie *M. parvicella* in den Wintermonaten, stellte sich der Schlammindex aufgrund der unterschiedlichen Wuchsformen beider Fadentypen auf unterschiedlichen Niveaus ein. Die kurzen nocardioformen Actinomyceten wachsen bei guter Flockenstruktur im wesentlichen in der Flocke, so daß bei Dominanz dieses Fadentyps und guter Flockenstruktur kein typischer Blähschlamm entsteht und der ISV meist < 100 ml g^{-1} bleibt. *M. parvicella* wird dagegen sehr lang und wächst in losen Schlaufen. Bei seiner Massenvermehrung werden netzähnliche Strukturen im Schlamm ausgebildet, die zu einem ISV > 150 ml g^{-1} führen (Abb. 3.10). Schaumbildung war im Sommer und im Winter unabhängig von der Dominanz der Fäden vorhanden, da sowohl *M. parvicella* als auch nocardioforme Actinomyceten aufgrund ihrer hydrophoben Zelloberflächen flotieren.

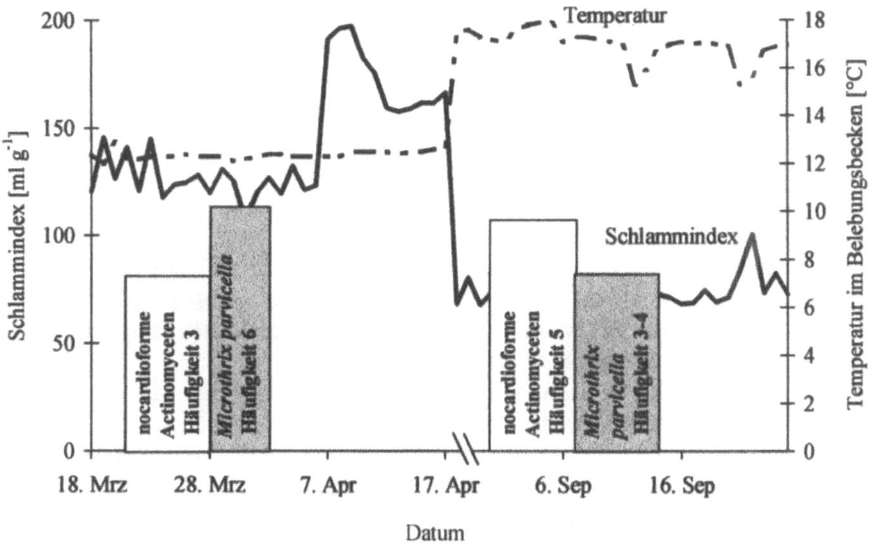

Abb. 3.10 Verschiebung der Fadendominanz von nocardioformen Actinomyceten und *M. parvicella* mit Auswirkung auf den Schlammindex in Abhängigkeit von der Temperatur im Belebungsbecken

3.3.2.3 Bekämpfungsmaßnahmen

Regelmäßiges Abziehen von Schwimmschlamm und Schaum.

In kommunalen Kläranlagen mit industriellem Einfluß sind das regelmäßige Abziehen flotierender Schwimmschlamm- und Schaumfraktionen von Belebungs- und/oder Nachklärbecken und die separate Behandlung dieser Fraktionen durch Zugabe von Kalk und Deponierung in den meisten Fällen erfolgreiche Maßnahmen zur Bekämpfung von nocardioformen Actinomyceten. Dabei sollte nach Jenkins et al. (1993) der Schaum in einer Rate entfernt werden, die mindestens der Überschußschlammproduktion entspricht. Die Entsorgung des Schlammes in den Faulbehälter kann auch dort – meist allerdings nur kurzfristig – zum Schäumen führen (Hernandez und Jenkins 1994).

Installation eines aeroben Selektors.

Durch einen aeroben Selektor konnte das dominante Wachstum nocardioformer Actinomyceten und damit die Schaumbildung in einer kommunalen Kläranlage mit industriellem Indirekteinleiter durch schnelle Veratmung der spezifischen Substrate (Fette) eingeschränkt werden.

Die Wirkung eines Selektors zur Reduzierung des Vorkommens nocardioformer Actinomyceten im belebten Schlamm wurde mit einer halbtechnischen Versuchsanlage vergleichend zum Betrieb der großtechnischen Anlage ohne Selektor untersucht. In der Versuchsanlage durchfloß das Abwasser zunächst den belüfteten Selektor, danach das vorgeschaltete Denitrifikationsbecken und zuletzt das Belebungsbecken. Die Aufenthaltszeit im Selektor betrug $\leq$ 30 Minuten bei einer CSB-Schlammbelastung B_{TS} von > 6 kg kg^{-1} d^{-1}. Die Großanlage wurde dagegen ohne Selektor und mit intermittierender Denitrifikation betrieben.

Die positive Wirkung des Selektors konnte im vorliegenden Fall auf die Reduktion der Fettkonzentrationen (Konzentrationen an lipophilen Stoffen) im Zulauf zum Belebungsbecken zurückgeführt werden. Trotz der höheren Fettschlammbelastung in der Versuchsanlage von 0,2 kg kg^{-1} d^{-1} im Vergleich zur Großanlage mit 0,03 kg kg^{-1} d^{-1} wurde das in der Versuchsanlage anfallende Fett um den Faktor 9 reduziert, während das der Großanlage zufließende Fett nur um den Faktor 5 vermindert wurde (Tabelle 3.8).

Der Selektor stellte eine hochbelastete biologische Vorstufe dar, die belüftet und gleichzeitig mit abbaubarem Substrat gut versorgt wurde, so daß sich hier eine erhöhte natürliche Fettabbauleistung gegenüber der Großanlage ausbilden konnte. Die Messungen der Mittelwerte lipophiler Stoffe pro Gramm Trockensubstanz ergaben mit 18,5 mg Fett g^{-1} in der Großanlage und 19,2 mg Fett g^{-1} in der Versuchsanlage annähernd identische Werte. Läge lediglich eine Adsorption der Fette vor, so müßte der Gehalt in der Versuchsanlage bei den höheren Fettzulaufkonzentrationen deutlich höher sein. Das Fett wurde demnach durch die an hohe Fettbelastungen adaptierte nichtfädige Biomasse verstärkt abgebaut. Nocardioforme Actinomyceten konnten sich nicht dominant vermehren, wodurch auch ein deutlicher Rückgang der Schaumbildung zu verzeichnen war. In der Großanlage wuchsen nocardioforme Actinomyceten hingegen unvermindert, da die

Tabelle 3.8 Kenndaten der kommunalen Abwasserreinigungsanlage ohne Selektor und der halbtechnischen Versuchsanlage mit Selektor

Wichtige Einflußgrößen auf das Vorkommen nocardioformer Actinomyceten	Einheit	großtechnische Anlage ohne Selektor	halbtechnische Versuchsanlage mit Selektor
Volumen Belebungsbecken	$[m^3]$	14400,0	0,98
mittlere TS-Konzentration im Belebungsbecken	$[g\,l^{-1}]$	2,4	1,8
mittlere Abwassermenge	$[m^3\,d^{-1}]$	5365,0	0,94
mittlere Verweilzeit des Abwassers in der Belebung	[d]	2,7	1,0
mittlere Fettkonzentration im Zulauf	$[mg\,l^{-1}]$	225,0	425,0
mittlere Fettkonzentration im Ablauf	$[mg\,l^{-1}]$	42,0	50,0
Fettbelastung	$[kg\,kg^{-1}\,d^{-1}]$	0,03	0,2
Fettabbau	$[kg\,kg^{-1}\,d^{-1}]$	11,2	155,0

Fettbelastung mit 0,03 $kg\,kg^{-1}\,d^{-1}$ in dem für das Wachstum der Fäden optimalen Bereich lag (vgl. *Fallbeispiele 1-3*) und eine an Fettabbau adaptierte nichtfädige Biozönose nicht in vergleichbarem Maß vorhanden war.

Wechselnder Erfolg durch Zugabe von Entschäumern.

Durch Zugabe eines Entschäumers konnte die Schaumakkumulation auf der Beckenoberfläche des Misch- und Ausgleichsbecken der eiverarbeitenden Industrie erfolgreich eingedämmt werden (*Fallbeispiel 1*). Dabei wurde jedoch nicht der durch nocardioforme Actinomyceten verursachte Schaum zerstört, sondern eher der durch Eiweiße gebildete Schaum vermindert.

In anderen Fällen führte der Einsatz von Entschäumern zur Bekämpfung von Actinomyceten-Schäumen zwar ebenfalls zur Verminderung des Aufschäumens, dafür aber auch zu einer Verdichtung der Schwimmschlammdecke. In den verdichteten Schichten wuchsen vermehrt Nematoden und Milben und der positive Effekt des verminderten Schäumens war nur von kurzer Dauer.

In einer Studie von Schön (1998) mit Reinkulturen nocardioformer Actinomyceten wurde deutlich, daß die Wirkung von Zusatzstoffen von verschiedenen Faktoren abhängt, z.B. dem Bakterienstamm (Wachstumsphase, Morphologie, Zellhydrophobizität), der Dichte der Population und selbst von den äußeren Wachstumsbedingungen. Die Ergebnisse zeigten, daß schon verschiedene Stämme derselben Gattung *Rhodococcus* hinsichtlich der Stoffwechselphysiologie und der Eigenschaften, die für die Bildung von Schäumen von Bedeutung sind, große Unterschiede aufweisen, die auch den wechselnden Erfolg der Schaumbekämpfung mit Hilfe von Antischaummitteln begründen. In den Laborversuchen konnte durch rechtzeitigen Zusatz verschiedener Antischaummittel die Flotation der Zellen und damit eine Schaumentwicklung in *Rhodococcus*-Reinkulturen unterdrückt werden. Die Maßnahme war bei verschiedenen Isolaten unterschiedlich erfolgreich. Schön (1998) geht davon aus, daß eine Schaumverminderung in Kläranlagen durch den Einsatz von Antischaummitteln nur dann zu erwarten ist, wenn die Schaumschicht noch nicht zu dick ist.

Verminderung der hydrophoben Substrate im Abwasser.
Da feststeht, daß hydrophobe Substrate wie Fette und Öle das Wachstum der nocardioformen Actinomyceten begünstigen, empfiehlt es sich, die Verfügbarkeit dieser Substrate – soweit möglich – durch eine gezielte Vorflotation einzuschränken.

Dosierung von Aluminiumsalzen und -polymeren.
Bereits in Untersuchungen von Lemmer (1985) zeigte die Zugabe von Aluminiumverbindungen zu Reinkulturen von *Nocardia amarae* sowie Stämmen der Gattung *Rhodococcus* einen hemmenden Einfluß auf das Wachstum nocardioformer Actinomyceten. Die Ergebnisse werden in neueren Untersuchungen an *Rhodococcus*-Reinkulturen von Schön (1998) bestätigt. Danach handelt es sich bei der Zugabe von Aluminiumverbindungen um eine Maßnahme zur selektiven Bekämpfung schwimmschlamm- und schaumbildender Bakterien, denn auch für *M. parvicella* wird von einer Wachstumshemmung durch Aluminium berichtet (vgl. Kap. 3.3.1). Ergebnisse aus dem technischen Bereich scheinen dies zu bestätigen (Eikelboom u. Andreasen 1995, Lind u. Lemmer 1998).

Dosierung von Oxidationsmitteln.
In der Literatur wird verschiedentlich von einem erfolgreichen Einsatz von Oxidationsmitteln bei Actinomyceten bedingten Schäumen berichtet. So konnten Goi et al. (1994) sowie Okouchi et al. (1996) *Gordona amarae* sowohl im Versuchsanlagenmaßstab als auch in der Großtechnik mit Ozonkonzentrationen von $> 1{,}3\ mg\ l^{-1}$ im Belebungsbecken verdrängen und so die Schwimmschlamm- und Schaumbildung deutlich eindämmen.

Generell ist diese Maßnahme mit Vorsicht einzusetzen! Oxidationsmittel schädigen grundsätzlich alle Bakterien. Die selektive Vernichtung fädiger Organismen ist nur dann gegeben, wenn die Anwendungskonzentration so gehalten wird, daß Fäden in der flüssigen Phase genügend geschädigt werden, während nichtfädige Organismen im Schutz der Schlammflocke weitgehend verschont bleiben. Da nocardioforme Actinomyceten i.d.R. überwiegend in den Schlammflocken wachsen, muß der Nutzen einer derartigen Bekämpfungsmaßnahme deutlich in Frage gestellt werden.

Nach neueren Untersuchungen von Goi et al. (1998) wirkt sich eine Ozonzugabe in der Weise auf nocardioforme Actinomyceten aus, daß ein Abbau der für Actinomyceten charakteristischen Mycolsäuren in der Zellwand stattfindet. Ob sich daraus ein Ansatzpunkt für die sichere selektive Bekämpfung nocardioformer Actinomyceten aus Mischbiozönosen ableiten läßt, bedarf detaillierter Überprüfungen der zu erhaltenden Stoffwechselaktivität der übrigen Mischbiozönose.

Dosierung von organischen Flockungshilfsmitteln.

Gelegentlich wird auf die Zugabe von Flockungshilfsmitteln zur Bekämpfung nocardioformer Actinomyceten verwiesen. So erzielten Shao et al. (1997) durch die Dosierung eines kationischen Polyacrylamides einen deutlichen Rückgang der durch *Nocardia*-Dominanz ausgelösten Schaumbildung. Die Anzahl der Fäden verringerte sich dagegen nur geringfügig.

Die Wirkung von Flockungshilfsmitteln ist jeweils für den Einzelfall zu betrachten und wesentlich von der Art und Eignung des eingesetzten Produktes für den speziellen Fall abhängig. Voruntersuchungen im Labor sind daher unumgänglich. Grundsätzlich sieht es Kappeler (1998) als fraglich an, ob Schlammflocken mit vielen nocardioformen Actinomyceten – bei der starren Wuchsform des fädigen Bakteriums – trotz Reduktion der abstoßenden Kräfte durch z.B. Polymere genügend kompakt gemacht werden können, daß sich Angriffsflächen für das Anheften von Gasblasen ausreichend verkleinern.

3.3.2.4
Zusammenfassender Literaturabgleich für nocardioforme Actinomyceten

Zusammenfassend ergibt sich für die *Selektionsfaktoren*, daß nocardioforme Actinomyceten bei Anwesenheit günstiger Substrate (z.B. Fette und Öle, Tenside) unabhängig von der Schlammbelastung wachsen. Die hier dargestellten Fallbeispiele bestätigen im wesentlichen die von Lemmer (1992) zusammengestellten Selektionsfaktoren sowie die Ergebnisse von Soddell u. Seviour (1996) und erweitern sie durch Konzentrationsangaben lipophiler (hydrophober) Stoffe und Angaben von Fettschlammbelastungen, die sich förderlich auf das Wachstum nocardioformer Actinomyceten gezeigt haben. Nocardioforme Actinomyceten sind aber nicht ausschließlich auf diese Substrate angewiesen, sondern verfügen über ein breites Substratverwertungsspektrum. Neben schwer abbaubaren hydrophoben Substanzen konnten nocardioforme Actinomyceten im Laborversuch auch leicht abbaubare Substrate wie Mono- und Disaccharide, Polyalkohole und kurzkettige Fettsäuren verwerten (Lemmer 1985, Chua et al. 1996).

Das deutlich temperaturabhängige Wachstum insbesondere im Wechsel mit *Microthrix parvicella* ist typisch für kommunale nährstoffeliminierende Kläranlagen mit Fettschlammbelastungen > 0,03 kg kg^{-1} d^{-1} und bestätigt den für das Wachstum nocardioformer Actinomyceten benannten optimalen Temperaturbereich von > 15-30°C (Lechevalier u. Lechevalier 1974, Lemmer 1985, Blackall et al. 1991). Für einen Vergleich von Wachstumsraten und Generationszeiten nocardioformer Actinomyceten wird an dieser Stelle auf Lemmer (1992), Khan u. Forster (1996), Stratton et al. (1996) und Chua et al. (1996) verwiesen.

Hinsichtlich der *Bekämpfungsmaßnahmen* kann zum jetzigen Zeitpunkt das Abziehen und die separate Behandlung der Schaumfraktionen international als erfolgreichste und einfachste Methode zur Bekämpfung nocardioformer Actinomyceten angesehen werden (Lemmer 1992, Richards et al. 1990, Jenkins et al. 1993).

Aerobe Selektoren zur Bekämpfung des fädigen Organismus wurden im Labor erfolgreich eingesetzt (Jenkins et al. 1993). Es fehlt jedoch eine genügend große Datendichte aus halb- und großtechnischen Untersuchungen, um das Ergebnis abzusichern. Anoxische und anaerobe Selektoren wurden sowohl im Labormaßstab als auch in einer begrenzten Anzahl von Großanlagen in Amerika und Italien erfolgreich installiert (Jenkins et al. 1993, Bortone et al. 1995). Blackall et al. (1991) schätzen die Wirksamkeit eines anoxischen oder anaeroben Selektorbetriebes zur Bekämpfung von Actinomyceten gegenüber einer aeroben Betriebsweise effektiver ein, da nocardioforme Actinomyceten nur schlecht denitrifizieren können.

Über die Zugabe von Chlor als erfolgreiche Maßnahme zur Bekämpfung von *Nocardia* wurde vereinzelt berichtet (Jenkins et al. 1993, Wong u. Chung 1993). In Deutschland kommt diese Methode vor dem Hintergrund der sich bildenden chlororganischen Verbindungen (AOX) sowie der dazu gesetzlich festgelegten Einleitergrenzwerte nicht in Frage.

3.3.3 Typ 021N

3.3.3.1 Wachstumscharakteristika und Selektionsfaktoren

- Leicht abbaubares Substrat, vor allem Zucker und kurzkettige Fettsäuren, fördern das Wachstum von Typ 021N.
- Typ 021N gehört zu den Schwefelbakterien, d.h. er ist in der Lage, reduzierte anorganische Schwefelverbindungen als Elektronendonatoren zu verwenden. Durch Oxidation entsteht u.a. elementarer Schwefel, der z.T. in die Zellen eingelagert wird.
- Typ 021N wächst häufig unter mangelndem Sauerstoffeintrag massenhaft in der Mischbiozönose eines belebten Schlammes an. Dabei hängt das beschleunigte Wachstum weniger mit der niedrigen Sauerstoffkonzentration an sich, als vielmehr mit der verstärkten Bildung von kurzkettigen Fettsäuren und Sulfiden und damit von für Typ 021N optimalen Substraten unter diesen Bedingungen zusammen.
- Unausgeglichene Nährstoffverhältnisse, N- oder P-Mangel im Vergleich zu den vorhandenen Kohlenstoffquellen, fördern Typ 021N. Da das fädige Bakterium einen sehr niedrigen K_N-Wert besitzt, wirken sich insbesondere N-Mangelsituationen positiv auf seine Entwicklung aus (Lemmer 1992). Auf Ammonium-Stoßbelastungen kann Typ 021N durch eine höhere Aufnahmerate besser reagieren als flockenbildende Bakterien (Richard et al. 1985). Besonders selektierend wirken daher Stickstoffmangelsituationen, die von Ammonium-Stoßbelastungen unterbrochen werden.
- Wird Typ 021N nicht im besonderen Maße durch die Abwasserqualität und/ oder Stoßbelastungen gefördert, kommt er im kommunalen Bereich eher bei höheren BSB_5-Schlammbelastungen von > 0,2 kg kg^{-1} d^{-1} vor (Arbeitsbericht der ATV-Arbeitsgruppe 2.6.1, 1998).
- Im industriellen Bereich, wenn der leicht abbaubare Substratanteil im Abwasser produktionsbedingt hoch liegt, tritt Typ 021N im Belastungsbereich um 0,12 kg kg^{-1} d^{-1} auf.

- Typ 021N wird in Kläranlagen mit kontinuierlicher Abwasserbeschickung sowohl bei Verfahren mit ausschließlich aerober Stufe als auch bei Verfahren mit aerober, anoxischer und anaerober Stufe bei einer CSB-Schlammbelastung $B_{TS} \leq 0{,}15$ kg kg^{-1} d^{-1} selektiert, wenn
  - industrielles Abwasser allein oder in Kombination mit häuslichem Abwasser behandelt wird, dann aber meist einen Anteil deutlich über 70% am Gesamtabwasser hat.
  - Ammoniumstöße mit darauf folgenden Stickstoffmangelsituationen (unausgeglichene Nährstoffverhältnisse) *und gleichzeitig* Saccharose, Glucose (> 70 mg l^{-1}) und/oder geringste Mengen an Lactat (Milchzucker) und/ oder hohe Gehalte organischer Säuren ($\geq$ 100 mg l^{-1}) im Zulauf vorliegen. Dabei begünstigen lange anaerobe Speicherzeiten des Abwassers die Bildung von organischen Säuren und Sulfiden.
- Typ 021N tritt nicht selten in belüfteten Misch- und Ausgleichsbecken von Indirekteinleitern aus der Getränke- und Nahrungsmittelindustrie auf. Bei unbelüfteten Misch- und Ausgleichsbecken wächst Typ 021N erst in den nachfolgenden belüfteten Zonen der Kläranlage.
- Belebter Schlamm mit einer deutlichen Dominanz von Typ 021N zieht aufgrund einer erhöhten Viskosität beim Ansaugen mit einer Pipette „Fäden“.

3.3.3.2
Auftreten in kommunalen und industriellen Anlagen

Nachfolgend sollen in Beispielen aus der Praxis typische Abwasserqualitäten, Anlagenkonfigurationen und Betriebsweisen vorgestellt werden, die allein oder in Kombination zu einem vermehrten Wachstum von Typ 021N führen.

Fallbeispiel 1: Industrielle Anlage - Fruchtsaftproduktion.

Abwasserzusammensetzung. Das Abwasser der Fruchtsaft produzierenden Industrie war im Fallbeispiel geprägt durch hohe Konzentrationen an Zuckern und organischen Säuren. So fielen bei der Produktion der Fruchtsäfte ca. 120 kg Zucker pro Tag im Abwasser an. Davon waren 23 kg Saccharose, 29 kg Glucose, 50 kg Fructose und 18 kg reduktionsfreier Extrakt. Organische Säuren traten als Zitronensäure (14,5 kg) und Äpfelsäure (0,6 kg) auf. Das Abwasser war produktionsbedingt durch ein unausgeglichenes BSB_5:Stickstoff-Verhältnis von 100:0,2 gekennzeichnet.

Abwasserreinigungsverfahren. Nach einer mechanischen Vorreinigung (Sieb und Sandfang) erfolgte eine Vergleichmäßigung des anfallenden Abwassers aus der Saftaufbereitung in Menge und Konzentration in einem belüfteten Misch- und Ausgleichsbecken. Zum Ausgleich der Nährstoffverhältnisse wurden Harnstoff und Phosphor dosiert. Die aerobe Reinigungsstufe bestand aus zwei volldurchmischten, parallel betriebenen Belebungsbecken. Eine Denitrifikation oder biologische Phosphorelimination waren nicht vorgesehen. Überschüssiges Phosphat wurde mit Eisenchlorid ($FeCl_3 \cdot H_2O$) vor dem Nachklärbecken gefällt. Die CSB-Schlammbelastung B_{TS} der aeroben Reinigungsstufe betrug 0,15 kg kg^{-1} d^{-1}. Das CSB:BSB_5-Verhältnis war nicht bekannt. Der BSB_5-Anteil war jedoch auf-

Tabelle 3.9 Kenndaten einer industriellen Abwasserreinigungsanlage mit einem dominanten Auftreten von Typ 021N (hier: Fruchtsaftproduktion)

Wichtige Einflußgrößen auf das Vorkommen von Typ 021N	Einheit	Abwasser- bzw. Anlagendaten
CSB_{gesamt} im Zulauf zum Misch- und Ausgleichsbecken	[$g\ l^{-1}$]	2,9
Sauerstoffkonzentration im Misch- und Ausgleichsbecken	[$mg\ l^{-1}$]	0-3
Sauerstoffkonzentration im Belebungsbecken	[$mg\ l^{-1}$]	5,4
Temperatur im Belebungsbecken	[°C]	24,0
pH-Wert im Belebungsbecken	[-]	7,9
Organische Säuren	[$mg\ l^{-1}$]	21,0
Saccharose	[$mg\ l^{-1}$]	32,0
Fructose	[$mg\ l^{-1}$]	88,0
Glucose	[$mg\ l^{-1}$]	40,0
Summe der für Typ 021N gut verwertbaren Substrate	[$mg\ l^{-1}$]	181,0

grund der gut abbaubaren Abwasserqualität als sehr hoch einzuschätzen. Tabelle 3.9 faßt die genannten und weitere wichtige Kenndaten der industriellen Abwasserreinigungsanlage mit Dominanz von Typ 021N zusammen.

Mikroskopisches Bild. Im *Misch- und Ausgleichsbecken* lagen auf Grund der Substratqualität grundsätzlich günstige Wachstumsbedingungen für Typ 021N vor. Durch die hohe CSB-Schlammbelastung B_{TS} von 2,2 kg kg^{-1} d^{-1} und einer gleichzeitig niedrigen Sauerstoffkonzentration kam es zu Faulprozessen, durch die noch zusätzlich organische Säuren und Sulfide gebildet wurden. Da Typ 021N als aerobes Bakterium Substrate unter deutlicher Sauerstofflimitierung nicht für sein Wachstum nutzen kann, vermehrte sich das fadenförmige Bakterium trotz günstiger Substratverhältnisse im Misch- und Ausgleichsbecken nicht. Es konnte sich unter diesen Bedingungen aber auch keine kompakte Flockenstruktur entwickeln, so daß das mikroskopische Bild viele freischwimmende Bakterien zeigte, die allenfalls zu sogenannten „pin-point" („Stecknadelkopf") Flocken aggregiert waren.

Der CSB wurde im Misch- und Ausgleichsbecken trotz niedriger Sauerstoffkonzentration weitgehend abgebaut. Daraus resultierte zwar eine sehr viel niedrigere CSB-Schlammbelastung für das nachfolgende *Belebungsbecken*, die Abwasserqualität war aber nach wie vor günstig für Typ 021N. Bei besserer Sauerstoffversorgung konnte sich das fadenförmige Bakterium auf eine Häufigkeitsstufe von 5 anreichern. Auch die ISV relevante Fädigkeit erreichte Stufe 5.

Die hier vorgestellte Abwasserreinigungsanlage ist ein typisches Beispiel dafür, daß es bei einer für Typ 021N positiven Substratqualität trotz Nährstoffausgleich (N- und P-Dosierung) zu einer übermäßigen Vermehrung des Fadentyps kommen kann. Hohe Konzentrationen an leicht abbaubaren Substraten wie

Glucose, Saccharose und organische Säuren bei gleichzeitig guter Sauerstoffversorgung begünstigen das Wachstum von Typ 021N im Belebungsbecken. Für den deutlichen Einfluß der Substratqualität auf das Wachstum von Typ 021N spricht ferner, daß auch nach vollständigem Entleeren der Anlage und einem Neustart mit nicht fädigem Schlamm bereits nach zwei Wochen eine durch Typ 021N verursachte ISV relevante Fädigkeitsstufe von diesmal sogar 6 erreicht wurde.

Auswirkung auf den Schlammindex. Typ 021N ist ein fädiges Bakterium, das sich schon in geringen Häufigkeiten negativ auf den Schlammindex auswirkt. Die durch Typ 021N verursachte ISV relevante Fädigkeit der Stufe 5 führte zu deutlicher Blähschlammbildung mit einem durchschnittlichen Schlammindex von 380 ml g^{-1}. Neben Typ 021N als dominantem Faden wurden noch Typ 0041/0675 (vgl. Kap. 3.4.2) und *Haliscomenobacter hydrossis* (vgl. Kap. 3.3.5) identifiziert. Sie waren jedoch nur in geringer Anzahl vorhanden bzw. trugen nur unerheblich zum schlechten Absetzverhalten des belebten Schlammes bei.

Fallbeispiel 2: Industrielle Anlage - Brauerei.

Abwasserzusammensetzung. Charakteristisch für Abwasser aus Brauereien sind hohe Konzentrationen organischer Stickstoffverbindungen, die hauptsächlich als Proteine und Aminosäuren vorliegen. Einfache Proteine sind im wesentlichen aus Aminosäuren aufgebaut. Sie enthalten neben Kohlen-, Wasser- und Sauerstoff als viertes Element Stickstoff und häufig auch Schwefel. Die im folgenden dargestellten Abhängigkeiten wurden an einer kontinuierlich betriebenen Versuchsanlage ermittelt. Das eingesetzte „Abwasser" wurde aus Bier und Etikettenleim angemischt. Eine Ammoniumchloridlösung wurde dosiert (7,5 mg l^{-1}), um die Stickstoffkonzentration dem Originalabwasser anzugleichen. Tabelle 3.10 zeigt die CSB-Konzentrationen und die Konzentrationen der Stickstofffraktionen in den „Abwasserbestandteilen" Bier und Leim.

Aufbau der Versuchsanlage. Die Reaktoren der Versuchsanlage wurden gemäß der Verweilzeiten in den Becken der nachgestellten Großanlage dimensioniert. Einer anaeroben Vorreinigungsstufe folgte eine aerobe Hauptreinigung. Im Anschluß an ein Misch- und Ausgleichs- mit anschließendem Sedimentationsbecken wurde das Abwasser in eine auf 30°C temperierte volldurchmischte Vorversäuerung und von dort in einen Methanreaktor geführt. Die anschließende Aerobstufe zur Nitrifikation wurde mit vorgeschalteter Denitrifikation betrieben.

Die durchschnittliche CSB-Schlammbelastung B_{TS} der aeroben Stufe lag bei < 0,15 kg kg^{-1} d^{-1}. Im Belebungsbecken wurde eine Sauerstoffkonzentration von 1,5 mg l^{-1} eingestellt. Um eine vollständige Stickstoffelimination erreichen zu können, war eine Dosierung von zusätzlichem Substrat in die Denitrifikationsstufe nötig. Diese zusätzliche C-Quelle sollte aus Kostengründen möglichst aus den ersten Verfahrensschritten der Abwasserreinigungsanlage selbst oder aber aus der Bierproduktion kommen. Dazu wurden vier Varianten im Versuchsanlagenbetrieb geprüft, im folgenden mit Substrat I, II, II und IV bezeichnet. Tabelle 3.11 zeigt vergleichend die verschiedenen Substrate in ihrer Zusammensetzung.

Die ersten drei Substrate waren einander sehr ähnlich und unterschieden sich lediglich im Grad der Versäuerung, d.h. hinsichtlich der Konzentration an kurzkettigen organischen Säuren. Das Ethanol/Wasser-Gemisch war durch einen im Vergleich zum CSB sehr hohen BSB_5 gekennzeichnet. Die Substrate wurden direkt in das Denitrifikationsbecken dosiert.

Tabelle 3.10 Konzentrationen an CSB und verschiedenen Stickstofffraktionen in Bier und Leim

Parameter	Einheit	Bier	Leim (20 g l^{-1})
CSB	[g l^{-1}]	115,0	6,9
Ammoniumstickstoff	[mg l^{-1}]	0,3	13,1
Protein	[mg l^{-1}]	594,0	406,0
Gesamtstickstoff	[mg l^{-1}]	1000,0	1304,0

Tabelle 3.11 Vergleich der verschiedenen Substrate in ihrer Zusammensetzung

Parameter	Einheit	Ablauf Methanreaktor (Zulauf Deni)	Substrat I Ablauf Vorver-säuerung	Substrat II Ethanol/ Wasser	Substrat III Primär-schlamm	Substrat IV Roh-abwasser
CSB	[mg l^{-1}]	419,0	2662,0	170000	3258,0	2457,0
BSB_5	[mg l^{-1}]	129,0	1852,0	120000	1617,0	1690,0
organische Säuren (C2-C6)	[mg l^{-1}]	10,0	743,0	-	1186,0	114,0
Gesamt-stickstoff	[mg l^{-1}]	44,0	46,8	-	-	70,8
organischer Stickstoff	[mg l^{-1}]	7,5	15,7	-	-	53,9
Ammonium-stickstoff	[mg l^{-1}]	21,8	11,7	-	-	3,1
BSB_5:N-Verhältnis	[-]	100:34	100:0,6	-	-	100:0,2

Mikroskopisches Bild. Während der einzelnen Versuchsphasen zeigte das fadenförmige Bakterium Typ 021N im belebten Schlamm der Laborversuchsanlage ein deutlich subtratabhängiges Wachstum (Abb. 3.11). Bei einer niedrigen CSB-Schlammbelastung B_{TS} von < 0,15 kg kg^{-1} d^{-1}, konstanter Temperatur von 20°C und ausgeglichenem Nährstoffverhältnis im *synthetischen Abwasser* wuchs Typ 021N nicht dominant, kam jedoch auf Grund der relativ hohen Konzentration an organischem Stickstoff mit einer Häufigkeit von 1 im belebten Schlamm vor. Durch Zugabe von *vorversäuertem Abwasser (Substrat I)* mit hohen Konzentrationen an organischen Säuren änderte sich bei gleichbleibend niedriger CSB-Schlammbelastung die Substratqualität zugunsten von Typ 021N. Das fadenförmige Bakterium vermehrte sich im belebten Schlamm bis zu einer Häufigkeit von 5-6. Eine stoßweise Dosierung des *Ethanol/Wasser-Gemisches (Substrat II)* führte zu einem spontanen weiteren Anstieg der Typ 021N-Häufigkeit auf 7.

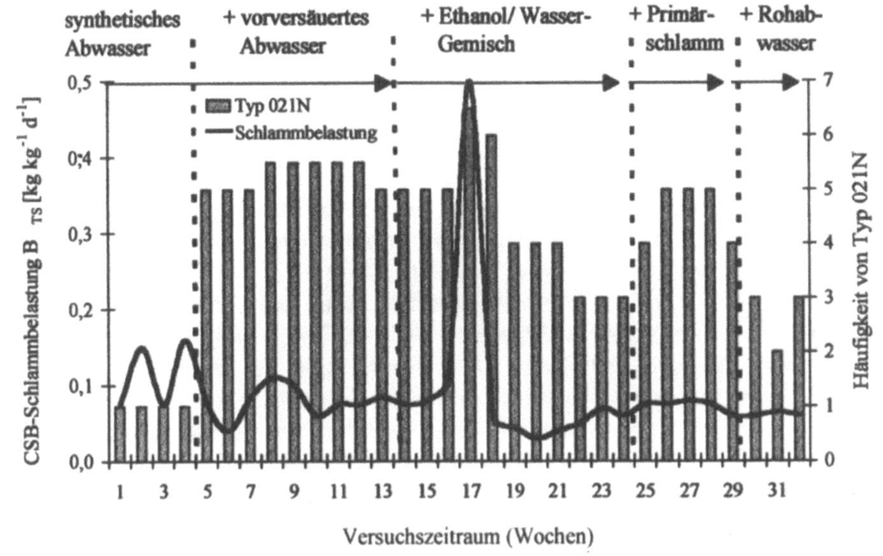

Abb. 3.11 Auswirkung der Substratqualität auf das Wachstum von Typ 021N

Diese explosionsartige Vermehrung wurde dabei nicht durch das Substrat Ethanol hervorgerufen, das von Typ 021N nicht verwertet werden kann, sondern durch die Tatsache, daß es während der Stoßbelastung zu einem Stickstoffmangel im Vergleich zum Kohlenstoffangebot kam. So konnte im weiteren Verlauf der Versuchsphase die Häufigkeit von Typ 021N durch Nährstoffausgleich auf Stufe 3 reduziert werden. Durch die sehr hohen Konzentrationen an organischen Säuren im *Primärschlamm (Substrat III)* wurde bei dessen Dosierung als zusätzliches Substrat die Vermehrung des Fadens Typ 021N erneut induziert, seine Häufigkeit stieg auf Stufe 5 an. Die Zugabe von *Rohabwasser (Substrat IV)* mit einer gegenüber Primärschlamm deutlich geringeren Konzentration an organischen Säuren führte zu einer Reduktion von Typ 021N. Allerdings blieb das fadenförmige Bakterium aufgrund des organischen Säureanteils von 114 mg l^{-1} mit einer Häufigkeit von 3 im belebten Schlamm vorhanden.

Auswirkung auf den Schlammindex. Auch in diesem Fallbeispiel hatte ein Wachstum von Typ 021N deutliche Auswirkungen auf den Schlammindex. Bei einer Häufigkeit von Typ 021N im belebten Schlamm von 1 *(synthetisches Abwasser)* lag der ISV < 100 ml g^{-1}. Bei Zugabe von *vorversäuertem Abwasser (Substrat I)* stieg der ISV parallel zu der Häufigkeit von Typ 021N auf 200 ml g^{-1} an. Unter Stoßbelastungsbedingungen mit dem *Ethanol/Wasser-Gemisch (Substrat II)* wurde zusammen mit einer Fadenhäufigkeit 7 ein ISV von 850 ml g^{-1} gemessen. Bei einer Fadenhäufigkeit von 3 während der Zugabe von *Rohabwasser (Substrat IV)* sank der ISV auf 250 ml g^{-1}.

Fallbeispiel 3: Industrielle Anlage - Muschelverarbeitung.

Abwasserzusammensetzung. Das Abwasser der muschelverarbeitenden Industrie setzte sich aus insgesamt 3 Teilströmen zusammen: Produktionsabwasser, Kochsud und Waschwasser der Muscheln. Hohe Konzentrationen an Essigsäure waren sowohl für das Produktionsabwasser (200 mg l^{-1}) als auch für den Kochsud (240-1153 mg l^{-1}) charakteristisch. Weiterhin war das Gesamtabwasser durch einen hohen Proteinanteil, vornehmlich aus dem Kochsud, gekennzeichnet. Im Verhältnis zu der hohen Konzentration an organischem Stickstoff war die Ammoniumkonzentration im Abwasser gering (Tabelle 3.12). Da die Proteine jedoch innerhalb kurzer Zeit hydrolysiert wurden, war bei einem BSB_5:TKN:P-Verhältnis von 100:13:0,8 nicht von einer Nährstofflimitierung auszugehen.

Abwasserreinigungsverfahren. Das Abwasser aus der Muschelverarbeitung wurde in einer aeroben biologischen Abwasserreinigungsanlage mit Nitrifikation gereinigt. Dabei wurden die drei Abwasserteilströme der Anlage an unterschiedlichen Stellen zugeführt. Das Produktionsabwasser wurde in einem provisorischen unbelüfteten Misch- und Ausgleichsbecken gespeichert und vergleichmäßigt in das Belebungsbecken abgegeben, während der überwiegende Teil des täglich anfallenden Kochsuds, um Geruchsbildung zu vermeiden, direkt in das Belebungsbecken eingeleitet wurde. Eine kleinere Menge Kochsud wurde im Misch- und Ausgleichsbecken zurückgehalten, um sie bei Produktionsstillstand am Wochenende zum Ausgleich schwankender CSB-Frachten in das Belebungsbecken zu geben. Aufenthaltszeiten des Kochsuds im unbelüfteten Misch- und Ausgleichsbecken von 2-3 Tagen führten, insbesondere bei ansteigenden Außentemperaturen, zu Faulprozessen und damit zur Bildung organischer Säuren (Essigsäure). Das Waschwasser wurde in einem Container aufgefangen und während der Produktionszeit des jeweils folgenden Tages kontinuierlich in die Anlage gegeben.

Tabelle 3.12 Kenndaten einer industriellen Abwasserreinigungsanlage mit einem dominanten Auftreten von Typ 021N (hier: Muschelverarbeitung)

Wichtige Einflußgrößen auf das Vorkommen von Typ 021N	Einheit	Abwasser wochentags	Abwasser aus der Reinigung	Abwasser am Wochenende
Ammoniumstickstoff	[mg l^{-1}]	24,9	17,0	60,0
Nitritstickstoff	[mg l^{-1}]	0,1	0,1	0,1
Nitratstickstoff	[mg l^{-1}]	0,9	0,6	0,4
organischer Stickstoff	[mg l^{-1}]	195,1	70,9	64,0
Orthophosphat	[mg l^{-1}]	13,3	61,9*/9,3**	10,7
CSB_{gesamt}	[mg l^{-1}]	2464	871*/722**	878
BSB_5	[mg l^{-1}]	1705	605*/310**	414
CSB / BSB_5	[-]	1,5	2,2*/1,5**	2,1
BSB_5-Schlammbelastung B_{TS}	[kg $kg^{-1}d^{-1}$]	0,09	< 0,001	0,008

* Maximalwerte ** Minimalwerte

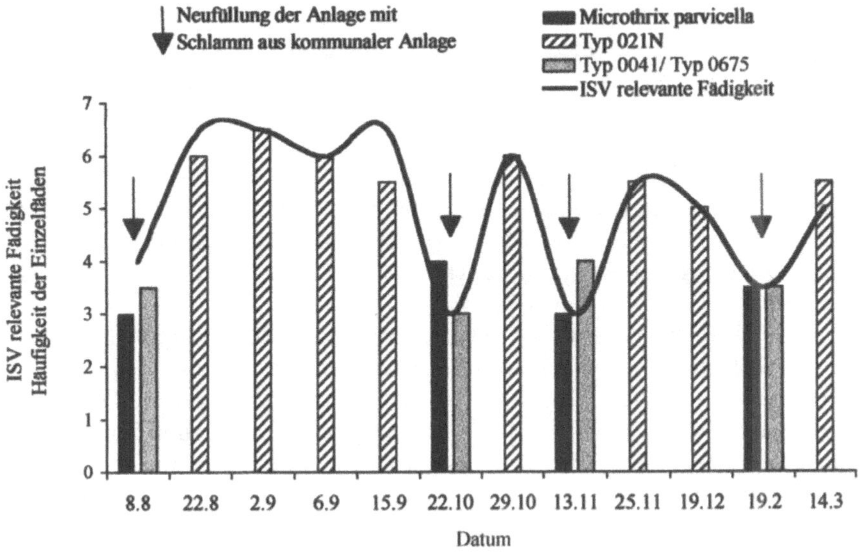

Abb. 3.12 Entwicklung von Typ 021N im belebten Schlamm einer Abwasserreinigungsanlage in der muschelverarbeitenden Industrie

Die BSB_5-Schlammbelastung lag wochentags während der Produktion bei einer B_{TS} von durchschnittlich 0,09 kg kg^{-1} d^{-1}, sank während der täglichen Produktionsreinigung jedoch auf eine $B_{TS} < 0{,}001$ kg kg^{-1} d^{-1} ab. Am Wochenende wurde die Kläranlage mit einer BSB_5-Schlammbelastung B_{TS} von nur 0,008 kg kg^{-1} d^{-1} betrieben.

Mikroskopisches Bild. Die hier vorgestellte industrielle Abwasserreinigungsanlage hatte extreme Probleme mit Typ 021N. Um die biologische Abwasserreinigung überhaupt aufrecht halten zu können und die Probleme durch abtreibenden Schlamm einzugrenzen, wurde die Anlage in regelmäßigen Abständen (August, Oktober, November, Februar) mit belebtem Schlamm einer benachbarten kommunalen Kläranlage neu befüllt. Durch regelmäßige mikroskopische Untersuchungen konnte nachgewiesen werden, daß sich Typ 021N aufgrund der Verfahrenstechnik und der Substratqualität innerhalb von 7 Tagen im belebten Schlamm der industriellen Anlage erneut massenhaft vermehren konnte (Abb. 3.12).

Typ 021N verdrängte den im kommunalen Impfschlamm dominanten Faden *Microthrix parvicella* und den subdominanten Faden Typ 0041/0675 aus dem belebten Schlamm und vermehrte sich innerhalb kürzester Zeit bis zu einer Häufigkeitsstufe von 6-7. Damit verbunden stieg die ISV relevante Fädigkeit auf Werte zwischen 6 und 6-7 an.

Auswirkung auf den Schlammindex. Die Auswirkungen der Verfahrenstechnik und der Substratqualität auf das Wachstum von Typ 021N waren deutlich nachweisbar. Der ISV stieg, ausgehend von ≤ 150 ml g^{-1} am Tage der Neufüllung der Anlage mit kommunalem belebten Schlamm einer benachbarten Kläranlage, bis auf 300-320 ml g^{-1} innerhalb von 7 Tagen an.

Fallbeispiel 4: Kommunale Anlage mit industriellem Einfluß.

Abwasserzusammensetzung. 85% der CSB-Fracht, die der Kläranlage zugeleitet wurde, stammte aus dem industriellen Bereich. Industrieller Haupteinleiter in die kommunale Anlage war ein Betrieb der Milchverarbeitung und der Feinkostproduktion mit stark schwankenden Abwasserfrachten. Die Abwasserqualität war geprägt durch hohe Protein-, Lipid- und Lactatkonzentrationen.

Abwasserreinigungsverfahren. Die Kläranlage wurde als aerobe Schlammstabilisierung mit volldurchmischtem Belebungsbecken betrieben. Die BSB_5-Schlammbelastung B_{TS} betrug durchschnittlich 0,08 kg kg^{-1} d^{-1} bei einem CSB/BSB_5-Verhältnis von 1,8 (Tabelle 3.13).

Grundsätzlich ist Stickstoff im Abwasser ein notwendiger Nährstoff zum Aufbau neuer Zellsubstanz. Die Erfahrungen haben gezeigt, daß das Verhältnis von Kohlenstoffverbindungen (als mg BSB_5) zu Stickstoff (als mg N) im Zulauf zur Belebungsanlage etwa BSB_5:N = 100:5 betragen soll (Mudrack und Kunst 1994).

Stickstoffmangel kann die Reinigungsleistung verschlechtern und/oder die Blähschlammentwicklung fördern. Abbildung 3.13 zeigt, daß im beschriebenen Fallbeispiel das Verhältnis BSB_5/NH_4-N deutlich zu hoch liegt, um eine ausreichende Stickstoffversorgung der Mikroorganismen des belebten Schlammes zu gewährleisten.

Aus dem vorliegenden Beispiel ist zu ersehen, daß es auch bei rechnerisch ausgeglichenem BSB_5:N-Verhältnis im Wochenmittel, im Tagesverlauf zu Ungleichgewichten kommen kann, wenn z.B. die zufließende Ammoniumfracht nicht so stark variiert wie die CSB- bzw. BSB_5-Fracht.

Tabelle 3.13 Kenndaten einer kommunalen Abwasserreinigungsanlage mit deutlich industriellem Einfluß (hier: Milchverarbeitung/Feinkostproduktion) und einem dominanten Auftreten von Typ 021N

Wichtige Einflußgrößen auf das Vorkommen von Typ 021N	Einheit	Abwasser- bzw. Anlagendaten
Sauerstoffkonzentration im Belebungsbecken	[mg l^{-1}]	4,7
Temperatur im Belebungsbecken	[°C]	
im Frühjahr		≤ 15,0
im Herbst		≥ 20,0
pH-Wert im Belebungsbecken	[-]	8,3
CSB_{gesamt} im Zulauf	[mg l^{-1}]	959,0
$BSB_{5,gesamt}$ im Zulauf	[mg l^{-1}]	532,0
CSB / BSB_5	[-]	1,8
BSB_5 / N	[-]	im Tagesgang stark schwankend
BSB_5-Schlammbelastung B_{TS}	[kg $kg^{-1}d^{-1}$]	0,08

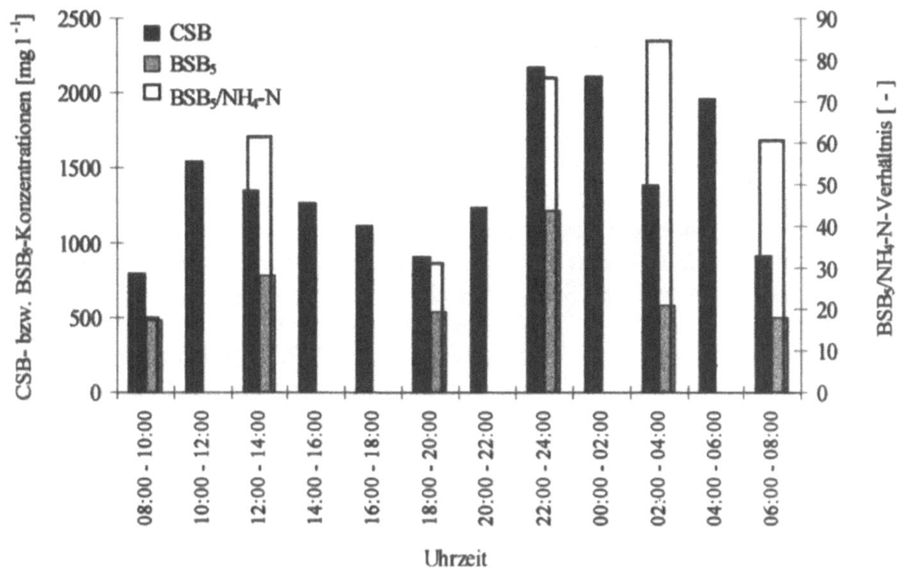

Abb. 3.13 Verhältnis von CSB, BSB_5 und Ammoniumstickstoff im Zulauf zur Abwasserreinigungsanlage über 24 Stunden (jeweils analysiert in 2-Stunden-Mischproben)

Mikroskopisches Bild. Der Fadentyp 021N dominierte auch in diesem Fallbeispiel im Schlamm des Belebungsbeckens, vergesellschaftet mit nocardioformen Actinomyceten. Die ISV relevante Fädigkeit lag zwischen den Stufen 5 und 6. Die Ursache für das massenhafte Auftreten von Typ 021N lag u.a. in den unausgeglichenen Nährstoffverhältnissen. Die ebenfalls häufig vorkommenden nocardioformen Actinomyceten wuchsen auf Grund einer stark erhöhten Fettbelastung des Schlammes durch den industriellen Einleiter. Da die Temperatur im Jahresdurchschnitt jedoch nicht im optimalen Bereich für das Wachstum der nocardioformen Actinomyceten lag, konnten sie sich nicht vollständig in der Biozönose durchsetzen (vgl. Kap. 3.3.2).

Auswirkung auf den Schlammindex. Die im Schlamm des Belebungsbeckens von Typ 021N dominierte ISV relevante Fädigkeit von 5-6 führte zur deutlicher Bildung von Blähschlamm mit einem durchschnittlichen Schlammindex von 675 ml g^{-1}.

Die nocardioformen Actinomyceten trugen nicht wesentlich zum schlechten Absetzverhalten des Schlammes bei. Aufgrund der Hydrophobizität ihrer Zelloberflächen kam es jedoch zu einer massiven Anreicherung nocardioformer Actinomyceten an den Grenzflächen zwischen Wasser und Luft, so daß häufig flotierende Schwimmschlamm- und Schaumdecken auf den Belebungs- und Nachklärbecken zu beobachten waren, die zu erheblichen Betriebsproblemen führten (vgl. Kap. 3.3.2).

3.3.3.3
Bekämpfungsmaßnahmen

Dosierung von Harnstoff zum Ausgleich von Stickstoffmangel.
In Abbildung 3.14 ist eine typische Situation gezeigt, in der stark schwankende CSB-Frachten im Zulauf zu zeitweise mangelnder Stickstoffversorgung im Vergleich zum vorliegenden Kohlenstoffangebot führen. In der Folge kommt es zu einem massiven Wachstum von Typ 021N und dadurch bedingt zu einem drastischen Anstieg des ISV. Durch eine Dosierung von Harnstoff verbessert sich das Absetzverhalten des belebten Schlammes deutlich, trotz weiterhin schwankender CSB-Frachten.

Die Qualität des zum Ausgleich schwankender CSB/N-Verhältnisse verwendeten Stickstoffes ist dabei nicht unerheblich für den Erfolg der Bekämpfungsmaßnahme.

Vergleichende Untersuchungen von Harnstoff- bzw. Ammoniumchloriddosierungen in einer großtechnischen Abwasserreinigungsanlage und einer parallel betriebenen Versuchsanlage zeigten, daß bei kontinuierlicher Dosierung von organischem Stickstoff der ISV von > 1100 ml g^{-1} auf Werte zwischen 200 und 300 ml g^{-1} gesenkt werden konnte (Abb. 3.15), bei gleichzeitig deutlicher Reduktion des Typs 021N im belebten Schlamm. Für Ammoniumchlorid hingegen hat Typ 021N eine deutlich höhere Aufnahmerate als die flockenbildenden nicht fädigen Bakterien. Ein Ausgleich ungünstiger CSB/N-Verhältnisse mit dieser anorganischen Stickstoffverbindung führte daher in der Versuchsanlage nicht zu einer dauerhaften Verdrängung von Typ 021N aus dem belebten Schlamm und damit auch nicht zu einem deutlichen Absinken des ISV (Abb. 3.15).

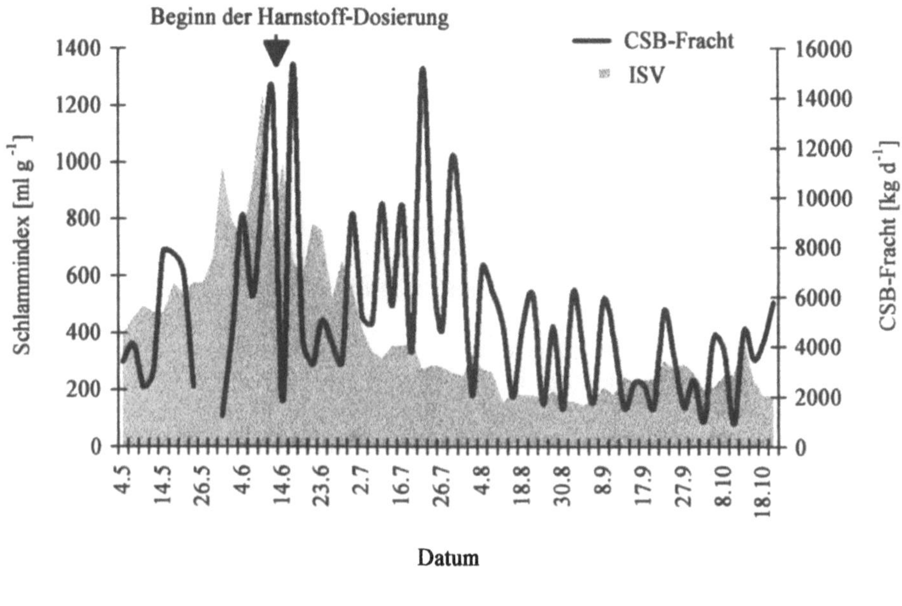

Abb. 3.14 Auswirkung einer Dosierung von Harnstoff auf den Schlammindex bei stark schwankenden CSB-Frachten

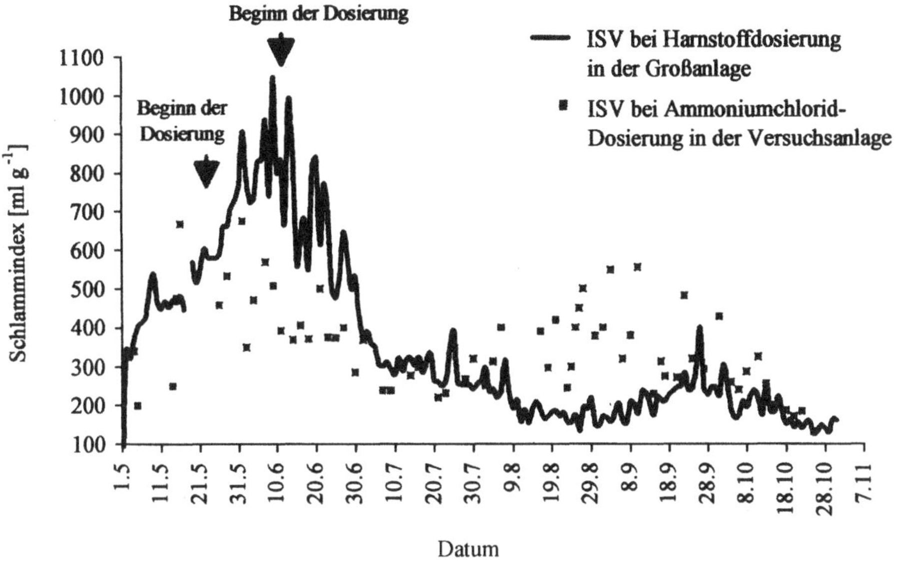

Abb. 3.15 Auswirkung einer Dosierung anorganischer bzw. organischer Stickstoffverbindungen auf den Schlammindex zur Bekämpfung von Typ 021N

Eine Dosierung von Harnstoff führt aber dann nicht zu einer vollständigen Elimination von Typ 021N aus dem belebten Schlamm, wenn eine für das Wachstum dieses Fadens günstige Abwasserqualität, z.B. in Form hoher Lactatkonzentrationen, gegeben ist *(Fallbeispiel 4)*. Lactat ist für Typ 021N als Substrat so gut verwertbar, daß sich der Faden im belebten Schlamm auch bei ausgeglichenen Nährstoffverhältnissen – wenn auch nicht so massiv – vermehren kann.

Dosierung von Eisenchlorid.

Durch Dosierung von Eisenchlorid konnte Typ 021N erfolgreich aus dem belebten Schlamm einer industriellen großtechnischen Anlage zur Reinigung von Brauereiabwasser verdrängt und gleichzeitig der ISV deutlich gesenkt werden. Neben Typ 021N wurden Typ 1851, Typ 0803 und Typ 0092 im belebten Schlamm identifiziert. Die Dosierung von Eisen-III-Chlorid erfolgte zunächst zur Phosphorentfernung und zum Ausfällen von Trübstoffen. Später wurde jedoch in erster Linie zur Schlammbeschwerung dosiert. Bei einem TS-Gehalt von durchschnittlich 4,5 g l^{-1} wurden bis zu 2 Liter $FeCl_3$ pro Kubikmeter Abwasser (190 g Fe pro Liter $FeCl_3$) in den Zulauf zur Belebung dosiert, bis ein 10%iger Eisenanteil am Gesamtgewicht des belebten Schlammes erreicht war (Austermann-Haun et al. 1998). Gleichzeitig kam es zu einer Reduktion der Typ 021N-Häufigkeit im belebten Schlamm bis hin zu seiner vollständigen Elimination (Abb. 3.16). Der Schlammindex sank auf < 150 ml g^{-1} ab. Typ 021N wird demnach durch hohe Eisenanteile im belebten Schlamm aus der Mischbiozönose verdrängt. Da das fadenförmige Bakterium schon in geringer Häufigkeit den ISV

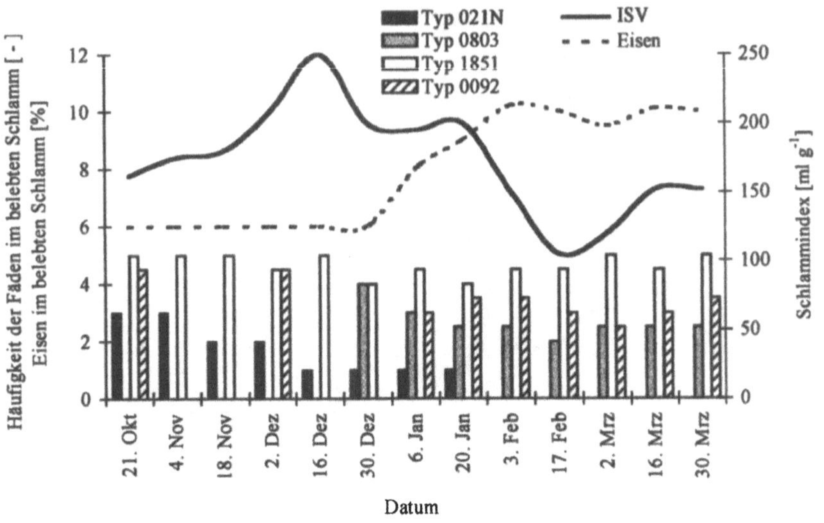

Abb. 3.16 Auswirkung einer Dosierung von Eisenchlorid auf die Häufigkeit der vorkommenden Fäden und den ISV

negativ beeinflußt, verbessert seine Reduktion immer auch das Absetzverhalten des belebten Schlammes. Natürlich führt die Dosierung von Eisenchlorid – unabhängig von der Wirkung des Eisens auf Typ 021N – auch zu einer Beschwerung der Schlammflocke, so daß der verbesserte ISV auch auf diesen Effekt zurückgeführt werden kann. Trotz der hohen Häufigkeit von Typ 1851 von 5 wurde ein ISV-Wert < 150 ml g^{-1} erreicht.

Eine Dosierung von Eisen ist bei der genannten Konstellation fadenförmiger Mikroorganismen im belebten Schlamm eine erfolgversprechende Maßnahme, um den ISV zu senken. Zu gleichen Ergebnissen kommen Yamamoto-Ikemoto et al. (1998). Generell sollte bei dieser Maßnahme aber beachtet werden, daß durch die Eisendosierung nicht die Ursache für das Wachstum von Typ 021N behoben wird und eine dauerhafte, kontinuierliche Dosierung sehr kostenintensiv ist.

Installation eines Selektoreffektes durch Umstellung auf das Sequencing Batch Verfahren (Fallbeispiel 3).

Die Umsetzung des Selektorprinzips in einem Sequencing Batch Reaktor (SBR) war in *Fallbeispiel 3* die verfahrenstechnische Lösung für die Probleme durch Typ 021N (Abb. 3.17). Der SBR unterscheidet sich von kontinuierlich mit Abwasser beschickten Anlagen im wesentlichen durch eine intermittierende Substratzufuhr. Um die sehr hohen Konzentrationen organischer Säuren zu reduzieren, wird nun der hochbelastete Kochsud (ca. 16 g l^{-1} CSB) in der ersten unbelüfteten Stunde vollständig aus dem Kochsudbehälter in den SBR entleert. Anschließend wird während einer einstündigen Belüftungsphase das Produktionsabwasser aus dem neu gebauten *belüfteten* Misch- und Ausgleichsbecken in den SBR geleitet und sieben Stunden lang weiterbelüftet. Im Betriebszyklus des SBR folgt eine Absetzphase und im Anschluß das Abpumpen des Abwassers. Die gesamte Zyklusdauer beträgt 12 Stunden. Der SBR wurde als Stabilisierungsanlage mit einem Schlammalter von 25 Tagen ausgelegt, so daß die Schlammbelastung B_{TS} nach Zugabe des zweiten Zulaufstroms nur etwa 0,1 kg kg^{-1} d^{-1} erreicht.

Durch die intermittierende Art der Abwasserzufuhr wird in einem SBR ein Selektoreffekt hervorgerufen. Typ 021N ist ein fädiges Bakterium, das sich besonders gut mit Essigsäure als Substrat vermehrt. Bei der kontinuierlichen Verfügbarkeit dieses leicht abbaubaren Substrates ist die Aufnahmerate von Typ 021N gegenüber den flockenbildenden Bakterien höher. Bei intermittierender Substratzufuhr wird ein größerer Teil der leicht abbaubaren Abwasserinhaltsstoffe während der hochbelasteten Phasen von den flockenbildenden Bakterien adsorptiv gespeichert und so dem Belebtschlamm-Wasser-Gemisch entzogen. Bei den nachfolgend niedrigen Substratkonzentrationen haben die Fäden keinen Wachstumsvorteil mehr. Die flockenbildenden Bakterien entwickeln sich dominant in der Mischbiozönose und bilden eine kompakte Schlammflocke. Der ISV liegt seit Inbetriebnahme der SBR-Anlage ganzjährig (beobachtet 1997/1998) unter 100 ml g^{-1}. Abbildung 3.17 macht deutlich, daß eine veränderte Verfahrenstechnik bei gleicher Abwasserzusammensetzung dauerhaft zu einer deutlich verbesserten Schlammstruktur führen kann.

Installation eines aeroben Selektors in Kaskadenbetriebsweise.

Im Jahr 1999 wurden detaillierte Untersuchungen zur Wirkung eines aeroben Selektors gegen Typ 021N auf einer kommunalen Kläranlage mit einem 40%igen Abwasseranteil aus Industriebetrieben der Duftstoff- und Aromastoffproduktion durchgeführt (Duine u. Kunst 2000). Die Anlage hatte seit 20 Jahren massive Probleme mit Typ 021N, ohne daß eine dauerhaft wirksame Bekämpfungsstrategie entwickelt werden konnte. Bei der Anlage handelt es sich um eine dreistraßige Belebungsanlage mit 2 Misch- und Ausgleichsbecken für das Industrieabwasser (Verweilzeit von durchschnittlich 36 Stunden). Bei dem für Typ 021N förderlichen leicht abbaubaren Substrat handelt es sich im Fall der beschriebenen Anlage überwiegend um Essigsäure.

Die Wirkung eines aeroben Selektors auf das Wachstum von Typ 021N wurde in einer vor Ort betriebenen halbtechnischen Versuchsanlage erprobt. In insgesamt 5 Phasen wurden sowohl die Aufenthaltszeit im Selektor als auch die Betriebsweise des Selektors variiert (Abb. 3.18). Der Rücklaufschlamm wurde in jeder der 5 Phasen zu 100% über den Selektor geführt.

Phase 1: In der 1. Untersuchungsphase wurde der Selektor mit einer Verweilzeit von 20 Minuten betrieben. Die CSB-Schlammbelastung B_{TS} im Selektor betrug durchschnittlich 11,4 kg kg^{-1} d^{-1}. Aufgrund der erheblichen Sauerstoffzehrung im Selektor mußte eine hohe Belüftungskapazität bereitgestellt werden. Bedingt durch Betriebsstörungen kam es wiederholt zu Sauerstoffunterversorgungen. Nach ca. 2 Wochen wurde mit einer Dosierung von Ammoniumchlorid begonnen, um das Nährstoffverhältnis auszugleichen. Die Einstellungen der Phase 1 zeigten sich als nicht geeignet für eine Unterdrückung von Typ 021N. Der CSB wurde in dieser Phase zu 54% eliminiert, organische Säuren waren im Selektorablauf nicht meßbar. Färbungen mikroskopischer Präparate mit Sudanschwarz machten deutlich, daß es bei den flockenbildenden Bakterien zu einer intensiven Bildung von intrazellulären PHB-Speichern aus Essigsäure kam.

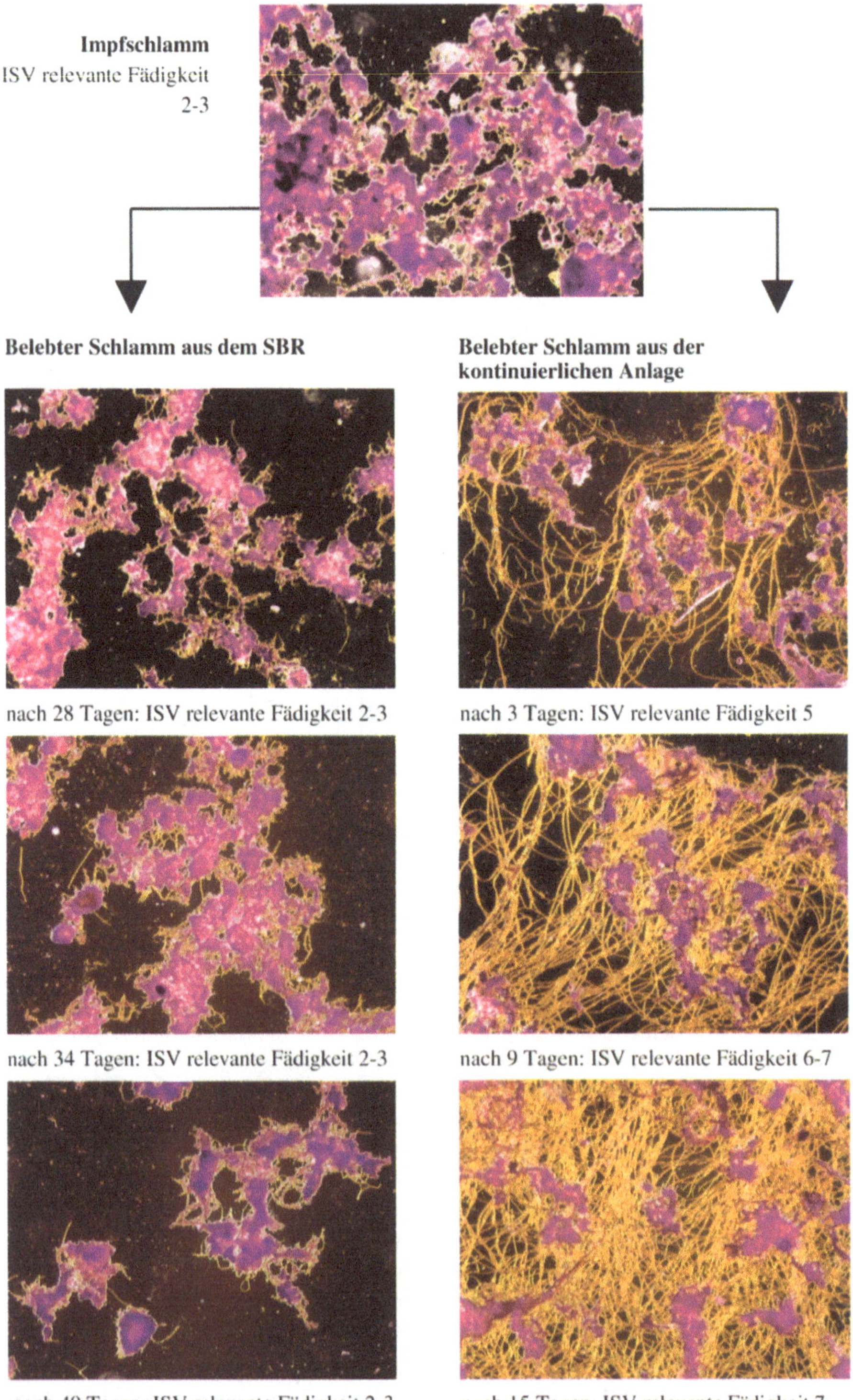

Abb. 3.17 Verbesserung der Schlammstruktur durch Änderung der Verfahrenstechnik

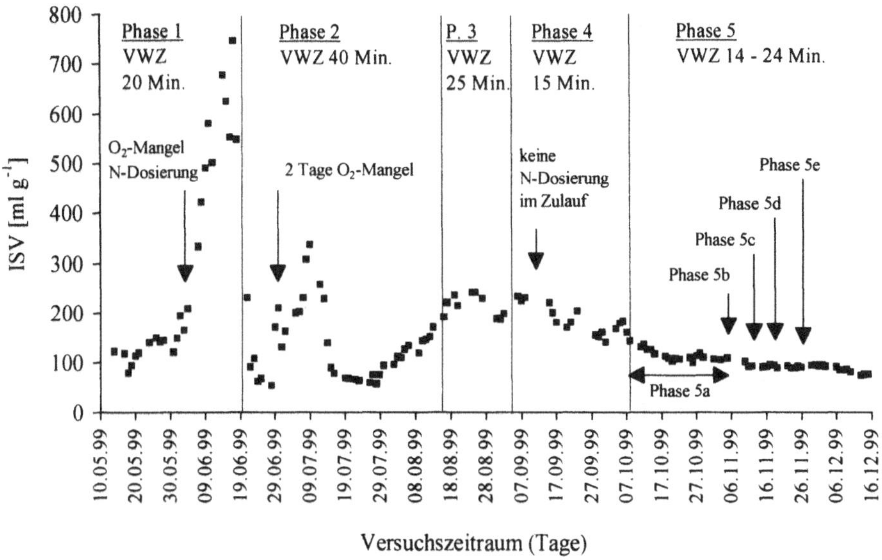

Abb. 3.18 Abhängigkeit des Schlammindex von der Betriebsweise des aeroben Selektors (VWZ = Verweilzeit)

Dennoch war Typ 021N in der Lage, sogar im Selektor massiv anzuwachsen. Der ISV stieg auf Werte > 700 ml g^{-1}. Auffällig war, daß die explosionsartige Vermehrung von Typ 021N nach vorübergehendem Sauerstoffmangel und beginnender N-Dosierung eintrat. Nach N-Mangelsituationen kann Typ 021N Stickstoff mit erhöhter Rate aufnehmen. Zudem bewuchs der Faden die Reaktorwände und Belüftersteine, so daß er sich der eingestellten Verweilzeit z.T. entziehen konnte.

Phase 2: In der 2. Untersuchungsphase wurde die Verweilzeit im Selektor auf 40 Minuten erhöht. Die CSB-Schlammbelastung B_{TS} im Selektor betrug durchschnittlich 4,7 kg kg^{-1} d^{-1}. Die Stickstoffdosierung wurde eingestellt. Der ISV nahm in der Folge deutlich ab, wurde zunächst noch von Störungen in der Belüftung negativ beeinflußt und pendelte sich dann auf ca. 100 ml g^{-1} ein. Der CSB wurde in dieser Phase im Selektor zu 65% eliminiert, organische Säuren waren im Selektorablauf nicht meßbar. Der Betrieb bei einer Verweilzeit von 40 Minuten konnte den ISV aber nicht langfristig niedrig halten. Zum Ende der Betriebsphase stieg der ISV kontinuierlich auf Werte um 200 ml g^{-1}.

Phase 3: Eine Verkürzung der Verweilzeit im Selektor auf 25 Minuten bei einer CSB-Schlammbelastung B_{TS} von durchschnittlich 4,2 kg kg^{-1} d^{-1} brachte kaum positiven Effekt. Der ISV stieg zwar nicht weiter an, stabilisierte sich jedoch bei dem hohen Wert von ca. 200 ml g^{-1}.

Phase 4: In der anschließenden 4. Betriebsphase wurde die Verweilzeit weiter auf 15 Minuten verkürzt. Gleichzeitig mit dieser Maßnahme wurde die auf der Großanlage durchgeführte Dosierung von Harnstoff in den Abwasserzulauf aus der Industrie gestoppt und durch eine Dosierung direkt in die Belebung ersetzt. Als Folge davon gelangte über den Zulauf kein zusätzlicher Harnstoff mehr in den Selektor. Die CSB-Schlammbelastung B_{TS} im Selektor betrug durchschnittlich 7,4 kg kg^{-1} d^{-1}. Der ISV sank auf Werte von ca. 150 ml g^{-1}. Die CSB-Elimination im Selektor ging auf 50% zurück. Im Selektorablauf konnten organische Säuren in einer Konzentration von durchschnittlich 11 mg l^{-1} gemessen werden. Die Verkürzung der Verweilzeit, kombiniert mit einem vollständigen Verzicht auf eine Stickstoffdosierung erwiesen sich in der Tendenz als wirkungsvoll. Ein ISV von ca. 150 ml g^{-1} und die Tatsache, daß sich auch kleine Betriebsstörungen jeweils deutlich negativ auf die Absetzeigenschaften des Schlammes auswirkten, zeigten jedoch, daß die Selektoreinstellung noch nicht optimal war.

Phase 5: In der letzten Untersuchungsphase wurde der Selektor in 3 Kaskaden unterteilt. Die Untersuchungsphase gliederte sich noch einmal in die Phasen 5a-5e, denn es wurden u.a. die Einflüsse erhöhter Rücklaufschlammengen und Belastungen untersucht. Die Verweilzeiten lagen in den verschiedenen Phasen zwischen 14 und 24 Minuten.

In *Phase 5a* betrug die Verweilzeit 24 Minuten. Die CSB-Schlammbelastung B_{TS} erreichte in der 1. Selektorkaskade durchschnittlich 11,3 kg kg^{-1} d^{-1}. Der ISV sank innerhalb von 14 Tagen auf Werte von ca. 100 ml g^{-1}. Der CSB wurde im Selektor um ca. 60% eliminiert. Messungen der organischen Säuren im Selektorablauf ergaben Konzentrationen von durchschnittlich 2,5 mg l^{-1}. Die Schlammstruktur verbesserte sich erheblich. Typ 021N nahm in der Häufigkeit deutlich ab (auf Stufe 2). Durch die Ausgestaltung des Selektors als Kaskade konnten die positiven Schlammeigenschaften dauerhaft stabilisiert werden, so daß auch Betriebsstörungen die Absetzeigenschaften nicht negativ beeinflussen konnten.

Um die Grenzen der Stabilität auszutesten, wurden nachfolgend 4 Phasen von jeweils 7 Tagen Dauer unter extremen Betriebsbedingungen gefahren. In *Phase 5b* wurde der Selektor mit einer CSB-Fracht beaufschlagt, die 50% über der normalen Tagesfracht der Anlage lag. Die Belastungserhöhung wurde mit Industrieabwasser vorgenommen. Die erreichte CSB-Schlammbelastung B_{TS} betrug in der 1. Selektorkaskade durchschnittlich 15,8 kg kg^{-1} d^{-1}. Obwohl sich durch die Belastungserhöhung ein erheblicher Stickstoffmangel einstellte, wurden die Nährstoffverhältnisse nicht ausgeglichen. Der ISV sank während der einwöchigen Betriebsphase weiter auf 90 ml g^{-1}. Die Häufigkeit von Typ 021N erreichte nur noch Stufe 0-1. Eine Verkürzung der Verweilzeit auf 18 Minuten bei weiterhin erhöhter Belastung in *Phase 5c* zeigte ebenfalls keine negativen Auswirkungen. Der ISV blieb bei 90 ml g^{-1}.

In *Phase 5d* wurde das für Typ 021N förderliche leicht abbaubare Substrat durch Zugabe von 250 mg l^{-1} Acetat in den Zulauf zum Selektor erhöht. Die CSB-Schlammbelastung B_{TS} erreichte in der 1. Kaskade durchschnittlich 19,2 kg kg^{-1} d^{-1}. Durch diesen Ansatz sollten Bedingungen nachgestellt werden, in denen der Anlage erhöhte Konzentrationen an leicht abbaubarem CSB aus den Misch- und Ausgleichsbecken zufließt. Die Verweilzeit im Selektor betrug weiterhin 18 Minuten. Durch die Erhöhung der CSB-Konzentration im Zulauf wurde in dieser Phase nur eine 40%ige CSB-Elimination im Selektor erreicht. Die Konzentration organischer Säuren im Ablauf des Selektors lag bei 20 mg l^{-1}. Der ISV sank mit Werten zwischen 85 und 90 ml g^{-1} sogar noch etwas gegenüber Phase 5c. Typ 021N kam weiterhin nur ganz vereinzelt im belebten Schlamm vor. Eine weitere Verkürzung der Verweilzeit im Selektor auf 14 Minuten in *Phase 5e* unter Beibehaltung der Acetat-Aufstockung führte zu einer weiteren Abnahme des ISV auf Werte zwischen 75 und 80 ml g^{-1}. Der CSB wurde im

Selektor um 30% vermindert. Die Konzentration an organischen Säuren erreichte im Selektorablauf 30 mg l^{-1}.

Zusammenfassend ergibt sich aus den hier vorgestellten Untersuchungen, daß ein aerober Selektor mit ausreichender Sauerstoffzufuhr das Wachstum von Typ 021N erfolgreich begrenzen kann, wenn die eingestellte Verweilzeit kurz genug ist, um eine Speicherung des leicht abbaubaren Substrats zu gewährleisten, ohne daß es bereits im Selektor zum Wachstum veratmet werden kann. So sind auch die genannten CSB-Eliminationsraten im Selektor zu verstehen. Der CSB wird im Selektor adsorptiv an die Schlammflocken gebunden und erst im Belebungsbecken aerob veratmet. Die bauliche Ausführung des Selektors als Kaskade stabilisiert den positiven Effekt erheblich. Auf der beschriebenen Anlage wird ein Selektor als 3er Kaskade realisiert werden.

Kein Erfolg durch Installation eines aeroben Selektors in kontinuierlich mit Abwasser beschickter Anlage (Fallbeispiel 4).

Die Installation eines belüfteten Selektors mit einer CSB-Schlammbelastung B_{TS} > 6 kg kg^{-1} d^{-1} und einer Aufenthaltszeit ≤ 30 Minuten zeigte keine Auswirkung auf die Dominanz von Typ 021N im belebten Schlamm in *Fallbeispiel 4*. Der ISV sank nicht unter 200 ml g^{-1}. Es zeigte sich, daß ein Selektor dann unwirksam gegen Typ 021N ist, wenn ausschließlich auf die CSB-Konzentration im Selektorablauf geachtet wird. Begründet ist dies in der Abhängigkeit der Wachstumsrate von der Substratqualität. Es ist in besonderem Maße wichtig, die Qualität des CSB zu beachten. So müßte für eine industrielle Kläranlage, die hauptsächlich Abwasser aus der Verarbeitung von Molkereiprodukten reinigt, d.h. hohe Konzentrationen an Lactat im Zulauf hat, die CSB-Konzentration im Ablauf des Selektors deutlich unter 60 mg l^{-1} liegen, und nicht bei 60 mg l^{-1} wie von Shao u. Jenkins (1989) bzw. Jenkins et al. (1993) empfohlen. Dies ist bedingt durch die hohe Affinität von Typ 021N für das Substrat Lactat (Tabelle 3.14). In einem durch Lactat geprägten Abwasser scheint Typ 021N auch unter Selektorbedingungen in der Lage zu sein, im aeroben Becken schnell zu wachsen, so daß es trotz Selektor zu einer Anreicherung von Typ 021N im Belebungsbecken kommt.

Kein Erfolg durch Installation eines anoxischen Selektors in kontinuierlich mit Abwasser beschickter Anlage (Fallbeispiel 3).

Die Installation eines unbelüfteten Selektors mit einer CSB-Schlammbelastung B_{TS} von 15 kg kg^{-1} d^{-1} und einer Aufenthaltszeit von 23 Minuten zeigte keine positive Wirkung auf die Häufigkeit von Typ 021N im belebten Schlamm. Es war sogar ein deutlicher Anstieg der ISV relevanten Fädigkeit von Stufe 3 auf 7 zu verzeichnen, die durch Typ 021N dominiert war. Zeitgleich stieg der ISV innerhalb von 10 Tagen nach Inbetriebnahme des Selektors von 272 auf 1263 ml g^{-1}.

Die Speicherung des ohnehin schon organische Säuren enthaltenden Abwassers in einem anaeroben/anoxischen Misch- und Ausgleichsbecken führte zum Einsetzen von Faulprozessen im proteinhaltigen Abwasser und damit zur verstärkten Bildung organischer Säuren. Diese organischen Säuren werden von Typ 021N unter anoxischen Bedingungen im Selektor aufgenommen und zur Bildung von Schwefeleinlagerungen im Faden genutzt. Im Belebungsbecken, bei ausrei-

Tabelle 3.14 Wachstumsparameter des fadenförmigen Bakteriums Typ 021N bei unterschiedlichen Substratqualitäten

Wachstums-parameter	Einheit	Glucose *	Essigsäure **	Lactat *
K_S	$[mg\,l^{-1}]$	< 1,0	0,07	< 1,0
μ_{max}	$[d^{-1}]$	3,8	3,8	3,5-4,0

* Richard et al. 1985 ** Van Niekerk 1987

chender Sauerstoffversorgung, wird der eingelagerte Schwefel dann oxidiert, um Energie für die Zellvermehrung zu gewinnen (Schwefeloxidation). Typ 021N gehört zu den Bakterien, die befähigt sind, anorganische Verbindungen oder Ionen wie z.B. Sulfid-Ionen, Sulfit-Ionen oder elementaren Schwefel als Elektronendonatoren zu verwerten und durch deren Oxidation Energie für synthetische Prozesse zu gewinnen. Die Energiegewinnung erfolgt durch Atmung mit Sauerstoff als terminalem Wasserstoffakzeptor.

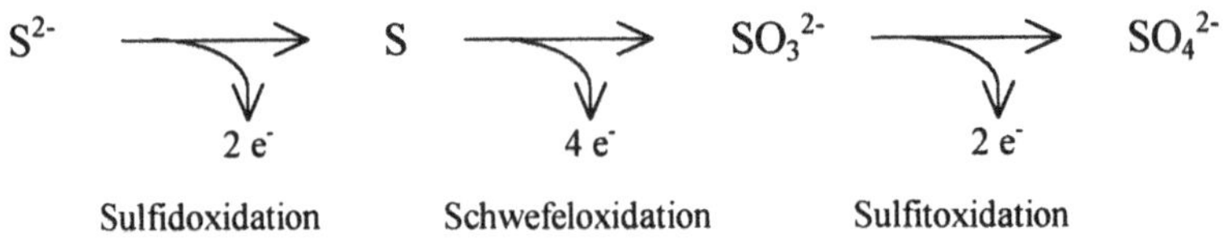

Sulfid wird zu Sulfat oxidiert. Als Zwischenprodukt kann elementarer Schwefel vorübergehend intrazellulär in Form von Schwefeltröpfchen angehäuft werden (Abb. 3.19 und Abb. 3.20). Aus der Tatsache, daß die flockenbildenden nicht fädigen Bakterien größtenteils nicht zur Schwefeloxidation befähigt sind, resultiert für Typ 021N ein Selektionsvorteil. Sauerstoffmangel fördert demnach direkt die Population von Typ 021N, da die Substratqualität unter anoxischen Bedingungen positiv für den Faden verändert wird. Zum Verbrauch des Schwefels aus den Granula und dem daraus resultierenden Energiegewinn, d.h. zum Wachstum, braucht Typ 021N jedoch aerobe Verhältnisse.

Vermeiden von Faulprozessen.

Um die Entstehung der für Typ 021N förderlichen reduzierten Schwefelverbindungen zu verhindern, sollten Faulprozesse im Kanalnetz und in Becken oder Beckenzonen der Kläranlage vermieden werden. Gegebenenfalls sind Belüftung und/oder Durchmischung von Reaktoren zu optimieren, Kanal- und Schlammleitungen von Ablagerungen zu räumen und gezielte Maßnahmen zur Reduktion von z.B. Schwefelwasserstoff im Zulauf zur Belebung zu ergreifen.

Selektive Vernichtung durch Dosierung von Zusatzstoffen wie Oxidationsmittel oder Kalk.

Nach Kappeler (1998) sind Zusatzstoffe wie Oxidationsmittel und Kalk, deren selektive Wirkung darauf beruht, daß sie Fäden in der flüssigen Phase zwischen den Schlammflocken angreifen, gegen Typ 021N kurzfristig wirksam, da dieser Faden im hohen Maße zwischen den Flocken wächst. Eine Dosierung sollte sehr

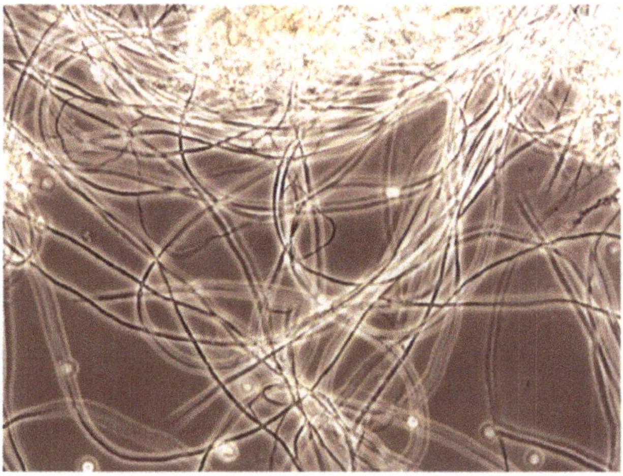

Abb. 3.19 Belebter Schlamm aus dem Belebungsbecken der industriellen Anlage zur Reinigung von Abwasser aus der Muschelverarbeitung. Typ 021N ohne helle lichtbrechende Schwefelgranula. Lebendpräparat im Phasenkontrast, 640fache Vergrößerung.

Abb. 3.20 Belebter Schlamm aus dem anoxischen Selektor der industriellen Anlage zur Reinigung von Abwasser aus der Muschelverarbeitung. Typ 021N mit hellen lichtbrechenden Schwefelgranula. Lebendpräparat im Phasenkontrast, 640fache Vergrößerung.

vorsichtig erfolgen, da auch alle anderen Bakterien grundsätzlich angegriffen werden und sich nur durch eine Position in den Schlammflocken bei niedrigeren Anwendungskonzentrationen schützen können. Da Typ 021N so eindeutig durch die Abwasserqualität selektiert wird, ist der Erfolg der Dosierung von Zusatzstoffen meist mit Beendigung der Maßnahme hinfällig. So kann eine Aufkalkung auf pH-Werte von 10-11 kurzfristig helfen, bei optimaler Substratversorgung folgt dem Ende der Maßnahme aber ein rasantes „Wiederauferstehen" der Typ 021N-Population.

Weder die von Lemmer (1992) angegebene zweimalige Schockbelastung mit H_2O_2 über 8 Stunden in den Rücklaufschlamm, noch ein Erhöhung der Dosis hatten einen signifikanten Effekt auf das Vorkommen von Typ 021N. 6-7 Tage nach Erhöhung der Dosis wurde allerdings eine Lysis der flockenbildenden Bakterien und damit ein Flockenzerfall festgestellt. Auch eine Dosierung von H_2O_2 mit Pausen brachte in einer industriellen Anlage mit Abwasser aus der Fruchtsaftproduktion und in einer kommunalen Anlage mit industriellem Indirekteinleiter aus der Milchverarbeitung keinen Effekt. Dosiert wurde jeweils über 3 Tage 8 bzw. 24 Stunden täglich, danach 3 Tage pausiert.

3.3.3.4
Zusammenfassender Literaturabgleich für Typ 021N

Zusammenfassend ergibt sich für die *Selektionsfaktoren*, daß Typ 021N durch eine hohe Konzentration leicht abbaubarer Substrate (z.B. kurzkettige Fettsäuren) und/oder reduzierte Schwefelverbindungen im Zulauf stark gefördert wird. Bei niedrigen Schlammbelastungen wächst Typ 021N bei gleichzeitig unausgeglichenen Nährstoffverhältnissen. Dabei führen niedrige Ammoniumkonzentrationen alleine nicht zwingend zu einer Dominanz von Typ 021N, sondern Phasen hoher Stickstoffkonzentrationen gefolgt von Stickstoffmangelsituationen. Unter solchen Bedingungen kann Typ 021N kurzfristig Ammonium in großer Rate speichern. Ammoniumdefizite für die Dauer von einer Stunde, gefolgt von Phasen mit überschüssigem Ammonium reichen aus, um die variable Ammoniumaufnahmefähigkeit von Typ 021N zu induzieren und ihm einen Wachstums- und Selektionsvorteil in einer Mischkultur zu ermöglichen (Richard et al. 1985).

Neben der Fähigkeit von Typ 021N unter limitierten Ammoniumkonzentrationen zu wachsen, kann Typ 021N ein weites Spektrum leicht abbaubarer Kohlenstoffverbindungen, wie einfache Zucker (z.B. Glucose, Saccharose), Alkohole und organische Säuren (z.B. Lactat) verwerten (Nielsen et al. 1998). Richard et al. (1985) geben den Gehalt organischer Säuren, bei dem Typ 021N gut wächst, mit 150 mg l^{-1} an. Die hier zusammengestellten Ergebnisse entsprechen den Resultaten von Richard et al. (1985) und Van Niekerk (1987), nach denen die Affinität von Typ 021N für die genannten Substrate sehr hoch, daher die K_S-Werte für diese Substrate sehr niedrig sind. Typ 021N erreicht mit den Substraten Glucose und Lactat hohe Wachstumsgeschwindigkeiten von μ_{max} 3,5 d^{-1} bzw. μ_{max} 3,8-4,0 d^{-1}. Aus den Wachstumsraten wird deutlich, warum Typ 021N in Kläranlagen, die Abwässer aus der Verarbeitung von Molkereiprodukten und der Fruchtsaftproduktion reinigen, innerhalb von 2 bis 3 Tagen anwächst bzw. innerhalb von 14 Tagen zu massiven Blähschlammproblemen mit ISV-Werten > 500 ml g^{-1} führen kann. Die hier beschriebene Entwicklung von Typ 021N in industriellen Kläranlagen von Brauereien, der Frucht-, Gemüse- oder allgemein Nahrungsmittelverarbeitung entspricht den zusammengestellten Daten von Lemmer (1992) sowie den Untersuchungen von Wagner (1982) und Rosenwinkel (1994, 1995, 1996). Ferner fand Mino (1995) Typ 021N dominant speziell bei der milchverarbeitenden Industrie. Auch die hier genannten Selektionsfaktoren entsprechen im wesentlichen den von Lemmer (1992) zusammengestellten.

Hinsichtlich der *Bekämpfung* von Typ 021N scheint eine intermittierende Substratzufuhr bei einem SBR-Betrieb (Selektoreffekt) am wirksamsten von allen

Maßnahmen zu sein und wurde erstmals 1987 im Reinkulturversuch von Van Niekerk et al. beschrieben. Sie ist aber leider häufig aufgrund der Notwendigkeit baulicher Maßnahmen nicht unmittelbar umzusetzen. Auch ein aerober Selektor in Kaskadenbauweise zeigte sich erfolgreich gegen Typ 021N (Duine u. Kunst 2000). Kroiss (1985) konnte durch Installation eines aeroben Selektors in einer kontinuierlich betriebenen industriellen Anlage in der Zuckerrübenverarbeitung Typ 021N verdrängen. Prendl u. Kroiss (1998) verweisen nach ihren Erfahrungen mit einem aeroben Selektor in einer mit Zucker und kurzkettigen Fettsäuren belasteten Anlage auf die Bedeutung der Regeneration des belebten Schlammes. Im Selektor wird das gelöste leicht abbaubare Substrat durch Speicherung in den Bakterienzellen entfernt. Die Speicherfähigkeit eines belebten Schlammes ist begrenzt. Für den erfolgreichen Betrieb eines Selektors ist es wichtig, daß der Schlamm die Möglichkeit hat, das gespeicherte Substrat im Belebungsbecken abzubauen und so seine Speicherfähigkeit zu regenerieren. Verschiedene Richtwerte für das Selektordesign werden von Shao u. Jenkins (1989), Chudoba u. Wanner (1987) sowie Prendl u. Kroiss (1998) angegeben. Die Zusammenstellungen berücksichtigen zwar die Substratquantität (CSB) im Ablauf des Selektors, lassen jedoch die Substratqualität unberücksichtigt. Da die Wachstumsraten von Typ 021N ganz erheblich von der Substratqualität abhängen, sei an dieser Stelle ausdrücklich darauf hingewiesen, daß die Bestimmung der CSB-Zusammensetzung vor Einrichtung eines Selektors wichtig ist. Um das passende Selektordesign (Aufenthaltszeit, O_2-Eintrag etc.) auszuwählen, sollte in Batchversuchen geklärt werden, welche Adsorptionsleistung ein belebter Schlamm für die leicht abbaubaren Abwasserinhaltsstoffe hat.

3.3.4 *Thiothrix* sp.

3.3.4.1 *Wachstumscharakteristika und Selektionsfaktoren*

- *Thiothrix* sp. gehört zu den Schwefelbakterien. Sie sind befähigt, reduzierte Schwefelverbindungen als Elektronendonatoren zu verwerten und durch deren Oxidation Energie für synthetische Prozesse zu gewinnen. Die Energiegewinnung erfolgt durch Atmung mit Sauerstoff als terminalem Wasserstoffakzeptor (vgl. auch Typ 021N, Kap. 3.3.3). Bei der Oxidation von Sulfid zu Sulfat kann elementarer Schwefel als Zwischenprodukt vorübergehend intrazellulär in Form von Schwefeltröpfchen angehäuft werden. Das Ausmaß der Schwefelspeicherung ist vom Schwefelwasserstoffgehalt des Milieus abhängig.
- Schwefelwasserstoff entsteht durch anaerobe Sulfatreduktion im Kanal, bei langen anaeroben Speicherzeiten des Abwassers z.B. in Misch- und Ausgleichsbecken, bei langen Aufenthaltszeiten und/oder unzureichender Schlammräumung in der Vorklärung und bei unzureichender Belüftung und/oder Umwälzung in den Belebungsbecken. Schwefelbakterien sind daher als Indikatororganismen für Faulprozesse in Rohrleitungen oder Anlagenbecken zu werten.
- Hohe Sulfidkonzentrationen führen zum Wachstum von *Thiothrix* sp. in kommunalen und industriellen Kläranlagen. Die BSB_5-Schlammbelastung der

betroffenen Anlagen kann dabei in einem weiten Bereich zwischen 0,15 und 0,6 kg kg^{-1} d^{-1} variieren (Arbeitsbericht der ATV-Arbeitsgruppe 2.6.1, 1998). In Schwachlastanlagen (BSB_5-Schlammbelastung < 0,12 kg kg^{-1} d^{-1}) mit Nitrifikation/Denitrifikation oder Bio-P-Anlagen spielen Schwefelbakterien i.d.R. keine Rolle.

- Hohe Konzentrationen an kurzkettigen Fettsäuren wirken zusätzlich wachstumsfördernd auf *Thiothrix* sp. Da kurzkettige Fettsäuren ebenfalls unter reduzierenden Bedingungen im Abwasserlauf gebildet werden (z.B. in Leitungen oder unbelüfteten Misch- und Ausgleichsbecken), gehen hohe Konzentrationen von kurzkettigen Fettsäuren oft mit hohen Sulfidkonzentrationen einher.

3.3.4.2 Auftreten in industriellen Anlagen

Da *Thiothrix* sp. in ausschließlich kommunalen Anlagen eher selten zu beobachten ist, beschränkt sich die folgende Darstellung auf eine industrielle Anlage mit einer für *Thiothrix* sp. sehr günstigen Substratqualität.

Fallbeispiel: Industrielle Anlage - Produktion von Chemikalien.

Abwasserzusammensetzung. Das Abwasser des Industriebetriebes war produktionsbedingt gekennzeichnet durch hohe Konzentrationen an einwertigen Alkoholen und Acetat. Hohe Sulfidkonzentrationen entstanden durch lange Aufenthaltszeiten im unbelüfteten Misch- und Ausgleichsbecken.

Abwasserreinigungsverfahren. Der biologische Teil der Betriebskläranlage bestand aus zwei parallelen Straßen. Jede setzte sich aus einer vorgeschalteten Denitrifikation, einer anschließenden Nitrifikation und einem Nachklärbecken zusammen. Tabelle 3.15 faßt wichtige Abwasser- bzw. Anlagendaten zusammen.
Mikroskopisches Bild. Die mikroskopischen Untersuchungen wurden regelmäßig einmal wöchentlich über einen Zeitraum von einem Jahr durchgeführt. Dabei wurde deutlich, daß *Thiothrix* sp. aufgrund der Substratqualität während des gesamten Untersuchungszeitraums im belebten Schlamm vorhanden war. Bei erhöhter Acetatproduktion in der Chemikalienherstellung und dadurch bedingt erhöhter Acetatkonzentration im Abwasser kam es jeweils zu einer starken Zunahme von *Thiothrix* sp. im belebten Schlamm. Die Häufigkeit des fädigen Organismus ging jeweils deutlich zurück, sobald wieder andere Produktionsschwerpunkte gesetzt wurden. Das Wachstum von *Thiothrix* sp. war damit direkt abhängig von der Konzentration an kurzkettigen organischen Säuren (insbesondere Acetat), bei **gleichzeitiger** Anwesenheit reduzierter Schwefelverbindungen. Die BSB_5-Schlammbelastung B_{TS} lag mit 0,22 kg kg^{-1} d^{-1} im mittleren Bereich. Neben *Thiothrix* sp. (Häufigkeit 3) konnten Typ 0041/0675 (vgl. Kap. 3.4.2) und *Haliscomenobacter hydrossis* (vgl. Kap. 3.3.5) (beide ebenfalls Häufigkeit 3) im belebten Schlamm identifiziert werden.

Tabelle 3.15 Kenndaten einer industriellen Abwasserreinigungsanlage mit einem dominanten Auftreten von *Thiothrix* sp. (hier: Chemikalienproduktion)

Wichtige Einflußgrößen auf das Vorkommen von *Thiothrix* sp.	Einheit	Abwasser- bzw. Anlagendaten
Sauerstoffkonzentration im Belebungsbecken	[$mg\ l^{-1}$]	4,0
pH-Wert im Belebungsbecken	[-]	7,4
Temperatur im Belebungsbecken	[°C]	20,0
CSB_{gesamt} im Zulauf zum Belebungsbecken	[$g\ l^{-1}$]	1,1
$BSB_{5,gesamt}$ im Zulauf zum Belebungsbecken	[$g\ l^{-1}$]	0,8
CSB / BSB_5	[-]	1,4
BSB_5-Schlammbelastung B_{TS}	[$kg\ kg^{-1}\ d^{-1}$]	0,22
BSB_5 / Ammoniumstickstoff	[-]	100:6

Auswirkung auf den Schlammindex. Bei einer Häufigkeit von 3 im belebten Schlamm hat *Thiothrix* sp. nur einen geringen Einfluß auf den Schlammindex. Gleiches gilt für *H. hydrossis*. Der ISV lag bei etwa 100 ml g^{-1}, stieg aber bei Produktion von Acetat und zunehmender Häufigkeit von *Thiothrix* sp. (Stufe 5) bis auf > 200 ml g^{-1} an. Typ 0041/0675 führt auch bei sehr hohen Häufigkeiten nicht zu einer Verschlechterung des Absetzverhaltens belebter Schlämme (vgl. Kap. 3.4.2) und war daher im Fallbeispiel von untergeordneter Bedeutung.

3.3.4.3 Bekämpfungsmaßnahmen

Die Bekämpfungsmaßnahmen für *Thiothrix* sp. ergeben sich im wesentlichen aus den Selektionsfaktoren:

Vermeidung von langen unbelüfteten Speicherzeiten des Abwassers.
Da *Thiothrix* sp. im wesentlichen durch die Substratqualität selektiert wird, sollte bei vermehrtem Auftreten des Fadens geprüft werden, ob durch Vermeidung anaerober Speicherzeiten das Angebot an kurzkettigen organischen Säuren (z.B. Acetat) und reduzierten Schwefelverbindungen eingeschränkt werden kann.

Vermeidung von Schlammablagerungen durch unzureichende Umwälzung.
In schlecht belüfteten bzw. nicht ausreichend umgewälzten Becken kommt es häufig zu „Totzonen", in denen sich Schlamm ablagern kann. Unter Sauerstoffabschluß kommt es in diesen Bereichen zu Faulprozessen und damit zur Bildung des für *Thiothrix* sp. günstigen Substrats. Abhilfe kann z.B. durch verstärktes Rühren zur Optimierung der Durchmischung geschaffen werden.

Verbesserung der Sauerstoffversorgung im Belebungsbecken.

Thiothrix sp. ist aerob bzw. mikroaerophil und an niedrige Sauerstoffkonzentrationen angepaßt. Dies bedeutet aber nicht, daß man den fädigen Organismus immer durch eine Erhöhung der Sauerstoffkonzentration im Belebungsbecken aus der Mischbiozönose verdrängen kann. Die Maßnahme greift nur dann, wenn die für *Thiothrix* sp. verwertbaren Substrate, wie Acetat und Sulfid, durch Faulprozesse direkt im Belebungsbecken gebildet werden und diese Bildung durch eine verbesserte Sauerstoffversorgung zu unterbinden ist. Gelangen dagegen Acetat und Sulfid über den Zulauf in das Belebungsbecken kann *Thiothrix* sp. auch bei höheren Sauerstoffgehalten aufgrund seiner Stoffwechseleigenschaften gut wachsen. Neben einer chemolithoautotrophen Lebensweise ist auch ein heterotrophes und mixotrophes Wachstum für *Thiothrix* sp. beschrieben. Mixotrophe Stämme benötigen eine organische Kohlenstoffquelle und Thiosulfat oder Sulfid als Energiequelle. Sowohl Acetat als auch Sulfid können demnach im Belebungsbecken förderlich für *Thiothrix* sp. sein. Die Bekämpfungsmaßnahme muß im genannten Fall bereits vor dem Belebungsbecken greifen, indem die reduzierten Schwefelverbindungen durch z.B. Vorbelüftung des Zulaufs zumindest minimiert werden bzw. eine Entstehung kurzkettiger organischer Säuren hier möglichst weitgehend verhindert wird.

3.3.4.4
Zusammenfassender Literaturabgleich für Thiothrix sp.

Zusammenfassend ergibt sich für die *Selektionsfaktoren*, daß ein vermehrtes Wachstum von *Thiothrix* sp. im wesentlichen durch die Abwasserqualität bedingt ist, häufig aber erst durch verfahrenstechnische Mängel zum Problem wird.

Oft sind lange anaerobe Speicherzeiten des Abwassers, Sauerstoffdefizite und unbelüftete, schlecht durchmischte „Totzonen“ in Anlagenbecken primäre Ursache für eine Veränderung der Abwasserqualität und eine Entwicklung von *Thiothrix* sp., speziell bei höheren Schlammbelastungen (Lee et al. 1996). Frühere Untersuchungen zeigen, daß Sulfidkonzentrationen von 0,06-1,9 mg l^{-1} nach Farquhar u. Boyle (1972) bzw. 10 mg l^{-1} nach Williams u. Unz (1985) das Wachstum von *Thiothrix* sp. begünstigen. Für Schwefelwasserstoff werden Konzentrationen bis zu 30 mg l^{-1} angegeben (Merkel 1975). Ferner begünstigen hohe Konzentrationen organischer Säuren im Abwasser das Wachstum des fädigen Organismus. Aufgrund ähnlicher Ansprüche an Abwassersubstrate wird *Thiothrix* sp. häufig zusammen mit Typ 021N (vgl. Kap. 3.3.3) im belebten Schlamm gefunden (Lee et al. 1996).

Hinsichtlich der *Bekämpfung* von *Thiothrix* sp. sind jedwede Maßnahmen sinnvoll, die zu einer Vermeidung von Faulprozessen in Rohrleitungen und Becken führen.

Über die Wirkung eines aeroben Selektors auf das Wachstum von *Thiothrix* sp. ist aus der Praxis wenig bekannt. Aufgrund der Verwandtschaft mit dem Fadentyp 021N kann, nach Ansicht der ATV-Arbeitsgruppe 2.6.1 (1998), ein aerober Selektor – unter Berücksichtigung der im Arbeitsbericht formulierten Bemessungsparameter – auch wirksam gegen *Thiothrix* sp. sein.

Die von Shuttleworth u. Unz (1991) erzielte Wachstumshemmung von *Thiothrix* sp. durch Kupfer- und Nickelionen in Konzentrationen von 0,04 µM bzw. 8,27 µM wurde bisher lediglich im Reinkulturversuch beschrieben, so daß ein eventuell negativer Effekt auf die Gesamtbiozönose des belebten Schlammes nicht ausgeschlossen werden kann. Durch die zusätzliche Schwermetallbelastung, die mit dieser Maßnahme einhergeht, ist der Einsatz derartiger Stoffe grundsätzlich in Frage zu stellen!

Eine Dosierung von Wasserstoffperoxid in das Belebungsbecken zur Aufhebung der reduzierenden Bedingungen oder zur direkten Zerstörung von *Thiothrix* sp. wurde insbesondere von Jenkins et al. (1993) empfohlen. Bei dieser Bekämpfungsmaßnahme besteht jedoch die Gefahr, daß zu niedrige Konzentrationen *Thiothrix* sp. nicht schädigen, während zu hohe Konzentrationen schnell toxisch auf die restliche Biozönose des belebten Schlammes, insbesondere die Nitrifikanten, wirken. Diese Maßnahme ist daher nicht über einen längeren Zeitraum empfehlenswert.

3.3.5 *Haliscomenobacter hydrossis*

3.3.5.1 Wachstumscharakteristika und Selektionsfaktoren

- *Haliscomenobacter hydrossis* dominiert im belebten Schlamm von belüfteten Misch- und Ausgleichsbecken, in Belebungsbecken nach anoxischen oder anaeroben Misch- und Ausgleichsbecken und in Belebungsbecken kommunaler und industrieller Abwasserreinigungsanlagen bei kontinuierlicher Abwasserbeschickung, wenn
  - P-Mangel herrscht,
  - hohe anorganische oder organische Stickstofffrachten (Ammonium bzw. Proteine) das Belebungsbecken erreichen **und**
  - gleichzeitig leicht abbaubare Substrate vorhanden sind.
  - im Tagesrhythmus häufig Sauerstoffmangelsituationen entstehen. Durch Sauerstoffmangel erhält *H. hydrossis* – bei gleichzeitig niedrigen BSB_5-Konzentrationen im Zulauf – einen Wachstumsvorteil gegenüber flockenbildenden Bakterien.
- Treten hohe Stickstofffrachten nur zeitweise auf (z.B. Ammoniumstöße mit darauf folgenden Stickstoffmangelsituationen), bei gleichzeitig hohen Gehalten organischer Säuren und/oder reduzierter Schwefelverbindungen, wird *H. hydrossis* in der Mischbiozönose von Typ 021N verdrängt (vgl. Kap. 3.3.3).
- *H. hydrossis* wächst temperaturtolerant im Bereich zwischen 6 und 30 °C.
- *H. hydrossis* wächst unabhängig von der BSB_5-Schlammbelastung ab einer $B_{TS} \geq 0{,}01$ kg kg^{-1} d^{-1}. Hohe Schlammalter begünstigen das Wachstum von *H. hydrossis*.

3.3.5.2 Auftreten in kommunalen und industriellen Anlagen

In den nachfolgenden Fallbeispielen aus der Praxis werden Anlagen mit typischen Selektionsfaktoren für *H. hydrossis* vorgestellt.

Fallbeispiel 1: Industrielle Anlage - Deponiesickerwasser.

Abwasserzusammensetzung. Das in der Abwasserreinigungsanlage zu behandelnde Abwasser stammte im wesentlichen aus (Alt-)Deponien und Kompostwerken sowie aus der Restabfallbehandlung. Ein kleinerer Anteil häusliches Abwasser war ebenfalls enthalten. Charakteristisch für das Gesamtabwasser waren hohe CSB/BSB_5-Verhältnisse, die durch Zugabe von Ethylenglykol abgesenkt wurden. Etwa 2/3 des BSB_5 im Zulauf zur Belebung wurden als Alkohol zugegeben.

Abwasserreinigungsverfahren. Die Abwasserreinigungsanlage bestand aus einem Ausgleichsspeicher, einer vorgeschalteten Denitrifikation (Deni 1), darauf folgend zwei parallelen Nitrifikationsbecken und einem Nachklärbecken. Das in diesen Verfahrensschritten gereinigte Abwasser wurde in einem Zwischenspeicher aufgefangen. Anschließend folgte eine weitere Denitrifikationsstufe (Deni 2), eine Nachbelüftungsstufe und eine weitere Nachklärung. In beide Denitrifikationsstufen wurde Ethylenglykol zur Aufstockung des geringen Substratangebotes dosiert. Eine Besonderheit stellten die beheizbaren Nitrifikationsbecken dar, in denen die Temperatur ganzjährig bei > 20°C lag. Im Sommer wurden Temperaturen bis 30°C erreicht. Tabelle 3.16 faßt wichtige Abwasser- und Anlagendaten zusammen.

Mikroskopisches Bild. *H. hydrossis* wurde mit einer Häufigkeit von 3-4 im belebten Schlamm der Sickerwasserreinigungsanlage identifiziert. Aufgrund der niedrigen Schlammbelastung und der konstant hohen Temperatur trat Typ 0092 subdominant (Häufigkeit 2-3) im belebten Schlamm auf (vgl. Kap. 3.4.1). Auch *N. limicola* erreichte eine Häufigkeit von 2-3 (vgl. Kap. 3.4.3).

Tabelle 3.16 Kenndaten einer industriellen Abwasserreinigungsanlage mit einem dominanten Auftreten von *H. hydrossis* (hier: Deponiesickerwasser)

Wichtige Einflußgrößen auf das Vorkommen von *H. hydrossis*	Einheit	Abwasser- bzw. Anlagendaten
Sauerstoffkonzentration im Nitrifikationsbecken	[mg l^{-1}]	1,0-2,0
pH-Wert im Nitrifikationsbecken	[-]	7,0
Temperatur im Nitrifikationsbecken	[°C]	> 20,0
Ammoniumstickstoff im Zulauf zur Anlage	[g l^{-1}]	1,0
Orthophosphat im Zulauf zur Anlage	[mg l^{-1}]	6,0
CSB_{gesamt} im Zulauf zur Anlage	[g l^{-1}]	2,5
$BSB_{5,gesamt}$ im Zulauf zur Anlage	[g l^{-1}]	0,5
CSB / BSB_5	[-]	5,0
BSB_5 im Zulauf zum Nitrifikationsbecken	[g l^{-1}]	1,2
BSB_5-Schlammbelastung B_{TS}	[kg kg^{-1} d^{-1}]	
bezogen auf Deni I und Nitri		0,01
bezogen auf Nitri		0,03

Die Ammoniumkonzentration im Zulauf zur Anlage lag mit einem durchschnittlichen Wert von 1 g l^{-1} sehr hoch. Bei gleichzeitig niedriger BSB_5-Schlammbelastung B_{TS} von $\leq 0{,}03$ kg kg^{-1} d^{-1} und einer ganzjährig hohen Durchschnittstemperatur von ≥ 20°C vermehrte sich *H. hydrossis* sehr gut im belebten Schlamm der Anlage. Einen positiven Einfluß auf das Wachstum von *H. hydrossis* hatte auch die Dosierung von Ethylenglykol zur Steigerung der Denitrifikationsleistung.

Auswirkung auf den Schlammindex. Aufgrund der sehr niedrigen Schlammbelastung und der häufig vorkommenden *H. hydrossis*-Fäden war die Flocke locker strukturiert und unregelmäßig geformt, setzte sich schlecht ab und führte daher zu einem Schlammindex von 174 ml g^{-1}. Typ 0092 und *N. limicola* gehören zu den fädigen Bakterien, die kaum Einfluß auf das Absetzverhalten des belebten Schlammes haben.

Ähnliche Bedingungen, unter denen ein vermehrtes Wachstum von *H. hydrossis* (Häufigkeit 4) zu Blähschlamm führte, konnten auch in einer anderen Deponiesickerwasseranlage festgestellt werden. Die Anlage bestand aus einer vorgeschalteten Denitrifikation, einem Belebungsbecken, einem Tauchtropfkörper, Nachklärbecken und einer Umkehrosmose-(Filtrations-)einheit. Die Sauerstoffkonzentration im Belebungsbecken lag mit 0,5 mg l^{-1} niedrig. Die Temperaturen im Belebungsbecken und im Tauchtropfkörper lagen im Winter bei 18,4°C. Hohe CSB- und Ammoniumkonzentrationen bei gleichzeitig niedrigen BSB_5- und PO_4-P-Konzentrationen kennzeichneten die Anlage. Zur Unterstützung der Denitrifikation wurde Methanol dosiert.

Fallbeispiel 2: Industrielle Anlage - Produktion von Fertiggerichten und Lebensmittelkonserven.

Abwasserzusammensetzung. Das Abwasser aus der Produktion von Fertiggerichten und Lebensmittelkonserven war geprägt durch stark schwankende CSB- und BSB_5-Konzentrationen, bei gleichzeitig unausgewogenem BSB_5/N-Verhältnis und niedrigem pH-Wert.

Abwasserreinigungsverfahren. Die Vorbehandlung des anfallenden Abwassers vor Einleitung in die kommunale Kläranlage bestand aus einer Siebung, einer nachgeschalteten zweistraßigen Vorbelüftung mit anschließender Sedimentation und einem belüfteten Misch- und Ausgleichsbecken zum biologischen Teilabbau. Tabelle 3.17 zeigt die wichtigsten Abwasser- bzw. Anlagendaten.

Mikroskopisches Bild. Die mikroskopische Untersuchung des belebten Schlammes aus dem Misch- und Ausgleichsbecken zeigte eine ISV relevante Fädigkeit von 6-7. Vereinzelte „Flocken“ bestanden zum größten Teil aus Knäuelen von *H. hydrossis*, der mit einer Häufigkeit von 3 vorhanden war. Auch zwischen diesen „Flocken“ waren massenhaft fädige Mikroorganismen, vorwiegend vom Typ 021N, vertreten. Nicht fädige flockenbildende Bakterien kamen in der Mischbiozönose kaum vor.

H. hydrossis wurde in der beschriebenen Anlage durch die hohe Belastung an Stickstoffverbindungen, bei gleichzeitig niedrigen Sauerstoff- und BSB_5-Konzentrationen selektiert. Aus der Tatsache, daß die Konzentration an Ammoniumstickstoff im Zulauf stets niedrig lag, kann abgeleitet werden, daß *H. hydrossis* in der Lage ist, neben Ammonium auch organische Stickstoffverbindungen unter sauerstofflimitierten Bedingungen für sein Wachstum zu nutzen (Abb. 3.21).

Tabelle 3.17 Kenndaten einer industriellen Abwasserreinigungsanlage mit einem Auftreten von *H. hydrossis* (hier: Produktion von Fertiggerichten und Lebensmittelkonserven)

Wichtige Einflußgrößen auf das Vorkommen von *H. hydrossis*	Einheit	Abwasser- bzw. Anlagendaten
Sauerstoffkonzentration im Misch- und Ausgleichsbecken	$[mg\ l^{-1}]$	
soll		2,0
ist		< 0,5
pH-Wert im Zulauf	[-]	5,7-8,3
Temperatur im Zulauf	[°C]	23,0-35,0
Ammoniumstickstoff im Zulauf zum Misch- und Ausgleichsbecken	$[mg\ l^{-1}]$	3,0-10,0
$Stickstoff_{gesamt}$ im Zulauf zum Misch- und Ausgleichsbecken	$[mg\ l^{-1}]$	40,0-150,0
CSB_{gesamt} im Zulauf zum Misch- und Ausgleichsbecken	$[g\ l^{-1}]$	1,8-5,0
$BSB_{5,gesamt}$ im Zulauf zum Misch- und Ausgleichsbecken	$[g\ l^{-1}]$	1,0-2,9
CSB / BSB_5	[-]	1,4-2,4
BSB_5 / N	[-]	
tagsüber		< 20,0
nachts und früh morgens		> 20,0

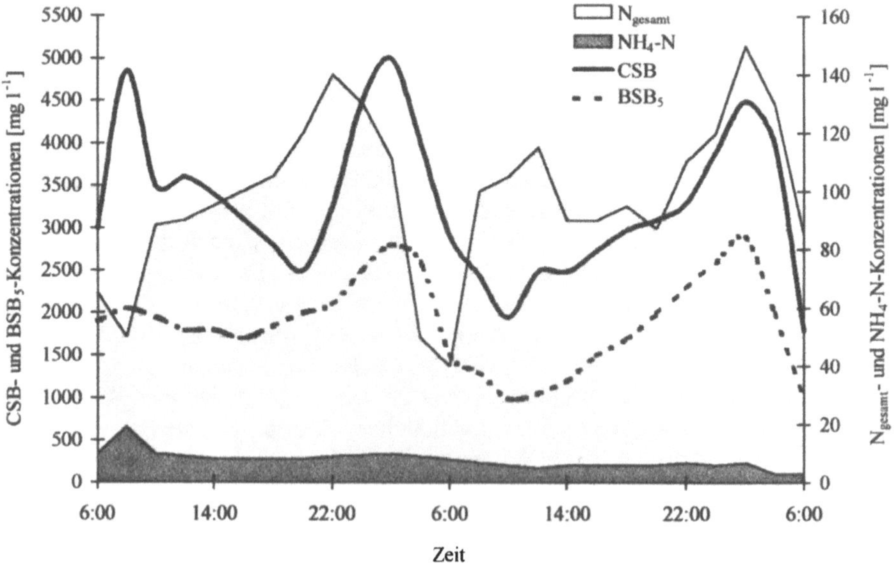

Abb. 3.21 Stickstoff- und CSB- bzw. BSB_5-Konzentrationen im Zulauf zum Misch- und Ausgleichsbecken einer industriellen Anlage mit einem Vorkommen von *H. hydrossis* im belebten Schlamm (Tagesgang)

Kontinuierliche Sauerstoffmessungen im Misch- und Ausgleichsbecken während einer Woche (tagsüber und nachts) zeigten, daß der eingestellte Sollwert von 2 mg l^{-1} häufig nicht erreicht wurde. In Phasen höherer BSB_5-Belastung herrschte aufgrund einer hohen Sauerstoffzehrung, bei gleichzeitig z.T. beschädigten Belüfterelementen, eine mangelhafte Sauerstoffversorgung. Während der Woche wurden oft Sauerstoffkonzentrationen nahe 0 mg l^{-1} gemessen.

Das Vorkommen von Typ 021N mit einer Häufigkeit von 3-4 ließ sich durch Gär- und Faulprozesse aufgrund z.T. anaerober Verhältnisse erklären, die zur Bildung von organischen Säuren und Sulfiden führten. Diese Substrate in Kombination mit Stickstoffmangelsituationen in den frühen Morgenstunden begünstigten das Wachstum von Typ 021N (vgl. Kap. 3.3.3). Neben *H. hydrossis* und Typ 021N trat *N. limicola* mit einer Häufigkeit von 5-6 im belebten Schlamm auf.

Auswirkung auf den Schlammindex. Aufgrund des Vorkommens von *H. hydrossis* und Typ 021N setzte sich der belebte Schlamm mit einem ISV von 200 ml g^{-1} schlecht ab. Dabei ist zu betonen, daß der Einfluß von Typ 021N auf den ISV – verglichen mit *H. hydrossis* – aufgrund der Wuchsform und der etwas höheren Häufigkeit stärker einzuschätzen war. *N. limicola* hat auch bei hohen Häufigkeiten (5-6) keinen oder nur einen geringen Einfluß auf den ISV (vgl. Kap. 3.4.3).

Vorkommen von *H. hydrossis* in anderen industriellen Anlagen.

Abgesehen von den beschriebenen Fallbeispielen wurde *H. hydrossis* in belebten Schlämmen aus den Misch- und Ausgleichsbecken bzw. Belebungsbecken von drei Brauereikläranlagen identifiziert. Aufgrund der unterschiedlichen Milieubedingungen der Anlagen kam er dort nicht immer dominant vor (vergesellschaftet mit Typ 1851, Typ 0041, *N. limicola*, Typ 021N, Typ 0092), jedoch in Häufigkeiten zwischen 3 und 5. Allen Anlagen gemeinsam war das zu reinigende Brauereiabwasser, das sich durch hohe organische Stickstoffgehalte (Proteine) und einen leicht abbaubaren BSB_5 auszeichnet. Es ist davon auszugehen, daß *H. hydrossis* auch unter nicht optimalen Milieubedingungen vorkommt, wenn für ihn gut verwertbares Substrat zur Verfügung steht. Sind gleichzeitig optimale Milieubedingungen (z.B. niedrige Sauerstoffkonzentrationen) für sein Wachstum vorhanden, dominiert *H. hydrossis* über andere fädige und flockenbildende Bakterien im belebten Schlamm.

Fallbeispiel 3: Kommunale Anlage ohne industriellen Einfluß.

Abwasserzusammensetzung. Das Abwasser der kommunalen Kläranlage war gekennzeichnet durch sehr hohe Ammoniumkonzentrationen im Zulauf, bei gleichzeitig hohem CSB/BSB_5-Verhältnis.

Abwasserreinigungsverfahren. Die kleine Kläranlage (> 50 EW) verfügte über eine Vorreinigungsstufe, in der die groben Schwimm- und Sinkstoffe abgeschieden wurden. Der anfallende Primärschlamm wurde zusammen mit dem Überschußschlamm aus dem Belebungsbecken in der Vorreinigung gespeichert und ausgefault. Das Abwasser gelangte über die Vorreinigung in das Belebungsbecken und von dort in die Nachklärung. Wichtige Abwasser- bzw. Anlagendaten sind Tabelle 3.18 zu entnehmen.

Tabelle 3.18 Kenndaten einer kommunalen Abwasserreinigungsanlage mit einem Auftreten von *H. hydrossis*

Wichtige Einflußgrößen auf das Vorkommen von *H. hydrossis*	Einheit	Abwasser- bzw. Anlagendaten
Sauerstoffkonzentration im Belebungsbecken	[mg l^{-1}]	0,4-8,0 stark schwankend, meist < 1,0
pH-Wert im Zulauf	[-]	7,9
Temperatur des zufließenden Abwassers	[°C]	
Januar		6,0
September		>20,0
Ammoniumstickstoff im Zulauf zur Belebung	[mg l^{-1}]	8,0-78,0
CSB_{gesamt} im Zulauf zur Belebung	[mg l^{-1}]	93,0-853,0
$BSB_{5,gesamt}$ im Zulauf zur Belebung	[mg l^{-1}]	20,0-500,0
CSB / BSB_5	[-]	1,2-7,7
BSB_5-Schlammbelastung B_{TS}	[kg kg^{-1} d^{-1}]	0,02-0,26

Mikroskopisches Bild. Im Fallbeispiel hatte die Abwassertemperatur einen wesentlichen Einfluß auf die Abwasserqualität und in der Folge auf das Vorkommen von *H. hydrossis.* Im Winter, bei Temperaturen um 6 °C im Belebungsbecken, wurde *H. hydrossis* bei einer durchschnittlichen BSB_5-Schlammbelastung B_{TS} von 0,1 kg kg^{-1} d^{-1} aufgrund der stark schwankenden Ammoniumfrachten mit einer Häufigkeit von 5-6 dominant. Ein Vergleich der Abb. 3.21 und 3.22 zeigt, daß hohe und schwankende Stickstoffkonzentrationen in Kombination mit niedrigen BSB_5-Zulaufkonzentrationen zu einer Dominanz von *H. hydrossis* führen, egal ob die Schwankungen bereits im Tagesgang auftreten oder erst bei der Betrachtung längerer Zeiträume sichtbar werden.

Im Belebungsbecken herrschte zeitweise Sauerstoffmangel, der erst durch kontinuierliche Messungen über einen längeren Zeitraum nachgewiesen wurde. In manchen Anlagen treten Sauerstoffkonzentrationen auf, die im Tages- oder Wochendurchschnitt als ausreichend (> 1 mg l^{-1}) erscheinen, während genauere Aufzeichnungen von Tagesgängen Phasen mit Sauerstoffmangel nachweisen.

Bedingt durch die Verfahrensführung entstanden im vorliegenden Fallbeispiel bei wärmeren Temperaturen > 20°C in der Vorreinigungsstufe, die gleichzeitig als Ausfaulzone diente, vermehrt organische Säuren und Sulfide. Traten zusätzlich stark schwankende Stickstoffkonzentrationen im Zulauf auf, wurde Typ 021N mit einer Häufigkeit von 5-6 dominant (vgl. Kap. 3.3.3). Durch die Kombination aus hohen und schwankenden Stickstoffkonzentrationen, einer gleichzeitig niedrigen BSB_5-Schlammbelastung **und** dem Vorhandensein organischer Säuren und/oder Sulfiden wurde Typ 021N gegenüber *H. hydrossis* dominant und verdrängte ihn schließlich aus dem belebten Schlamm.

Bei niedrigen Temperaturen und durchschnittlich niedriger BSB_5-Schlammbelastung war außerdem *M. parvicella* im Schlamm vertreten (Häufigkeit 2).

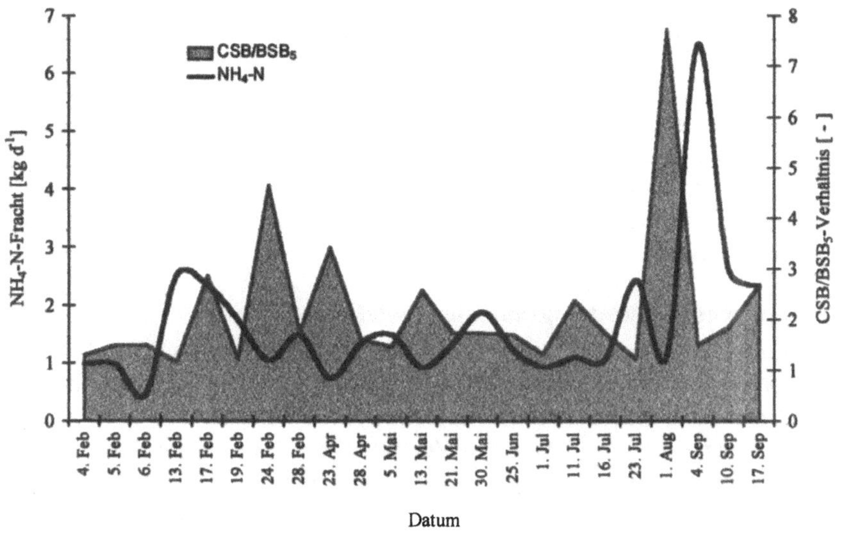

Abb. 3.22 Zulaufcharakteristika einer kommunalen Kläranlage mit einem Vorkommen von *H. hydrossis*

Aufgrund der im Wochengang stark schwankenden BSB_5-Schlammbelastung wurde der fädige Organismus im vorliegenden Beispiel nicht dominant.

Auswirkung auf den Schlammindex. Der ISV des belebten Schlammes lag ganzjährig > 150 ml g^{-1}. Im Winter führte die Dominanz von *H. hydrossis* zu einem durchschnittlichen ISV von 588 ml g^{-1}. Im Sommer, bei einem dominanten Auftreten von Typ 021N, stieg der ISV auf > 1000 ml g^{-1} an. Da beide fädigen Organismen einen deutlichen Einfluß auf das Absetzverhalten von belebten Schlämmen haben, wurde – trotz wechselnder Dominanz der Fäden – ganzjährig Blähschlamm verzeichnet, verbunden mit der Gefahr von Biomasseabtrieb in den Vorfluter. *M. parvicella* hatte aufgrund seines Vorkommens in geringer Häufigkeit von 2 keinen Einfluß auf den ISV.

3.3.5.3
Bekämpfungsmaßnahmen

Vermeidung von Sauerstoffmangelsituationen.

Sauerstoffkonzentrationen z.B. in Belebungsbecken sollten detailliert im Tagesgang überprüft werden. Gegebenenfalls ist die Sauerstoffversorgung zu optimieren.

Optimierung des BSB_5/P-Verhältnisses (Fallbeispiel 1).

In Anlagen mit deutlichem P-Mangel konnte das Wachstum von *H. hydrossis* verschiedentlich durch P-Dosierung zum Ausgleich des Mangels vollständig unterdrückt werden.

Auch im *Fallbeispiel 1* wurde durch die Dosierung von H_3PO_4 ein sehr gutes Absetzverhalten des belebten Schlammes der zweiten biologischen Stufe erreicht. Durch die Zugabe von Phosphorsäure wurde das BSB_5/P-Verhältnis in der zweiten biologischen Stufe auf einen für die Ausbildung einer kompakten Flocke günstigen Wert von 100:1 angehoben. *H. hydrossis* konnte zwar nicht vollständig aus dem belebten Schlamm der beschriebenen Anlage verdrängt werden, die kompaktere Flockenstruktur, unterstützt durch ein dichtes Wachstum von *Zoogloea* sp., führte aber zu einer deutlichen Verbesserung der Absetzbarkeit des belebten Schlammes.

Einrichtung eines Substratgradienten (Selektor).

Eine gleichmäßige Substratverteilung im Reaktor wirkt sich grundsätzlich positiv auf das Wachstum von *H. hydrossis* aus. Im Umkehrschluß bedeutet dies, daß es sich bei der Installation einer intermittierenden Substratzufuhr, einer Pfropfenströmung oder einer hochbelasteten Vorstufe (Selektor) um geeignete Bekämpfungsmaßnahmen handelt. Nach Erfahrungen der ATV-Arbeitsgruppe 2.6.1 „greift" ein aerober Selektor gegen *H. hydrossis*, wenn das Belebungsverfahren so gestaltet ist, daß das leicht abbaubare Substrat im Selektor vollständig eliminiert wird (Arbeitsbericht der ATV-Arbeitsgruppe 2.6.1, 1998).

Kalkdosierung zur Erhöhung des pH-Wertes.

Nach Diekmann u. Faby (1988) setzt bei einem pH-Wert von 9 eine Wachstumshemmung von *H. hydrossis* ein, da das als Wachstumsfaktor benötigte Calcium als Calcit ausfällt. In der Tendenz konnte eine solche Hemmung bei einer industriellen Abwasserreinigungsanlage mit Problemen durch *H. hydrossis* beobachtet werden. Hier zeigte sich eine Kalkdosierung jeweils für die Dauer von 8 Stunden in 3 aufeinanderfolgenden Nächten erfolgreich. Mit Hilfe der Kalkdosierung wurde der pH-Wert im Rücklaufschlamm auf 9-10 angehoben. Für eine dauerhaft geringe *H. hydrossis*-Häufigkeit muß eine „Erhaltungsdosierung" alle 14 Tage für jeweils 2 Tage wie oben beschrieben durchgeführt werden. Es wird deutlich, daß eine einmalige Erhöhung des pH-Wertes das Problem nicht langfristig lösen kann, da der Faden bei ansonsten günstigen Bedingungen immer wieder anwächst. Im vorliegenden Fall ist hierfür vor allem ein konstanter P-Mangel verantwortlich. Da eine dauerhafte P-Dosierung vom Industriebetrieb aus wirtschaftlichen Erwägungen nicht gewünscht ist, müssen eher unspezifische Maßnahmen die nötige Entlastung bringen.

Kein Erfolg durch niedrige pH-Werte (Fallbeispiel 2).

Stark schwankende und saure pH-Werte bis 5,7 beeinflußten das Wachstum von *H. hydrossis* im *Fallbeispiel 2* nicht.

Dosierung von Zuschlagstoffen (Fallbeispiel 1).

Der Einsatz von Zuschlagstoffen zur Verbesserung des Absetzverhaltens führte lediglich zu hohen Kosten, nicht aber zum gewünschten Erfolg.

3.3.5.4
Zusammenfassender Literaturabgleich für H. hydrossis

Zusammenfassend ergibt sich für die *Selektion* von *H. hydrossis* beim gemeinsamen Vorkommen mit Typ 021N im belebten Schlamm der folgende Zusammenhang: Entscheidend für das dominante Wachstum von *H. hydrossis* über Typ 021N ist, daß Stickstoff in hohen Konzentrationen vorhanden ist, aber keine Stickstoffmangelsituationen auftreten. Unter entsprechenden Bedingungen wird *H. hydrossis* weder durch hohe Sulfidkonzentrationen, noch durch hohe Konzentrationen organischer Säuren zugunsten von Typ 021N aus dem belebten Schlamm verdrängt. Für das dominante Wachstum von Typ 021N ist es dagegen wesentlich, daß Phasen mit deutlichem Stickstoffmangel im Verhältnis zum CSB bzw. BSB_5 im Zulauf vorhanden sind. Ferner wirken sich niedrige Sauerstoffkonzentrationen selektiv begünstigend auf das Wachstum von *H. hydrossis* aus.

Die hier dargestellten Ergebnisse bzgl. hoher organischer Stickstoffkonzentrationen, die die Selektion von *H. hydrossis* begünstigen, entsprechen den Erkenntnissen von Lemmer (1992), erweitern sie aber dahingehend, daß die Konzentrationen dauerhaft hoch sein müssen, um *H. hydrossis* dauerhaft dominant zu selektieren.

Zucker enthaltendes Abwasser kann von *H. hydrossis* selektiv verwertet werden (Lemmer 1990). Hinweise hierauf finden sich auch bei Aufderheide (1982), die Reinkulturen von *H. hydrossis* in 20%iger Saccharose-Lösung kultivierte. Jenkins et al. (1993) geben für *H. hydrossis* niedrige Sauerstoffkonzentrationen als begünstigend für das Wachstum an. Diese Aussage konnte durch die hier vorgestellten Ergebnisse bestätigt werden. Gleiches gilt für den von Lemmer (1992) angegebenen Temperaturtoleranzbereich zwischen 4 und 37°C.

Bezüglich der Schlammbelastung, unter der *H. hydrossis* bevorzugt auftritt, gibt es in der Literatur ganz unterschiedliche Angaben, die bei Lemmer (1992) zusammengefaßt sind. Danach kommt *H. hydrossis* vor allem im Schlammbelastungsbereich zwischen 0,03 und 0,2 kg kg^{-1} d^{-1} vor, in kommunalen, aber auch in industriellen Anlagen von Molkereien, Anlagen mit hoch stickstoffhaltigen Abwässern aus der Fleisch- und Geflügelindustrie, Anlagen mit hoher Fremdenverkehrsbelastung und anderen proteinhaltigen Abwässern. Während Eikelboom (1988) *H. hydrossis* überwiegend in höher belasteten Anlagen im Bereich 0,3-0,4 kg kg^{-1} d^{-1} fand, beschreiben Seviour et al. (1994) vor allem unterbelastete Anlagen mit Temperaturen unter 15 °C und einem hohen Schlammalter als anfällig für ein Auftreten des fädigen Bakteriums. Das Wachstum von *H. hydrossis* über einen offensichtlich breiten Schlammbelastungsbereich deutet an, daß für die Selektion des Fadens anderen Faktoren größere Bedeutung beizumessen ist.

3.3.6 *Sphaerotilus natans*

3.3.6.1 Wachstumscharakteristika und Selektionsfaktoren

- *Sphaerotilus natans* wächst vor allem in höher belasteten, volldurchmischten Anlagen der Nahrungsmittel-, Papier- und erdölverarbeitenden Industrie. Die Anlagen sind dadurch charakterisiert, daß sie zumindest zeitweise hohe Konzentrationen an leicht abbaubaren Kohlenhydraten oder an Alkoholen (vor allem Methanol) im zufließenden Abwasser aufweisen.
- Stoßbelastungen mit gut abbaubarem Substrat, die ca. den doppelten Wert der durchschnittlichen Schlammbelastung erreichen, führen zum Wachstum von *Sphaerotilus natans* und damit zum Anstieg des ISV.
- Durch die in Folge von Stoßbelastungen absinkenden Sauerstoffkonzentrationen wird *Sphaerotilus natans* aufgrund seiner hohen Affinität zu Sauerstoff zusätzlich begünstigt. Nach Lodi et al. (1998) kann *Sphaerotilus natans* selbst bei einer Sauerstoffkonzentration von 0,1 mg l^{-1} noch wachsen.
- *Sphaerotilus natans* wird in kommunalen Anlagen mit gleichmäßig niedriger BSB_5-Schlammbelastung $B_{TS} < 0,1$ kg kg^{-1} d^{-1} und weitergehender Abwasserreinigung nicht gefunden. Auch führen niedrige Schlammbelastungen mit gut abbaubarem Abwasser allein nicht zu einer Dominanz von *Sphaerotilus natans*. Treten jedoch kurzfristig Stöße von Kohlenhydraten, aber auch von Molkereiabwasser und anderen Abwässern aus Nahrungsmittelbetrieben auf, kann sich der Faden stark vermehren.

3.3.6.2 Auftreten in kommunalen und industriellen Anlagen

Da das Auftreten von *S. natans* – durch die Abwasserqualität und Belastung bedingt – am ehesten unter industriellem Einfluß erfolgt, werden nachfolgend zwei industrielle Abwasserreinigungsanlagen mit Problemen durch massives Wachstum des fädigen Bakteriums vorgestellt. Kläranlagen im kommunalen Bereich werden heute in der Regel mit Nitrifikation/Denitrifikation und dadurch niedriger Schlammbelastung betrieben. *S. natans* spielt hier kaum noch eine Rolle (daher keine Fallbeispiele).

Fallbeispiel: Industrielle Anlagen - Anlage 1: Brauerei
Anlage 2: Produktion von Chemikalien

Abwasserzusammensetzung. In beiden industriellen Abwasserreinigungsanlagen wurden Abwässer behandelt, die durch hohe Konzentrationen an einwertigen Alkoholen geprägt waren. In Anlage 1 wurden darüber hinaus phasenweise hohe Gehalte organischer Stickstoffverbindungen eingeleitet, während im Abwasser zu Anlage 2 zusätzlich Essigsäure und hohe Sulfidkonzentrationen durch lange Aufenthaltszeiten im Misch- und Ausgleichsbecken zu verzeichnen waren.

Abwasserreinigungsverfahren. *Anlage 1* bestand aus einer anaeroben Vorreinigungsstufe mit Vorversäuerung und anschließendem Methanreaktor, gefolgt von einer volldurchmischten aeroben Nitrifikationsstufe mit vorgeschalteter Denitrifikation. *Anlage 2* setzte sich aus einer vorgeschalteten Denitrifikation, einer anschließenden Nitrifikation und einem Nachklärbecken zusammen. Tabelle 3.19 faßt die wichtigsten Abwasser- bzw. Anlagendaten zusammen.

Mikroskopisches Bild. *S. natans* wurde in beiden Anlagen dominant mit einer Häufigkeit von 6 bzw. 5 identifiziert. Dieses massenhafte Auftreten ließ sich in beiden Fällen durch Stoßbelastungen des belebten Schlammes mit einwertigen Alkoholen (insbesondere Ethanol) und in der Folge Sauerstoffmangelsituationen erklären. In Anlage 1 waren darüber hinaus phasenweise hohe Gehalte organischer Stickstoffverbindungen im Abwasser enthalten, die von Stickstoffmangelphasen abgelöst wurden. Hier wurde Typ 021N neben *S. natans* mit hoher Häufigkeit von 5 identifiziert (vgl. Kap. 3.3.3). In Anlage 2 wurden im Abwasser zusätzlich hohe Acetat- und hohe Sulfidkonzentrationen nachgewiesen. Diese beiden Substrate führten zum Wachstum von *Thiothrix* sp. mit einer Häufigkeit von 3 (vgl. Kap. 3.3.4). Der mikroskopische Nachweis von Typ 0092 in beiden Anlagen mit einer Häufigkeit von 4 bzw. 3 ist auf die hohe Betriebstemperatur von ≥ 20°C in beiden industriellen Anlagen zurückzuführen (vgl. Kap. 3.4.1). *H. hydrossis* war ebenfalls, wenn auch untergeordnet, in beiden Anlagen vertreten. Dieses fädige Bakterium bevorzugt niedrige Sauerstoffkonzentrationen (vgl. Kap. 3.3.5), die in beiden Anlagen häufig zu registrieren waren.

Auswirkung auf den Schlammindex. *S. natans* wächst als langer, scheinverzweigter Faden aus der Belebtschlammflocke heraus. Aufgrund dieser Wuchsform hat er einen erheblichen Einfluß auf das Absetzverhalten des belebten Schlammes. So stieg in beiden Anlagen der ISV deutlich an, in Anlage 1 auf > 800 ml g^{-1} und in Anlage 2 auf 300 ml g^{-1}. Der im Vergleich höhere ISV in Anlage 1 ist auf das gleichzeitige Vorkommen von Typ 021N zurückzuführen, der ebenfalls stark vernetzend aus der Flocke herauswächst. Auch *H. hydrossis* wird in beiden Anlagen zur Erhöhung des ISV beigetragen haben.

Tabelle 3.19 Kenndaten industrieller Abwasserreinigungsanlagen mit einem dominanten Auftreten von *Sphaerotilus natans* (hier: Anlage 1 - Brauerei; Anlage 2 - Chemikalienproduktion)

Wichtige Einflußgrößen auf das Vorkommen von *Sphaerotilus natans*	Einheit	Abwasser- bzw. Anlagendaten **Anlage 1**	Abwasser- bzw. Anlagendaten **Anlage 2**
Sauerstoffkonzentration im Belebungsbecken	[mg l^{-1}]		
normale Bedingungen		< 1,5	4,0
unter Stoßbelastung		< 1,5	0,0
Temperatur im Belebungsbecken	[°C]	20,0	22,0
CSB / BSB_5	[-]	2,0	1,4
CSB-Schlammbelastung B_{TS}	[kg kg^{-1} d^{-1}]		
normale Bedingungen		≤ 0,15	0,30
unter Stoßbelastung		> 0,30	0,59
BSB_5-Schlammbelastung B_{TS}	[kg kg^{-1} d^{-1}]		
normale Bedingungen		0,075	0,22
unter Stoßbelastung		< 0,15	0,42

3.3.6.3
Bekämpfungsmaßnahmen

Vergleichmäßigung des Zulaufs.

Bei einer Vermeidung von Stoßbelastungen durch Vergleichmäßigung des Zulaufs geht die Häufigkeit von *S. natans* meist sofort zurück. Aus dem charakteristischen Auftreten von *S. natans* besonders unter Stoßbelastungsbedingungen erklärt sich die historische Bedeutung des auch als „Abwasserpilz" bezeichneten fadenförmigen Bakteriums. Als die meisten kommunalen Belebungsanlagen noch als hochbelastete Biologien konzipiert waren und die angeschlossenen Industriebetriebe in der Regel kein Abwassermanagement betrieben (keine Misch- und Ausgleichs- oder Speicherbecken etc.), kam es immer wieder zu spontanen Überlastungen der biologischen Reinigungsstufe und dadurch ausgelöst zu einer explosionsartigen Vermehrung von *S. natans*.

Installation eines aeroben Selektors.

Die Installation eines aeroben Selektors hat sich verschiedentlich als geeignete Bekämpfungsmaßnahme gegen *S. natans* gezeigt. Dabei wurden 60% des Rücklaufschlammes über den Selektor geführt, der bei einer Raumbelastung B_R von 14 kg m^{-3} d^{-1} betrieben wurde. Die Aufenthaltszeit im Selektor betrug 20 Minuten.

Einrichtung eines Substratgradienten.

In einer industriellen Anlage unterdrückte die Einführung einer vierstufigen Kaskade das Wachstum von *S. natans*. Die Schlammbelastung zu Beginn der Kaskade lag bei einer $B_{TS} > 3$ kg kg^{-1} d^{-1}. Die Belüftung erfolgte über Reinsauerstoffbegasung, um den erhöhte Sauerstoffbedarf decken zu können und *S. natans* begünstigende Mangelsituationen zu vermeiden.

Kein Erfolg durch Dosierung von Wasserstoffperoxid (H_2O_2) oder Desinfektionsmitteln.

Obwohl verschiedentlich über eine Dosierung von H_2O_2 zur Bekämpfung von *S. natans* berichtet wird, zeigten eigene Untersuchungen keinen Erfolg dieser Maßnahme.

3.3.6.4
Zusammenfassender Literaturabgleich für Sphaerotilus natans

Die hier dargestellten *Selektionsbedingungen* für *Sphaerotilus natans* entsprechen im wesentlichen den von Lemmer (1992) zusammengestellten. Nährstoffmangel, der in der Vergangenheit zusätzlich für die Selektion von *S. natans* verantwortlich gemacht wurde, kann aus eigenen Erfahrungen nicht eindeutig als Selektionsfaktor definiert werden. Nährstoffmangel tritt zwar häufig begleitend zu den Stoßbelastungen mit Kohlenstoffverbindungen auf, es war aber nie zu beobachten, daß ein Nährstoffmangel allein zu einem Massenwachstum von *S. natans* führte. Ein N- und P-Ausgleich sollte zwar erfolgen, löst aber i.d.R. nicht das *S. natans*-Problem, da andere Faktoren (Abwasserzusammensetzung, Belastung, Sauerstoffversorgung) für die Selektion des Fadens von größerer Bedeutung sind.

Hinsichtlich der *Bekämpfungsmaßnahmen* hat sich in eigenen Untersuchungen eine Vergleichmäßigung des Zulaufs häufig als erfolgreich erwiesen. Oft ergab sich aus dieser Maßnahme bereits eine Lösung des Problems. Bei dauerhafter Störung des Absetzverhaltens durch das Wachstum von *S. natans* können auch bauliche Veränderungen an der Anlage sinnvoll sein (Einrichtung eines Selektors). Die Einrichtung eines Substratgradienten (Pfropfenströmung, Kaskadenanlage, Selektor) sollte nach den im ATV-Arbeitsbericht (1998) vorgeschlagenen Bemessungsansätzen erfolgen. Auch andere Autoren berichten von einer erfolgreichen Bekämpfung von *S. natans* durch die Einrichtung eines Substratgradienten oder einer hochbelasteten Vorstufe (Chudoba 1973, Rensink 1979, Pongartz 1983, Lee et al. 1983, Huber et al. 1984, Eikelboom 1988).

Zu den von Lemmer (1992) zusammengestellten Bekämpfungsmaßnahmen gehören, neben der Zugabe von Wasserstoffperoxid, auch die Zugabe von Eisensalzen. Strunk u. Shapiro (1976) dosierten 10-70 g m^{-3} Wasserstoffperoxid, Houtmeyers et al. (1977) setzten 3 Vol.-% Wasserstoffperoxid zur Bekämpfung von *S. natans* ein. Bei kurzfristigen Ereignissen, wie es häufig bei einem Wachstum von *S. natans* unter Stoßbelastungsbedingungen der Fall ist, kann die von Wagner (1983) angegebene Zugabe von 26 g m^{-3} Eisen(II)-sulfat ($FeSO_4 \cdot 7H_2O$) sinnvoll sein. Allerdings handelt es sich bei den genannten Ansätzen nicht um eine dauerhafte Lösung des Fadenproblems.

Kitatsuji et al. (1996) berichten von einem erfolgreichen Einsatz zellauflösender Substanzen zur Bekämpfung von *S. natans.* Die Substanzen wurden aus dem Sekret von *Bacillus polymyxa* gewonnen. Das Prüfen der selektiven Eignung und die großtechnische Erprobung stehen jedoch noch aus.

3.4 Fädige Bakterien mit geringer Bedeutung für das Absetzverhalten

3.4.1 Typ 0092

3.4.1.1 Wachstumscharakteristika und Selektionsfaktoren

- Betriebstemperaturen von ≥ 20-25°C im Belebungsbecken begünstigen das Wachstum von Typ 0092 im belebtem Schlamm kommunaler und industrieller Abwasserreinigungsanlagen mit Nitrifikation und Denitrifikation, wenn gleichzeitig die BSB_5-Schlammbelastung $B_{TS} \leq 0{,}12$ kg kg^{-1} d^{-1} und das Schlammalter ≥ 8 Tage betragen. Typ 0092 wird somit nicht primär durch die Abwasserqualität, sondern durch die Schlammbelastung (Schlammalter) in Kombination mit der Temperatur selektiert.
  - In kommunalen Kläranlagen mit Nitrifikation und Denitrifikation kommt Typ 0092 gemeinsam mit *M. parvicella* (vgl. Kap. 3.3.1) vor, wenn die

BSB_5-Schlammbelastung $B_{TS} \leq 0{,}12$ kg kg^{-1} d^{-1} ist. Er wird jedoch in seiner Dominanz von *M. parvicella* bei Abwassertemperaturen ≤ 12-15°C verdrängt.

- Ideale Bedingungen findet Typ 0092, wenn die Temperatur des belebten Schlammes ganzjährig bei ≥ 20°C liegt und die Anlage sehr niedrig belastet ist. Je höher das Schlammalter bei Temperaturen ≥ 20-25°C, desto besser kann sich Typ 0092 vermehren.

• In kommunalen Kläranlagen mit biologischer Nährstoffelimination und Schaumbildung wird Typ 0092 vereinzelt zusammen mit Typ 0041/0675 (vgl. Kap. 3.4.2) und *Microthrix parvicella* (vgl. Kap. 3.3.1) im Schaum identifiziert. Da jedoch in Anlagen, die zwar viel Typ 0092, aber kein *M. parvicella* haben, keine Schaumbildung auftritt, muß davon ausgegangen werden, daß Typ 0092 nicht aufgrund hydrophober Zelloberflächen auf der Belebungsbekkenoberfläche flotiert, sondern daß der Faden passiv mit in den Schwimmschlamm bzw. Schaum eingetragen wird.

3.4.1.2
Auftreten in kommunalen und industriellen Anlagen

Nachfolgend sollen die Selektionsbedingungen für Typ 0092 an Beispielen aus der Praxis verdeutlicht werden.

Fallbeispiel 1: Kommunale Anlage.

Abwasserzusammensetzung. Der im Fallbeispiel beschriebenen Anlage wurde kommunales Abwasser ohne nennenswerte Indirekteinleiter zugeführt.

Abwasserreinigungsverfahren. Die Abwasserreinigungsanlage wurde mit biologischer Stickstoff- und Phosphorelimination betrieben. Dazu war ein Anaerobbecken als P-Rücklösezone den Belebungsbecken vorgeschaltet, die als Umlaufgräben mit aeroben und anoxischen Zonen für Nitrifikation/Denitrifikation konzipiert waren. Wichtige Abwasser- bzw. Anlagendaten sind in Tabelle 3.20 zusammengefaßt.

Mikroskopisches Bild. Während eines Zeitraumes von zwei Jahren wurde der belebte Schlamm der kommunalen Anlage einmal wöchentlich mikroskopisch analysiert. Im Jahresverlauf unterlag die Fadenhäufigkeit von Typ 0092 deutlichen Schwankungen, die durch die jahreszeitlich wechselnde Temperatur im Belebungsbecken ausgelöst wurden (Abb. 3.23). Im Winter, bei Minimaltemperaturen von 12°C, konnte sich Typ 0092 nur schlecht vermehren und wurde nur vereinzelt im belebten Schlamm gefunden (Häufigkeit 1). Für *M. parvicella* ist die Temperatur von 12°C dagegen optimal zum Wachstum (vgl. Kap. 3.3.1). Das fädige Bakterium reicherte sich mit einer Häufigkeit von 6 im belebten Schlamm an. Bei ansteigenden Temperaturen verschob sich die Fadendominanz zugunsten von Typ 0092, wenngleich das Absetzverhalten des belebten Schlammes weiterhin von der Häufigkeit von *M. parvicella* bestimmt wurde. Bei Sommertemperaturen von 23°C wurde Typ 0092 mit einer Häufigkeit von 4-5 dominant im belebten Schlamm gefunden, während der psychrophile Organismus *M. parvicella* nur vermindert wachstumsfähig ist und daher nur noch mit einer Häufigkeit von 2-3 im belebten Schlamm identifiziert werden konnte.

Tabelle 3.20 Kenndaten einer kommunalen Abwasserreinigungsanlage mit einem zeitweise dominanten Auftreten von Typ 0092

Wichtige Einflußgrößen auf das Vorkommen von Typ 0092	Einheit	Abwasser- bzw. Anlagendaten
Sauerstoffkonzentration im Belebungsbecken	[mg l^{-1}]	1,5-2,0
pH-Wert im Belebungsbecken	[-]	7,9
Temperatur im Belebungsbecken	[°C]	
Min. im Winter		12,0
Max. im Sommer		23,0
CSB_{gesamt} im Zulauf zum Belebungsbecken	[mg l^{-1}]	489,0
$BSB_{5,gesamt}$ im Zulauf zum Belebungsbecken	[mg l^{-1}]	261,0
CSB / BSB_5	[-]	1,8
BSB_5-Schlammbelastung B_{TS}	[kg kg^{-1} d^{-1}]	0,12

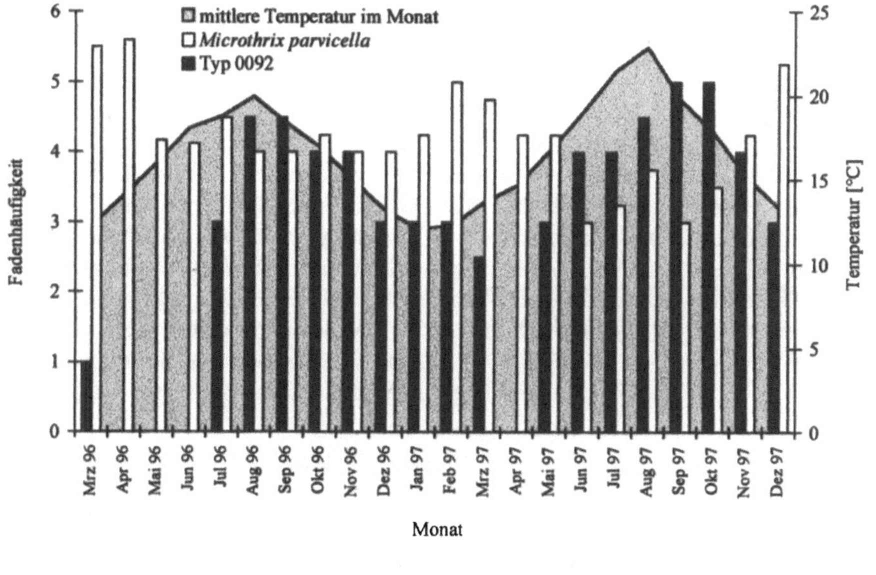

Abb. 3.23 Wachstum von Typ 0092 und *M. parvicella* in Abhängigkeit von der Temperatur

Auswirkung auf den Schlammindex. Die Häufigkeit von Typ 0092 ist in Abb. 3.24 zusammen mit der ISV relevanten Gesamtfädigkeit und dem ISV dargestellt. Es wird deutlich, daß Typ 0092 aufgrund seiner kurzen Wuchsform und aufgrund seines Wachstums im Inneren der Schlammflocke zu den Fäden gehört, die auch bei hohen Häufigkeiten nicht zur Erhöhung der ISV relevanten Fädigkeit (mit Kristallviolett bestimmt) beitragen. Sie haben daher nur eine geringe

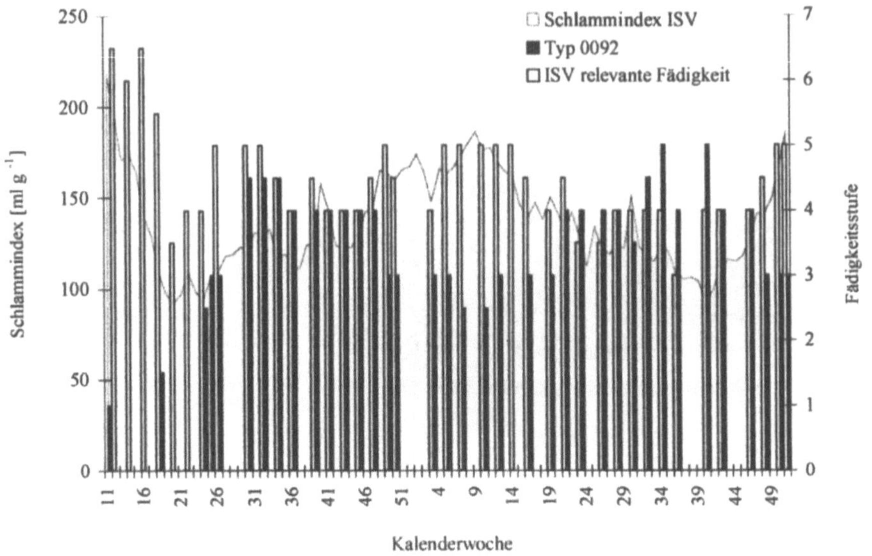

Abb. 3.24 Auswirkungen der Häufigkeit von Typ 0092 auf die ISV relevante Fädigkeit und den Schlammindex

Bedeutung für das Absetzverhalten des belebten Schlammes. Besonders deutlich wird dieser Zusammenhang im Fallbeispiel. Zwischen der 5. und 10. Kalenderwoche des zweiten Jahres wurde bei niedriger Fadenhäufigkeit von Typ 0092 (2-3) eine ISV relevante Fädigkeit des Schlammes von 5 und gleichzeitig Blähschlamm beobachtet (ISV > 150 ml g^{-1}). *Microthrix parvicella* (und nicht Typ 0092) führte hier aufgrund seiner Wuchsform und seiner hydrophoben Zelloberflächen zu starker Blähschlammbildung mit ISV-Maximalwerten von 218 ml g^{-1}. Aufgrund der geringen Häufigkeit von *M. parvicella* sank im Sommer der ISV auf 93 ml g^{-1}, obwohl die Häufigkeit von Typ 0092 mit 4-5 sehr hoch war.

Fallbeispiel 2: Kommunale Anlage (Versuchsanlage im Labormaßstab).

Abwasserzusammensetzung. Als Zulauf für die Versuchsanlage wurde ein durchschnittliches kommunales Abwasser verwendet.

Aufbau der Laborversuchsanlage. Die Versuchsanlage wurde vergleichbar zu Fallbeispiel 1 mit biologischer Stickstoff- und Phosphorelimination betrieben. Dazu war die Anlage mit einer anaeroben Bio-P-Stufe und einer vorgeschalteten Denitrifikation ausgestattet. Die Versuchsanlage wurde bei konstanter Schlammbelastung (Regulation über die Trockensubstanzkonzentration) über mehrere Monate betrieben. Wichtige Abwasser- bzw. Anlagendaten der Versuchsanlage im Labormaßstab sind Tabelle 3.21 zu entnehmen.

Mikroskopisches Bild. Im belebten Schlamm der Versuchsanlage bildete sich eine Mischpopulation verschiedener Fadentypen, die von *Microthrix parvicella* dominiert wurde. Die Häufigkeit dieses fädigen Bakteriums ist in Abb. 3.25 nicht

Tabelle 3.21 Kenndaten einer Abwasserreinigungsanlage im Labormaßstab mit einem Auftreten von Typ 0092 bei verschiedenen Temperaturen (kommunales Abwasser)

Wichtige Einflußgrößen auf das Vorkommen von Typ 0092	Einheit	Abwasser- bzw. Anlagendaten **bei 12°C**	Abwasser- bzw. Anlagendaten **bei 20°C**
Sauerstoffkonzentration im Belebungsbecken	[$mg\ l^{-1}$]	4,2	4,9
pH-Wert im Belebungsbecken	[-]	7,7	7,2
Ammoniumstickstoff im Zulauf	[$mg\ l^{-1}$]	58,8	52,2
Orthophosphat im Zulauf	[$mg\ l^{-1}$]	8,6	9,7
CSB_{gesamt} im Zulauf zur Anlage	[$mg\ l^{-1}$]	772,0	669,0
CSB / BSB_5	[-]	2,0	2,0
BSB_5-Schlammbelastung B_{TS}	[$kg\ kg^{-1}\ d^{-1}$]	0,12	0,09
Schlammalter	[d]	18,0	25,0

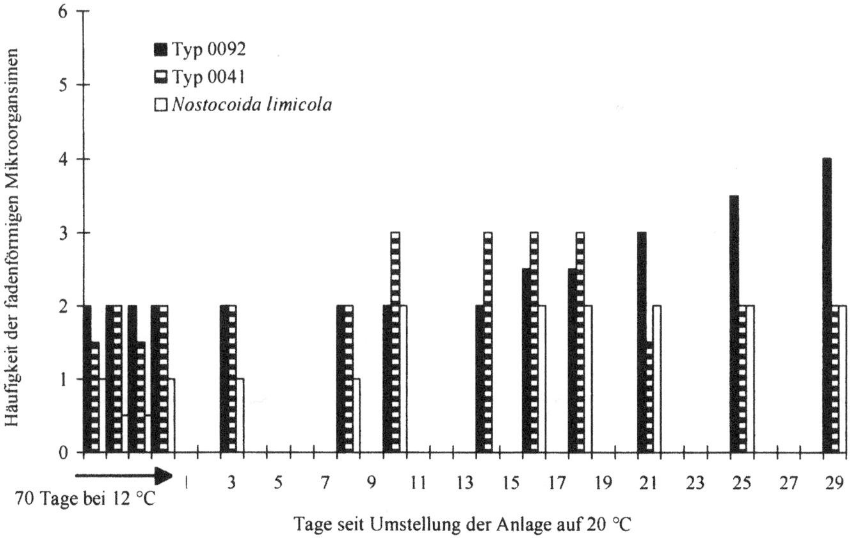

Abb. 3.25 Entwicklung von Typ 0092 in einer nährstoffeliminierenden Anlage bei 20°C

mit aufgenommen, um das Augenmerk auf die anderen Fäden zu lenken. Bei einer Betriebstemperatur von 12°C, ausgewogenem Nährstoffverhältnis, neutralem pH-Wert und guter Sauerstoffversorgung war Typ 0092 bei einer BSB_5-Schlammbelastung B_{TS} von 0,09 kg kg^{-1} d^{-1} und daraus resultierendem Schlammalter von 18 Tagen mit einer Häufigkeit von 2 in nur geringer Anzahl im belebten Schlamm vertreten. 16 Tage nach Umstellung der Anlage auf 20°C wurde bei nur geringfügig veränderter B_{TS} auf 0,12 kg kg^{-1} d^{-1} und einem Schlammalter von 25 Tagen ein deutlicher Häufigkeitszuwachs beobachtet. Nach 29 Tagen bei 20°C hatte sich die Häufigkeit von Typ 0092 im belebten Schlamm verdoppelt.

Auswirkung auf den Schlammindex. Da Typ 0092 im wesentlichen in den Schlammflocken wächst, hatte ein vermehrtes Anwachsen dieses Fadens im belebten Schlamm keine Auswirkung auf den Schlammindex.

Fallbeispiel 3: Industrielle Anlage - Produktion von Pektin.

Abwasserzusammensetzung. Charakteristisch für das Abwasser im Zulauf der Kläranlage waren sehr hohe CSB- und extrem hohe Nitratkonzentrationen, die aus dem Einsatz von Salpetersäure in der Pektinproduktion resultierten. Pektin ist ein aus Pflanzen gewonnenes Verdickungs- und Geliermittel. Für die Pektingewinnung werden Zitronenschalen unterschiedlicher Herkunft mit Salpetersäure und heißem Wasser – je nach Veresterungsgrad der zu gewinnenden Pektine – über verschieden lange Reaktionszeiten hydrolysiert. Pektine werden aus dem Pflanzenmaterial herausgelöst, wobei gleichzeitig alle anderen unter diesen Bedingungen aus dem Pflanzenmaterial hydrolysierbaren Stoffe mit erfaßt werden. Der Pektinsaft wird aus den Rückständen des Pflanzenmaterials in einer Gegenstromanlage ausgewaschen und durch mehrstufige Filtration von den restlichen Feststoffen befreit. Das Pektin wird dann aus dieser Lösung mittels Alkohol gefällt, abfiltriert, getrocknet, gemahlen und mit Zusatzstoffen versetzt. Der Alkohol wird aus dem zurückbleibenden Filtrat rückdestilliert. Aus dem Produktionsverlauf ergibt sich, daß das Abwasser, neben geringen Mengen an Pektin und Alkoholen, auch Hydrolyseprodukte wie Zuckerverbindungen, Fruchtsäuren, Eiweiße, Fette, Phosphate, organische Stickstoffverbindungen und Nitrate enthält.

Tabelle 3.22 Kenndaten einer industriellen Abwasserreinigungsanlage mit einem dominanten Auftreten von Typ 0092 (hier: Pektinproduktion)

Wichtige Einflußgrößen auf das Vorkommen von Typ 0092	Einheit	Abwasser- bzw. Anlagendaten
Sauerstoffkonzentration im Belebungsbecken	[mg l^{-1}]	4,0
pH-Wert im Belebungsbecken	[-]	8,5
Temperatur im Belebungsbecken	[°C]	
Winter		20,0
Sommer		25,0-30,0
CSB_{gesamt} im Zulauf zum Belebungsbecken	[g l^{-1}]	1,51
$BSB_{5,gesamt}$ im Zulauf zum Belebungsbecken	[g l^{-1}]	0,19
CSB / BSB_5	[-]	8,0
BSB_5-Schlammbelastung B_{TS}	[kg kg^{-1} d^{-1}]	0,003

Abwasserreinigungsverfahren. Das Abwasser durchfloß zunächst eine Hochlastdenitrifikationsstufe, bevor es der anaeroben Vorbehandlung, einem Methanreaktor, zugeführt wurde. Der Ablauf dieses Reaktors wurde in einem Zwischenklärbecken aufgefangen und gelangte von dort in die aerobe Nachbehandlung mit Nitrifikation und Denitrifikation in vier in Reihe geschalteten Belebungsbecken. Der Ablauf floß über ein Nachklärbecken und einen Sandfilter in den Vorfluter. Tabelle 3.22 zeigt die durchschnittlichen Abwasser- und Anlagendaten.

Mikroskopisches Bild. Die mikroskopische Untersuchung des belebten Schlammes zeigte die typische Struktur einer äußerst niedrig belasteten Belebtschlammflocke. Diese war locker strukturiert und unregelmäßig geformt. Nach der Neisser-Färbung zeigte sich ein sehr häufiges Vorkommen (Häufigkeit 5) von Typ 0092 in der Belebtschlammflocke, das im ungefärbten Präparat nicht zu erkennen war. Die niedrige Schlammbelastung ging mit einem für die biologische Abwasserreinigung extrem langen Schlammalter von weit mehr als 30 Tagen einher, bei dem auch Rotatorien (Rädertierchen) und Nematoden (Würmer) besonders häufig im belebten Schlamm vorkamen. Diese niedrige Schlammbelastung begünstigte das Wachstum von Typ 0092, da gleichzeitig die Temperatur im Belebungsbecken ganzjährig ≥ 20°C betrug.

Auswirkung auf den Schlammindex. Der durchschnittliche Schlammindex lag bei 80 ml g^{-1}. Auch hier wird deutlich, daß es trotz des häufigen Vorkommens von Typ 0092 (Häufigkeit 5) nicht zur Blähschlammbildung kommt (*vgl. Fallbeispiel 1*).

3.4.1.3 Bekämpfungsmaßnahmen

Da auch ein sehr häufiges Vorkommen von Typ 0092 nicht zu einer Erhöhung der ISV relevanten Fädigkeit und damit zu einer Verschlechterung des ISV führt, sind die Kenntnisse über Bekämpfungsmaßnahmen dieses Fadens aus praktischer Sicht von untergeordneter Bedeutung.

3.4.1.4 Zusammenfassender Literaturabgleich für Typ 0092

Als wesentlicher *Selektions*faktor für Typ 0092 in niedrig belasteten nährstoffeliminierenden Kläranlagen ist ein Anstieg der Belebungsbeckentemperatur zu nennen. Die Möglichkeit, daß sich die Abwasserbeschaffenheit bei höheren Temperaturen positiv für das Wachstum von Typ 0092 verändern könnte, ist dabei nicht relevant. Dies zeigen die Experimente in den Versuchsanlagen, bei denen gekühltes Abwasser in eine Laborversuchsanlage gepumpt wurde und es nur bei 20°C im Belebungsbecken zu einer deutlichen Vermehrung von Typ 0092 kam. Diese Aussage kann auch durch die Untersuchungen von Blackbeard et al. (1988) bestätigt werden, die in den warmen Regionen Südafrikas in 79% der nährstoffeliminierenden niedrig belasteten Anlagen Typ 0092 als dominanten Faden im belebten Schlamm identifizierten, während in den gemäßigten Klimazonen Nordeuropas und den kühleren Regionen Australiens *M. parvicella* dominant und Typ 0092 nur subdominant vorkamen (Goddard u. Forster 1987, Seviour et al. 1990, Pujol et al. 1991, Foot 1992, Eikelboom u. Andreasen 1995, Holmström et al. 1996, Knoop 1997).

Die Vermutung, daß die Temperatur nicht direkt den jahreszeitlichen Dominanzwechsel zwischen *M. parvicella* und Typ 0092 begründet, sondern indirekt, indem bei niedrigen Temperaturen und dadurch bedingt unvollständiger Nitrifikation für *M. parvicella* notwendige reduzierte Stickstoff- und Schwefelverbindungen bereitstehen, während im Sommer bei vollständiger Nitrifikation Typ 0092 dadurch bevorteilt ist, daß er auf Stickstoff und Schwefel auch in oxidierter Form zurückgreifen kann (Eikelboom 1988), ist durch unsere Untersuchungen nicht zu bestätigen. So zeigt sich aus z.T. langjähriger mikroskopischer Begleitung von Kläranlagen, daß der jahreszeitliche Dominanzwechsel zwischen *M. parvicella* und Typ 0092 auch dann erfolgt, wenn die Temperatur nicht deutlich unter 15°C absinkt und die Nitrifikation weitgehend unbeeinflußt bleibt.

Von Lind u. Lemmer (1998) werden weitere Selektionsfaktoren genannt: Ein niedriger Sauerstoffgehalt fördert das Wachstum von Typ 0092. Das Vorliegen anaerober und anoxischer Zonen erhöht seine Dominanz. Eine vorgeschaltete Denitrifikation begünstigt nach Lind u. Lemmer (1998) Typ 0092 verglichen mit einer intermittierenden/alternierenden Betriebsweise. Werden Phosphate chemisch gefällt, so begünstigen Vor- oder Nachfällungsverfahren Typ 0092 ebenso wie die Verwendung von Eisensalzen als Fällungsmittel.

3.4.2 Typ 0041/0675

3.4.2.1 Wachstumscharakteristika und Selektionsfaktoren

- Typ 0041/0675 wird im belebten Schlamm kommunaler Abwasserreinigungsanlagen mit Nährstoffelimination und niedriger BSB_5-Schlammbelastung B_{TS} $\leq 0{,}1$ kg kg^{-1}d^{-1} immer subdominant gefunden.
- Ein niedriges und noch dazu schwankendes C/N-Verhältnis bei gleichzeitig schwacher Schlammbelastung scheint Typ 0041/0675 zu begünstigen. Mit Erhöhung der B_{TS} geht Typ 0041/0675 in seiner Häufigkeit zurück.
- Typ 0041/0675 kommt häufig zusammen mit *M. parvicella* vor, wird aber gegenüber diesem nicht dominant. Auch in den flotierenden Schaumfraktionen auf den Belebungsbecken wurde Typ 0041/0675 identifiziert. Im Gegensatz zu *M. parvicella* kommt es im Schaum jedoch nicht zu einer Anreicherung von Typ 0041/0675 gegenüber der durchmischten Phase, so daß daraus abzuleiten ist, daß Typ 0041/0675 ebenso wie Typ 0092 passiv aus der flüssigen Phase in den Schaum eingetragen wird (Seviour et al. 1994). Allerdings wiesen Goddard u. Forster (1987) nach, daß der fädige Organismus zur Produktion oberflächenaktiver Stoffe befähigt ist, so daß er die Bildung stabiler Schäume mit begünstigen kann.
- Typ 0041/0675 wächst bei Versorgung mit unbehandeltem Rohabwasser besser als in Anlagen mit einer Vorklärung (Lind u. Lemmer 1998).

- Anaerobe oder anoxische Mischzonen für Zulauf und Rücklaufschlamm („premixing zones") begünstigen nach Eikelboom u. Andreasen (1995) das Auftreten von Typ 0041/0675. Der positive Effekt ist nur dann gegeben, wenn die Dauer der Durchmischung so kurz gehalten wird, daß keine Hydrolyse der Abwasserinhaltsstoffe stattfinden kann. Ist dagegen ausreichend Zeit für eine Hydrolyse, gelangt *M. parvicella* in einen Wachstumsvorteil.
- Typ 0041/0675 zeigt ein temperaturabhängiges Wachstum. Bei 5°C wird der Faden fast vollständig aus dem belebten Schlamm verdrängt, während er bei höheren Temperaturen um 20°C schneller anwächst.

3.4.2.2
Auftreten in kommunalen und industriellen Anlagen

Typ 0041/0675 wurde in unseren vielen mikroskopischen Untersuchungen der letzten Jahre nur in belebten Schlämmen kommunaler Anlagen vermehrt gefunden, so daß industriellen Abwasserinhaltsstoffen für die Entwicklung von Typ 0041/0675 keine größere Bedeutung beizumessen ist.

Fallbeispiel: Kommunale Anlagen.

Abwasserzusammensetzung. Die beispielhaft beschriebene Anlage reinigt kommunales Abwasser ohne industriellen Anteil.

Abwasserreinigungsverfahren. Die Abwasserreinigungsanlage arbeitet mit Nitrifikation, Denitrifikation und Bio-P nach dem ISAH-Verfahren. Der Zulauf der Kläranlage gelangt dabei über einen belüfteten Sandfang und eine Vorklärung in das vorgeschaltete Anaerobbecken zur P-Rücklösung. Nachfolgend werden die Belebungsbecken durchflossen, die als Umlaufbecken mit Oberflächenbelüftung betrieben werden. Durch den punktuellen Sauerstoffeintrag werden aerobe und anoxische Zonen geschaffen, in denen quasi simultan die Stickstoffoxidation und -reduktion abläuft. Der Rücklaufschlamm wird über ein Denitrifikationsbecken geführt und dann im P-Rücklösebecken mit dem Zulauf gemischt. Tabelle 3.23 faßt wichtige Abwasser- und Anlagendaten zusammen.

Mikroskopisches Bild. Da Typ 0041/0675 hauptsächlich in der Schlammflocke und an den Flockenrändern wächst, zeigt sich der Faden beim Mikroskopieren dem Betrachter erst deutlich in der Gram-Färbung (grampositive Reaktion). Der Aufwuchs, der den Faden umgibt, führt zu einem relativ kompakten Erscheinungsbild der Flocke trotz höherer Fädigkeit. In der beschriebenen Anlage erreichte der Faden im Untersuchungszeitraum eine Häufigkeit von 3-4. Er trat damit deutlich hinter den dominanten Faden *M. parvicella* zurück, der mit einer Häufigkeit von 6 identifiziert werden konnte. Abbildung 3.26 zeigt die Häufigkeiten aller identifizierten Fäden der Mischbiozönose (Anlage 1) und stellt sie den Ergebnissen mikroskopischer Untersuchungen auf anderen schwachbelasteten nährstoffeliminierenden Anlagen im gleichen Zeitraum gegenüber. Es wird noch einmal deutlich, daß Typ 0041/0675 ein Vertreter der typischen Fadenpopulation nährstoffeliminierender Schwachlastanlagen ist.

Tabelle 3.23 Kenndaten einer kommunalen Abwasserreinigungsanlage mit einem Auftreten von Typ 0041/0675

Wichtige Einflußgrößen auf das Vorkommen von Typ 0041/0675	Einheit	Abwasser- bzw. Anlagendaten
Sauerstoffkonzentration im Belebungsbecken	[mg l^{-1}]	bis 2,2
pH-Wert im Belebungsbecken	[-]	7,3
Temperatur im Belebungsbecken	[°C]	12-22
Ammoniumstickstoff im Zulauf	[mg l^{-1}]	42,5
Orthophosphat im Zulauf	[mg l^{-1}]	12,5
CSB_{gesamt} im Zulauf zur Anlage	[mg l^{-1}]	355,0
$BSB_{5,gesamt}$ im Zulauf zur Anlage	[mg l^{-1}]	154,0
CSB / BSB_5	[-]	2,3
BSB_5-Schlammbelastung B_{TS}	[kg kg^{-1} d^{-1}]	0,09

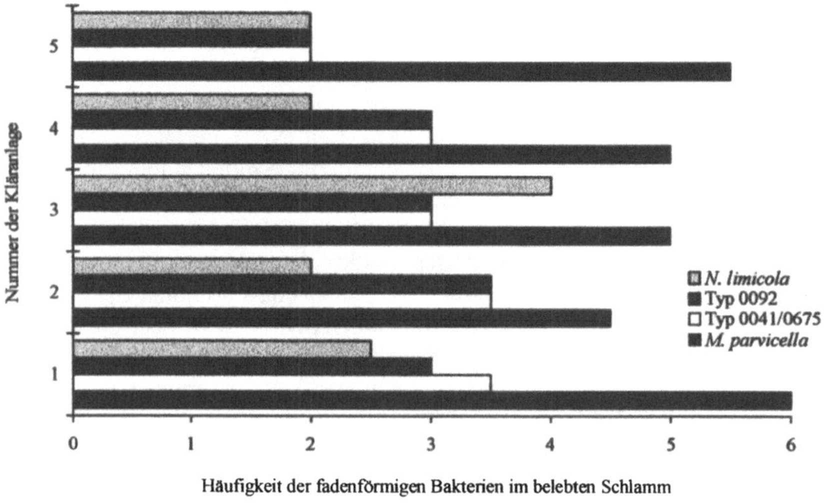

Abb. 3.26 Häufigkeit von Typ 0041/0675 in Vergesellschaftung mit anderen Fadentypen im durchmischten belebten Schlamm aus den Belebungsbecken mehrerer nährstoffeliminierender kommunaler Kläranlagen

Auswirkung auf den Schlammindex. Im vorliegenden Fallbeispiel lag der ISV durch das *M. parvicella*-Wachstum bei > 150 ml g^{-1}. Das Vorkommen von Typ 0041/0675 führt dagegen aufgrund seiner Wuchsform nicht zu einer Erhöhung der ISV relevanten Fädigkeit oder des ISV. Abbildung 3.27 zeigt das Wachstum von Typ 0041/0675 in einem belebten Schlamm, in dem der Faden mit einer Häufigkeit von 5 identifiziert wurde, der ISV jedoch unter 100 ml g^{-1} blieb.

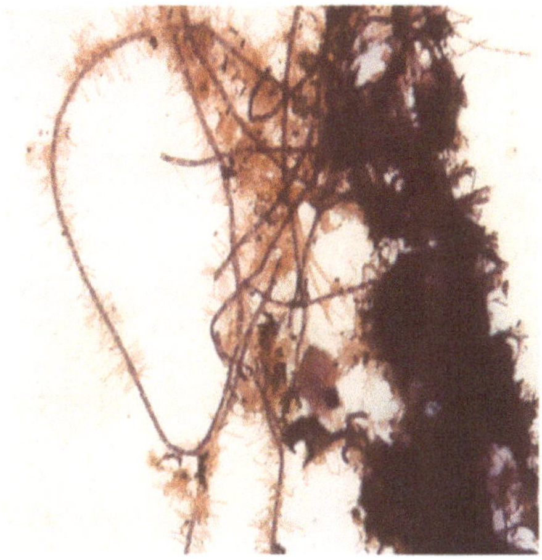

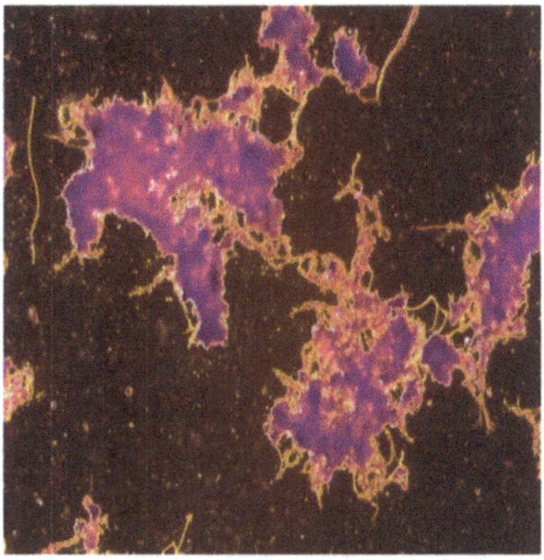

Abb. 3.27 Auswirkung von Typ 0041/0675 auf die ISV relevante Gesamtfädigkeit im belebten Schlamm. Zum Zeitpunkt der Aufnahme war der ISV < 100 ml g^{-1}. **Links:** Dominanz von Typ 0041/0675 (Häufigkeit 5), sichtbar gemacht im Gram-Präparat, Hellfeld, 1600fache Vergrößerung. **Rechts:** ISV relevante Fädigkeit 2-3, Kristallviolett-Präparat, Dunkelfeld, 160fache Vergrößerung.

3.4.2.3 Bekämpfungsmaßnahmen

Im Fall von Typ 0041/0675 sind Bekämpfungsmaßnahmen nicht relevant, da der Faden aufgrund seiner Wuchsform selten zu Problemen führt. Da Typ 0041/0675 i.d.R. subdominant neben anderen Fäden vorkommt, konzentrieren sich Bekämpfungsmaßnahmen stets auf den jeweils dominanten Typen der Fadenpopulation.

3.4.2.4 Zusammenfassender Literaturabgleich für Typ 0041/0675

Das Wachstum von Typ 0041/0675 wurde von Eikelboom (1995) in Bio-Denitro und Biodenipho-Anlagen ebenfalls als temperaturabhängig erkannt. Er fand im September Typ 0041/0675 dominant in belebten Schlämmen nährstoffeliminierender Anlagen, während der Faden im April in keiner der untersuchten Anlagen dominierte. Ferner kam Typ 0041/0675 im September in einer größeren Anzahl an Anlagen vor als im Frühjahr. Eikelbooms internationaler Vergleich zwischen niederländischen, dänischen, griechischen und deutschen Kläranlagen erbrachte, daß Typ 0041/0675 zusammen mit *M. parvicella* der häufigste Faden in nährstoffeliminierenden Anlagen ist, jedoch fast immer subdominant vorkommt. Das Vorkommen von Typ 0041/0675 in niedrigen B_{TS}-Bereichen wird ferner durch die Ergebnisse von Wanner (1994) unterstützt, der diesen Faden zu den Low F/M-Fäden (F/M = Verhältnis von Food (Substrat) zu Microorganism

(Biomasse)) mit signifikantem Vorkommen in nährstoffeliminierenden Anlagen zählt.

Wanner u. Grau (19989) beschreiben Typ 0041/0675 als aeroben Blähschlammbildner, der Substrat nur bei Anwesenheit von Sauerstoff umsetzen kann. Der Faden wächst in herkömmlichen Belebungssystemen oder in den aeroben Zonen nährstoffeliminierender Anlagen. Typ 0041/0675 wurde von Blackbeard et al. (1996), Soddell u. Seviour (1990) und einer Reihe anderer AutorInnen ebenfalls im Schaum gefunden.

Im Versuch wuchs Typ 0041/0675 bei Lemmer (1992) mit Pepton/Zuckerabwasser (Glucose und Fructose) im niedrigen B_{TS}-Bereich < 0,1 kg kg^{-1} d^{-1}, allerdings nur mit geringer Häufigkeit. Auch bei Oleatzugabe war er nur in geringen Häufigkeiten vorhanden.

3.4.3
Nostocoida limicola

3.4.3.1
Wachstumscharakteristika und Selektionsfaktoren

- In kommunalen Kläranlagen mit Nährstoffelimination wird *Nostocoida limicola* zusammen mit Typ 0092 und Typ 0041/0675 bei einer BSB_5-Schlammbelastung B_{TS} < 0,1 kg kg^{-1} d^{-1} häufig subdominant im belebten Schlamm gefunden. In diesen Anlagen ist in 93% der Fälle *M. parvicella* dominant, so daß *N. limicola* nur bis zu einer Häufigkeitsstufe von 3 vorkommt.
- In höher belasteten, auch industriellen Kläranlagen kann *N. limicola* dominant im belebten Schlamm vorkommen. Obwohl der Faden damit grundsätzlich über einen weiten Belastungsbereich auftreten kann, wird der mittlere B_{TS}-Bereich von 0,21 kg kg^{-1} d^{-1} bis 0,25 kg kg^{-1} d^{-1}, mit einem Schlammalter zwischen 6 und 8 Tagen, als am günstigsten für ein Wachstum von *N. limicola* angesehen (Nowak u. Brown 1990). In ganz niedrig belasteten Anlagen wird *N. limicola* keine Vermehrungschance eingeräumt.
- In Anlagen mit Schwimmschlamm- und Schaumbildung ist *N. limicola* in diesen Schichten in seiner Häufigkeit oft eine Stufe erhöht vorhanden, d.h. das fädige Bakterium ist in der Lage zu flotieren. Darüber hinaus ist *N. limicola* in der Lage oberflächenaktive Substanzen zu produzieren, um so aktiv zu einer Stabilisierung der Schäume beizutragen (Goddard u. Forster 1987).
- Unbehandeltes Rohabwasser wirkt wachstumsfördernd auf *N. limicola*, verglichen mit Abwasser, das zunächst z.B. eine Vorklärung durchläuft (Lind u. Lemmer 1998).
- Ein Substratgradient scheint förderlich für *N. limicola* zu sein.
- Scruggs u. Randall (1998) fanden *N. limicola* in hohen Häufigkeiten besonders in Anlagen mit anaeroben Teilbereichen bzw. niedrigen Sauerstoffgehalten. Ferner konnten sie ein fakultativ anaerobes Wachstum mit Fermentation für *N. limicola* nachweisen.
- *N. limicola* ist in der Lage eine Vielzahl von Kohlenhydraten zu verwerten (Nowak u. Brown 1990). Auch Ölsäure ist als Substrat zu verwerten (Andreasen u. Nielsen 1997).

- Generell scheint ein höherer Anteil leicht abbaubaren Substrats *N. limicola* zu begünstigen. Dies können kurzkettige organische Säuren oder auch Substrate sein, die zur Unterstützung der Denitrifikation dosiert werden, bei ansonsten schwer abbaubaren Kohlenstoffverbindungen (z.B. Deponiesickerwasseranlagen). Auch die Tatsache, daß *N. limicola* in Anlagen ohne Vorklärung besser wachsen kann, gibt einen Hinweis auf die Bedeutung des leicht abbaubaren Substrats.
- Ein unausgeglichenes C/N-Verhältnis mit wenig Stickstoff im Vergleich zum Kohlenstoff scheint *N. limicola* nicht zu stören.

3.4.3.2 Auftreten in kommunalen und industriellen Anlagen

Da *N. limicola* in den heute meist schwach belasteten kommunalen Anlagen nur von untergeordneter Bedeutung ist, werden in den Fallbeispielen industrielle Anlagen mit einem verstärkten Auftreten von *N. limicola II* vorgestellt.

Fallbeispiel 1: Industrielle Anlage - Altpapier verarbeitende Industrie / Lintersproduktion.

Abwasserzusammensetzung. Das der Betriebskläranlage zufließende Abwasser stammte zu lediglich 26% aus der eigenen Papierproduktion. 66% wurden aus einem benachbarten Unternehmen zur Lintersproduktion zugeleitet, 8% waren kommunalen Ursprungs. Charakteristisch für das Gesamtabwasser war ein hoher Anteil schwer abbaubarer Kohlenstoffverbindungen. Cellulose und Stärke kamen in höheren Konzentrationen vor. Das Verhältnis von CSB zu BSB_5 lag bei 3,3. Das BSB_5:Stickstoff (NH_4-N)-Verhältnis war mit 100:2,5 ungünstig. Über den Abwasserteilstrom aus der Papierproduktion wurde zwar eine größere Fracht organischer Stickstoffverbindungen zugeleitet, die aber als schwer hydrolysierbar nur unwesentlich in das o.g. Verhältnis eingeht. Das Abwasser wies eine hohe Huminstoffkonzentration auf, die im wesentlichen aus der Lintersproduktion stammte und zu einem hohen Rest-CSB im Ablauf führte. Produktionsbedingt kam es häufig zu Tensidstößen.

Abwasserreinigungsverfahren. Die betriebseigene Kläranlage des Altpapier verarbeitenden Industrieunternehmens bestand aus einem Belebungsbecken – als 4er-Kaskade konzipiert – und einer Nachklärung. Die Abwässer der Lintersproduktion und der Kommune passierten vor Eintritt in die Belebung zunächst ein Vorklärbecken, die Abwässer der Papierproduktion wurden nach einer Flokkungsstufe direkt der Belebung zugeleitet. Die Anlage war für eine Kohlenstoffelimination ausgelegt. Auf eine biologische Stickstoffelimination wurde verzichtet, da die im Verhältnis zur Kohlenstofffracht nur geringe Stickstofffracht im wesentlichen durch Einbau in die Biomasse entfernt wurde. Tabelle 3.24 faßt wichtige Abwasser- und Anlagendaten zusammen.

Mikroskopisches Bild. Der belebte Schlamm der Abwasserreinigungsanlage wurde während eines halben Jahres in ein- bis zweiwöchigem Abstand mikroskopisch analysiert. *N. limicola II* war im Schlamm mit einer durchschnittlichen Häufigkeit von 4-5 vorhanden, reicherte sich im Schwimmschlamm auf eine Häufigkeit von 6 an. Aufgrund seiner stark verknäuelten Wuchsform führte die

Tabelle 3.24 Kenndaten einer industriellen Abwasserreinigungsanlage mit einem dominanten Auftreten von *N. limicola II* (hier: Altpapier verarbeitende Industrie / Lintersproduktion)

Wichtige Einflußgrößen auf das Vorkommen von *N. limicola II*	Einheit	Abwasser- bzw. Anlagendaten
Sauerstoffkonzentration im Belebungsbecken	[mg l^{-1}]	1-2
pH-Wert im Belebungsbecken	[-]	leicht alkalisch
Temperatur im Belebungsbecken	[°C]	25-40
CSB_{gesamt} im Zulauf zum Belebungsbecken	[g l^{-1}]	1,3
$BSB_{5,gesamt}$ im Zulauf zum Belebungsbecken	[g l^{-1}]	0,4
CSB / BSB_5	[-]	3,3
BSB_5-Schlammbelastung B_{TS}	[kg kg^{-1} d^{-1}]	0,5-1,5
BSB_5 / Ammoniumstickstoff	[-]	100:2,5

Anwesenheit von *N. limicola II* jedoch erst bei hohen Häufigkeiten zu einem verschlechterten Absetzverhalten des belebten Schlammes. Neben *N. limicola II* kamen Typ 0041/0675 mit einer Häufigkeit 4-5, *H. hydrossis* mit einer Häufigkeit 2-3 und nocardioforme Actinomyceten mit einer Häufigkeit 2-3 im belebten Schlamm vor.

Das Wachstum von *N. limicola II* stellte sich als deutlich abhängig von der Abwasserqualität und der Betriebsweise der Anlage dar. Nach Neubefüllen der Anlage mit dem belebten Schlamm einer kommunalen Anlage mit Nährstoffelimination ohne Vorkommen von *N. limicola II*, wuchs der Faden unter den veränderten Bedingungen der industriellen Anlage innerhalb von 6 Tagen im belebten Schlamm (Abb. 3.28) und reicherte sich im Schwimmschlamm bereits mit einer Häufigkeit von 5-6 an. Gleiches gilt für die nocardioformen Actinomyceten, die ebenfalls im Impfschlamm nicht vertreten waren. *M. parvicella* wurde dagegen vollständig aus dem belebten Schlamm verdrängt. Typ 0041/0675, bereits im Impfschlamm mit einer Häufigkeit von 3-4 vertreten, reicherte sich in der industriellen Anlage weiter an.

Die beschriebene Anlage wurde bei einer hohen Schlammbelastung betrieben (Tabelle 3.24), mit einem Schlammalter von durchschnittlich 2 Tagen. Sowohl *N. limicola II* als auch die nocardioformen Actinomyceten waren offensichtlich in der Lage, sich dem „Druck" des Schlammalters durch Anreicherung im Schwimmschlamm z.T. zu entziehen. Für das Wachstum der nocardioformen Actinomyceten waren die hohe Temperatur und die produktionsbedingte Abwasserqualität mit Tensidstößen günstig. Für *N. limicola II* ist es schwierig, eindeutige Selektionsfaktoren herauszukristallisieren. Die beschriebene Abwasserqualität mit einem hohen Kohlenstoff:Stickstoff-Verhältnis scheint den Organismus zu begünstigen. Inwieweit die Temperatur als Selektionsfaktor eine Rolle spielt, ist schwer zu beurteilen.

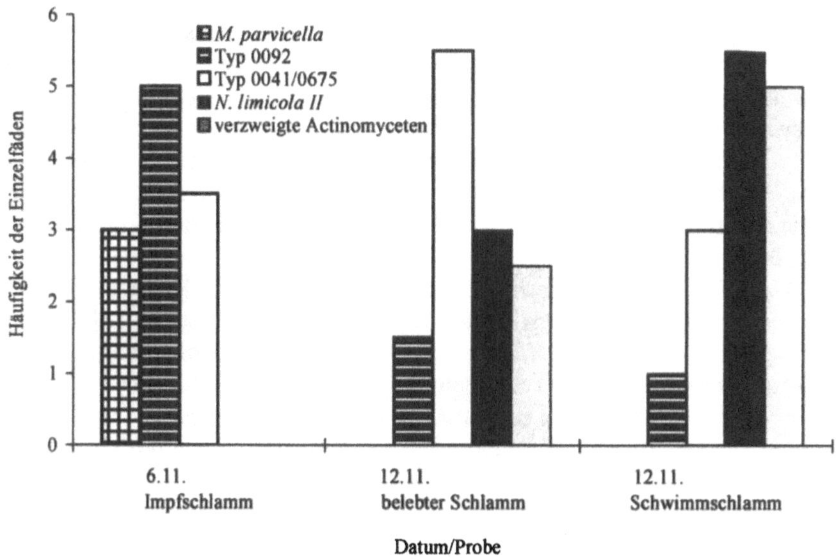

Abb. 3.28 Entwicklung von *N. limicola II* im belebten Schlamm einer industriellen Kläranlage nach dem Neubefüllen der Anlage mit belebtem Schlamm aus einer kommunalen Anlage mit Nährstoffelimination

Auswirkung auf den Schlammindex. Der Schlammindex lag im Mittel bei ca. 180 ml g^{-1}, mit Spitzenwerten bis zu 450 ml g^{-1}. Hohe Schlammindices wurden erst bei sehr hohen Fadenhäufigkeiten erreicht, da sowohl *N. limicola II* als auch Typ 0041/0675 vor allem in den Schlammflocken wachsen. Schwimmschlamm kam immer vor.

Fallbeispiel 2: Industrielle Anlagen - Deponiesickerwasser.

Abwasserzusammensetzung. Das Sickerwasser aus Siedlungsabfalldeponien ist i.d.R. – bedingt durch einen hohen Anteil schwer abbaubarer Kohlenstoffverbindungen – gekennzeichnet durch ein hohes CSB/BSB_5-Verhältnis. Im Falle einer biologischen Stickstoffelimination wird dieses Verhältnis meist durch die Dosierung einer leicht abbaubaren Kohlenstoffquelle für die Denitrifikation deutlich abgesenkt.

Abwasserreinigungsverfahren. Für die Behandlung von Deponiesickerwasser werden die verschiedensten Verfahren und Verfahrenskombinationen eingesetzt. Belebungsverfahren sind als biologische Vorbehandlungsstufe zur Stickstoffelimination häufig zu finden. Durch den hohen Anteil schwer oder nicht abbaubarer Substanzen im Abwasser werden nur niedrige Schlammbelastungen erreicht. Das Schlammalter bleibt aufgrund hoher Temperaturen des Deponiesickerwassers deutlich kürzer (im Mittel bei 6 Tagen) als in vergleichbar belasteten kommunalen Anlagen.

Mikroskopisches Bild. In den belebten Schlämmen von Deponiesickerwasseranlagen findet man häufig eine Vergesellschaftung von *N. limicola II*, Typ 0041/0675 und Typ 0092. Diese Fadenpopulation ist ebenfalls typisch für schwach belastete kommunale Kläranlagen, mit dem Unterschied, daß hier *Microthrix parvicella* dominant wird. Als wesentliche Selektionsfaktoren für *M. parvicella* gelten niedrige Schlammbelastungen und damit einhergehend lange Schlammalter und niedrige Temperaturen (vgl. Kap. 3.3.1). Bei Temperaturen in Sickerwasserreinigungsanlagen von ≥ 20°C und Schlammaltern um die 6 Tage ist *M. parvicella* nicht konkurrenzfähig. Obwohl die Typen 0092 und 0041/0675 ebenfalls höhere Schlammalter bevorzugen (vgl. Kap. 3.4.1 und 3.4.2), sind sie im Gegensatz zu *M. parvicella* an ein Wachstum bei höheren Temperaturen angepaßt.

N. limicola II ist das fädige Bakterium, das im belebten Schlamm von Deponiesickerwasseranlagen am häufigsten dominant wird. Wie schon in *Fallbeispiel 1* gezeigt, wird *N. limicola II* auch durch extrem kurze Schlammalter nicht im Wachstum behindert. Hohe Temperaturen haben sich in *Fallbeispiel 1* ebenfalls als günstig für *N. limicola II* erwiesen. In einer der untersuchten Deponiesickerwasseranlagen führte eine einmalige Stoßbelastung durch einen alkoholhaltigen Teilstrom (400 m^3) zu einem explosionsartigen Anstieg von *N. limicola II*. Dies deutet darauf hin, daß *N. limicola II* eventuell auch durch die zur Unterstützung der Denitrifikation dosierten Substrate (häufig Alkohole) im Wachstum gefördert wird.

Auswirkung auf den Schlammindex. Sowohl *N. limicola II* als auch Typ 0092 und Typ 0041/0675 gehören zu den fädigen Bakterien mit einer geringen Bedeutung für das Absetzverhalten des belebten Schlammes, da sie alle eher auf die Flocke beschränkt wachsen und so erst bei hohen Häufigkeiten zu ernsten Problemen führen. Ein verstärktes Anwachsen von *N. limicola II* führt auch in Deponiesickerwasseranlagen zu Schwimmschlamm- bzw. Schaumbildung.

3.4.3.3 Bekämpfungsmaßnahmen

Da *N. limicola II* selten der Auslöser für massive Blähschlammereignisse ist, gibt es keine eigenen Erfahrungen mit der gezielten Bekämpfung dieses fädigen Bakteriums. Die Tatsache, daß eindeutige Selektionsfaktoren kaum zu definieren sind, erschwert die Entwicklung einer Bekämpfungsstrategie.

Installation eines Selektors.

In der Literatur gibt es verschiedentlich Berichte zu Erfolgen mit aeroben oder anoxischen Selektoren, die von Lemmer u. Lind (2000) zusammenfassend dargestellt werden. Danach zeigten sowohl Untersuchungen von Wheeler et al. (1983) als auch von Eikelboom (1988), daß aerobe Selektoren mit kurzer Aufenthaltszeit *N. limicola* zurückdrängen konnten. Wheeler et al. wählten eine Aufenthaltszeit von 4 Minuten. Der Zulauf-CSB wurde in dieser Stufe um 25-30% reduziert, nach Meinung der Autoren weniger durch Abbau, denn durch intrazelluläre Einlagerung von Reservestoffen. Matsuo (1994) sowie Nowak u. Brown (1990) schlugen anoxische Selektoren als wirksame Bekämpfungsstrategie gegen *N. limicola* vor.

3.4.3.4 Zusammenfassender Literaturabgleich für *Nostocoida limicola*

Über die Wachstumscharakteristika und *Selektionsfaktoren* von *Nostocoida limicola* gibt es bislang nur wenige Untersuchungen, so daß bereits in den Kapiteln 3.4.3.1 und 3.4.3.3 neben eigenen Beobachtungen aus der Praxis auch Literaturangaben zum Vorkommen und zur Bekämpfung des fadenförmigen Bakteriums zusammengefaßt sind.

Fallbeispiel 1 bestätigt die Vermutung, daß hohe Kohlenstoff:Stickstoff-Verhältnisse *N. limicola* einen Wachstumsvorteil geben können (Wu et al. 1984). *Fallbeispiel 2* zeigt aber, daß dies keineswegs Voraussetzung für die Anreicherung des Fadens ist, da Deponiesickerwässer gerade umgekehrt durch niedrige Kohlenstoff:Stickstoff-Verhältnisse geprägt sind. Hier müssen andere Selektionsfaktoren eine Rolle spielen.

Die Frage, welcher Schlammbelastungsbereich für die Entwicklung von *N. limicola* am günstigsten ist, wird in der Literatur ganz unterschiedlich beantwortet. Am häufigsten wird der günstige Bereich bei einer mittleren Schlammbelastung B_{TS} von 0,2-0,3 kg kg^{-1} d^{-1} mit Schlammaltern zwischen 6 und 8 Tagen angegeben. Die *Fallbeispiele 1* und *2* zeigen jedoch, daß auch deutlich höhere und niedrigere Schlammbelastungen einem Wachstum von *N. limicola* nicht entgegenstehen.

Eikelboom et al. (1998) beobachteten eine verstärkte Entwicklung von *N. limicola* im Winter und Frühjahr, verglichen mit den Sommermonaten. Ob hieraus eine Bevorzugung niedriger Temperaturen abzuleiten ist, mag nach den *Fallbeispielen 1* und *2* zu bezweifeln sein. Hier scheinen sich eher hohe Temperaturen, direkt oder indirekt durch ihre Wirkung auf das Schlammalter, günstig auszuwirken.

3.4.4 *Beggiatoa* sp.

3.4.4.1 Wachstumscharakteristika und Selektionsfaktoren

- *Beggiatoa* sp. sind farblose Schwefelbakterien, die zu chemolithotrophem Wachstum befähigt sind. Die Energiegewinnung erfolgt dabei durch Oxidation von Sulfiden oder Thiosulfat, die als Elektronendonatoren dienen, zu elementarem Schwefel oder Sulfat. Elementarer Schwefel kann vorübergehend in den Zellen abgelagert werden und wird dann in Form von hellen lichtbrechenden Granula sichtbar. Dies ist ein wichtiges Merkmal bei der mikroskopischen Identifizierung von *Beggiatoa* sp. (vgl. Kap. 2).
- Einige *Beggiatoa* sp. können Kohlendioxid als Kohlenstoffquelle zur Synthese von Zellsubstanz nutzen, sind demnach zu autotrophem Wachstum in der Lage. Verbreitet scheint jedoch ebenfalls die Fähigkeit zu mixotrophem Wachstum zu sein. Dabei werden weiterhin die o.g. anorganischen Stoffe als Energiequellen verwendet, als Kohlenstoffquellen zur Synthese von Zellsubstanz dienen jedoch organische Verbindungen, z.B. Acetat (Güde et al. 1981, Hagen u. Nelson 1996).

- *Beggiatoa* sp. sind aerobe Organismen, die jedoch an niedrige Sauerstoffkonzentrationen adaptiert sind.
- Schwefelwasserstoff kann z.B. in den Abwasserzuleitungen, in Belebungsbekken oder auch in Biofilmanlagen immer dann gebildet werden, wenn anaerobe Bereiche in Beckenzonen oder auch im Inneren von großen Schlammflocken oder dicken Biofilmen auftreten. Sauerstoffmangel im belebten Schlamm durch z.B. unzureichende Belüftung oder die Bildung von „Totzonen" in Belebungsbecken infolge ungenügender Durchmischung begünstigen daher das Wachstum von *Beggiatoa* sp. im belebten Schlamm kommunaler und auch industrieller Kläranlagen.
- Hohe Frachten leicht abbaubarer organischer Stoffe, besonders kurzkettige organische Säuren und primäre Alkohole (Lemmer 1992), begünstigen das Wachstum von *Beggiatoa* sp.
- *Beggiatoa* sp. bewegt sich aktiv auf einer Schleimschicht gleitend durch den belebten Schlamm und unterscheidet sich daher deutlich von anderen fadenförmigen Mikroorganismen. Geschwindigkeiten bis zu 8 $\mu m\ s^{-1}$ wurden gemessen (Richardson 1996).

3.4.4.2 Auftreten in kommunalen und industriellen Anlagen

Nachfolgend sollen anhand einer kommunalen Anlage die Selektionsbedingungen für *Beggiatoa* sp. verdeutlicht werden. Wie oben angeführt, ist das Vorkommen von *Beggiatoa* sp. aber nicht auf den kommunalen Bereich beschränkt, sondern überall dort möglich, wo die genannten Bedingungen erfüllt sind.

Fallbeispiel: Kommunale Anlage.

Abwasserzusammensetzung. In der beschriebenen Anlage wurde kommunales Abwasser ohne nennenswerte Indirekteinleiter behandelt.

Abwasserreinigungsverfahren. Im Fallbeispiel handelte es sich um eine halbtechnische zweistufige Versuchsanlage mit getauchtem Festbettmaterial (Bio-Net). Die Versuchsanlage wurde mit dem Ablauf des Sandfanges einer kommunalen Großanlage ohne Vorklärung gespeist. In der Festbettstufe 1 fand bereits ein weitgehender Kohlenstoffabbau statt. Nach einer Zwischenklärung zum Abfangen der über den Zulauf eingetragenen und in der ersten Festbettstufe gebildeten heterotrophen Biomasse erfolgte in der Festbettstufe 2 die Nitrifikation. Der hier gebildete Schlamm wurde in der darauf folgenden Nachklärung sedimentiert. Tabelle 3.25 faßt wichtige Abwasser- bzw. Anlagendaten zusammen.

Mikroskopisches Bild. *Beggiatoa* sp. kamen in einer Häufigkeit von 5 gemeinsam mit Typ 021N (Häufigkeit 3-4), *Haliscomenobacter hydrossis* (Häufigkeit 4-5) und *Sphaerotilus natans* (Häufigkeit 3) vor.

Der auf dem Festbettmaterial aufwachsende Biofilm war unterschiedlich dick und kompakt. Der Sauerstoffeintrag in die Becken erfolgte mittels Druckbelüftung. Der Sauerstoff gelangte durch Diffusion in den Biofilm, wobei die Diffusionstiefe nicht meßtechnisch verfolgt werden konnte. Zum Zeitpunkt der Untersuchung erfolgte ein Sauerstoffeintrag in den ersten Reaktor mit 14 bis 16 $Nm^3\ h^{-1}\ m^{-2}$ Festbettgrundfläche. Obwohl ein mittlerer Sauerstoffgehalt von 9 $mg\ l^{-1}$ in der suspendierten Biomasse zu messen war, wurde *Beggiatoa* sp. mit einer Häufigkeit von 5 dominant, da der Biofilm nicht in allen Schichten genügend mit Sauerstoff versorgt war (vgl. Kap. 3.4.4.3 *Bekämpfungsmaßnahmen*).

Durch das Fehlen einer Vorklärung zur Abtrennung von organischen partikulären Substanzen kam es zu hohen und stark schwankenden CSB/BSB_5-Verhältnissen und unausgeglichenen Nährstoffverhältnissen im Zulauf (BSB_5/N-Verhältnis stark schwankend). Das Vorkommen von Typ 021N war auf diese Zulaufverhältnisse zurückzuführen. Darüber hinaus handelt es sich bei Typ 021N, ebenso wie bei *Beggiatoa* sp., um Bakterien, die in der Lage sind, durch Oxidation reduzierter Schwefelverbindungen Energie zu gewinnen und auf diese Weise einen Selektionsvorteil zu erhalten (vgl. Kap. 3.3.3).

Von *H. hydrossis* werden niedrige Sauerstoffkonzentrationen und hohe Stickstofffrachten bevorzugt (vgl. Kap. 3.3.5) und auch *S. natans* wächst bei Sauerstoffmangel, der in Folge von Stoßbelastungen auftritt (vgl. Kap. 3.3.6). In der halbtechnischen Versuchsanlage schwankten in den Tagen vor dem Auftreten von *S. natans* die Zulaufférdermengen und damit verbunden die CSB- und BSB_5-Frachten. Nach dem Ausgleich der Schwankungen durch Vergleichmäßigung der Zulaufördermengen verschwand *S. natans* aus dem belebten Schlamm.

Auswirkung auf den Schlammindex. Im allgemeinen steht in vollständig durchmischten Belebungsbecken kommunaler und industrieller Kläranlagen ausreichend Sauerstoff zur Verfügung. *Beggiatoa* sp. kommen in diesen Anlagen, wenn überhaupt, nur vereinzelt vor. Ein Blähschlammproblem durch die Dominanz allein dieses Fadens im belebten Schlamm wurde daher von den Autorinnen bisher nicht beobachtet. In der hier beschriebenen Versuchsanlage mit getauchtem Festbett wurde *Beggiatoa* sp. jedoch in der suspendierten Biomasse mit einer Häufigkeit von 5 identifiziert und führte zusammen mit den anderen fadenförmigen Mikroorganismen zu einem schlecht absetzbaren Schlamm.

Tabelle 3.25 Kenndaten einer halbtechnischen Versuchsanlage mit Festbett und einem dominanten Auftreten von *Beggiatoa* sp.

Wichtige Einflußgrößen auf das Vorkommen von *Beggiatoa* sp.	Einheit	Abwasser- bzw. Anlagendaten
Sauerstoffkonzentration im Belebungsbecken in der suspendierten Phase	[mg l^{-1}]	9,2
pH-Wert im Belebungsbecken	[-]	7,8
Temperatur im Belebungsbecken	[°C]	17,0
Ammoniumstickstoff im Zulauf zur Anlage	[mg l^{-1}]	24,0-59,0
Orthophosphat im Zulauf zur Anlage	[mg l^{-1}]	4,2-8,5
CSB_{gesamt} im Zulauf zur Anlage	[mg l^{-1}]	463,0-1555,0
$BSB_{5,gesamt}$ im Zulauf zur Anlage	[mg l^{-1}]	175,0-535,0
BSB_5-Flächenbelastung B_A	[g m^{-2} d^{-1}]	12,6

3.4.4.3 Bekämpfungsmaßnahmen

Verbesserung der Sauerstoffversorgung.

Nach Erhöhung des Sauerstoffeintrages im *Fallbeispiel* auf konstante 21 $Nm^3\,h^{-1}\,m^{-2}$ Festbettgrundfläche diffundierte mehr Sauerstoff in den Biofilm. Die Häufigkeit von *Beggiatoa* sp. im belebten Schlamm konnte von 5 auf 3 reduziert werden. Geht man davon aus, daß sich *Beggiatoa* sp. primär in den sauerstofflimitierten Zonen eines Biofilms ausbilden und dann durch Ablösung in die suspendierte Phase gelangen, konnte im Fallbeispiel durch eine erhöhte Eindringtiefe des Sauerstoffs in den Biofilm das Wachstum von *Beggiatoa* sp. vermindert werden. Es wird deutlich, daß gerade bei Festbettreaktoren mit Biofilmbewuchs, aber auch in anderen Anlagen nicht immer die in der flüssigen Phase gemessene Sauerstoffkonzentration, sondern vielmehr die Sauerstoffversorgung innerhalb der Belebtschlammflocken bzw. im Biofilm wesentlich sein kann. Durch die Erhöhung des Sauerstoffeintrages konnte *H. hydrossis* vollständig aus dem belebten Schlamm entfernt werden.

3.4.4.4 Zusammenfassender Literaturabgleich für Beggiatoa sp.

Die hier dargestellten *Selektionsfaktoren* werden durch die Ergebnisse von Chung u. Strom (1997) unterstützt, die eine starke Anreicherung von *Beggiatoa* sp. in einem Festbettreaktor (Laborversuchsanlage) nur bei hohen organischen Frachten und niedriger Belüftung feststellten. Einmal angereichert wurde die *Beggiatoa*-Population nur bei Acetat- nicht aber bei Glucose-Zugabe durch erhöhte Belüftung reduziert. Aufgrund der positiven Wachstumsreaktion auf hohe organischen Frachten, wird *Beggiatoa* sp. häufig zusammen mit *Sphaerotilus natans* im belebten Schlamm gefunden (Chung u. Strom 1997a, 1997b). Nicht nur im belebten Schlamm von Kläranlagen (ATV-Arbeitsbericht 1998), sondern auch in größeren Gewässern und Meeren, wie z.B. der Baltischen See, ist *Beggiatoa* sp. ein Anzeiger für Sauerstoffarmut und Anwesenheit von Schwefelwasserstoff (Rosenberg u. Diaz 1993).

Die Tatsache, daß *Beggiatoa* sp. in den zahlreichen Untersuchungen verschiedenster Blähschlammereignisse, die in diesem Buch zusammengefaßt sind, nie als dominante, den Blähschlamm verursachende Organismen gefunden wurden, steht in Übereinstimmung mit den Erfahrungen anderer Autoren. So waren *Beggiatoa* sp. in keiner der von Eikelboom u. Andreasen (1995) in Dänemark, Griechenland und Deutschland untersuchten nährstoffeliminierenden Kläranlagen vertreten. Dies macht noch einmal deutlich, daß *Beggiatoa* sp. in Anlagen, die ausreichend mit Sauerstoff versorgt sind, keine Chance auf Anreicherung hat.

Literatur

Abwassertechnische Vereinigung (1988) Verhinderung und Bekämpfung von Blähschlamm und Schwimmschlamm. Arbeitsbericht der ATV-Arbeitsgruppe 2.6.1, Korr Abw 35: 152-164

Abwassertechnische Vereinigung (1991) Grundsätze für die Bemessung von einstufigen Belebungsanlagen mit Anschlußwerten über 5000 Einwohnergleichwerten. ATV-Regelwerk-Abwasser-Arbeitsblatt A 131

Abwassertechnische Vereinigung (1998) Blähschlamm, Schwimmschlamm und Schaum in Belebungsanlagen - Ursachen und Bekämpfung. Arbeitsbericht der ATV-Arbeitsgruppe 2.6.1, Korr Abw 45: 1959-1968

Andreasen K, Nielsen PH (1997) Application of microautoradiography to the study of substrate uptake by filamentous microorganisms in activated sludge. Appl Environ Microbiol 63: 3662-3668

Andreasen K, Nielsen PH (1998) In situ characterization of substrate uptake by *Microthrix parvicella* using microautoradiography. Wat Sci Tech 37: 19-26

Aufderheide M (1982) Isolierung fadenförmiger Mikroorganismen aus Blähschlamm und deren Verhalten in kontinuierlicher Kultur. Biol. Dissertation, Universität Hannover

Austermann-Haun U, Lange R, Seyfried CF, Rosenwinkel K-H (1998) Upgrading an anaerobic/aerobic wastewater treatment plant. Wat Sci Tech 37: 243-250

Best AG, Hatton CJ, Rachwal AJ, Hurley B (1985) Biological phosphorus and nitrogen removal at an experimental full scale plant in the U.K. Wat Sci Tech 17: 213-232

Blackall LL, Harbers AE, Greenfield PF, Hayward AC (1988) Actinomycete scum problems in Australian activated sludge plants. Wat Sci Tech 20: 493-495

Blackall LL, Parlett JH, Hayward AC, Minnikin DE, Greenfield PF (1989) *Nocardia pinensis* sp. nov., an actinomycete found in activated sludge foams in Australia. J Gen Microbiol 135: 1547-1558

Blackall LL, Tandoi V, Jenkins D (1991) Continuous culture studies with *Nocardia amarae* from activated sludge and their implications for *Nocardia* foaming control. J Wat Pollut Control Fed 63: 44-50

Blackall LL, Harbers AE, Greenfield PF, Hayward AC (1991) Activated sludge foams: effects of environmental variables on organism growth and foam formation. Environ Technol 12: 241-248

Blackall LL, Harbers AE, Greenfield PF, Hayward AC (1991) Foaming in activated sludge plants: a survey in Queensland, Australia and an evaluation of some control strategies. Wat Res 25: 313-317

Blackall LL, Seviour EM, Cunningham MA, Seviour RJ, Hugenholtz P (1994) "*Microthrix parvicella*" is a novel, deep branching member of the actinomycetes subphylum. System Appl Microbiol 17: 513-518

Blackall LL, Stratton H, Bradford D, Del Dot T, Sjörup C, Seviour EM, Seviour RJ (1996) „*Candidatus* Microthrix parvicella", a filamentous bacterium from activated sludge sewage treatment plants. Int J System Bacteriol 46: 344-346

Blackbeard JR, Ekama GA, Marais GvR (1986) A survey of filamentous bulking and foaming in activated-sludge plants in South Africa. Wat Pollut Control 85: 89-100

Boll, R (1989): Zur erhöhten biologischen Phosphorentfernung beim Belebungsverfahren. Veröffentlichungen des Instituts für Siedlungswasserwirtschaft der Technischen Universität Braunschweig, Bd 46

Bortone G, Cech JS, Bianchi R, Tilche A (1995) Effects of an anaerobic zone in a textile wastewater treatment plant. Wat Sci Tech 32: 133-140

Carlsson H, Lee N, Welander T (1994) A case study on the sludge characteristics in a biological nutrient removal pilot plant at the Sjölunda wastewater treatment plant in Malmö. Vatten 50: 39-46

Casey TG, Ekama GA, Wentzel MC, Marais GvR (1995) Filamentous organism bulking in nutrient removal activated sludge systems. Paper 1: A historical overview of causes and control. Water SA 21: 231-238

Chua H, Tan KN, Cheung MWL (1996) Filamentous growth in activated sludge. Appl Biochem Biotech 57/58: 851-856

Chudoba J, Ottowa V, Madera V (1973) Control of activated sludge filamentous bulking, I. Wat Res 7: 1163-1182

Chudoba J, Wanner J (1987) Discussion of Albertson, O.E. (1987) The control of bulking sludge: from the early innovators to current practice. Wat Pollut Control Fed 59: 172

Chun J, Blackall LL, Kang S-O, Hah YC, Goodfellow M (1997) A proposal to reclassify *Nocardia pinensis* Blackall *et al.* 1989 as *Skermania piniformis* nov., comb. nov. Int J System Bacteriol 47: 127-131

Daigger GT, Nicholson GA (1990) Performance of four full-scale nitrifying wastewater treatment plants incorporating selectors. Wat Pollut Control Fed 62: 676-683

Daigger GT, Robbins MH, Marshall BR (1985) The design of a selector to control low-F/M filamentous bulking. J Wat Pollut Control Fed 57: 220-226

Diekmann H, Faby S (1988) Mischkulturversuche mit dem Fadenbildner *Haliscomenobacter hydrossis* und dem flockenbildenden *Arthrobacter globiformis*. I. Kultivierung und Einfluß des pH-Wertes. gwf-Wasser/Abwasser 129:351-355

Dittrich D (1999) Schaumbildung auf Kläranlagen mit Nährsalzelimination - ein Beitrag zur Entstehung und Vermeidung. Dissertation am Inst. f. Siedlungswasserwirtschaft und Abfalltechnik der Universität Hannover

Duine AMA, Kunst S (2000) Wissenschaftliche Untersuchungen zur Blähschlammbekämpfung und zum Vorabbau des hochbelasteten Industrieabwasserteilstroms der Kläranlage Holzminden. Institut für Siedlungswasserwirtschaft und Abfalltechnik der Universität Hannover, unveröffentlicht.

Eikelboom DH, Van Buijsen HJJ (1987) Handbuch für die mikroskopische Schlammuntersuchung. 2. Aufl. Hirthammer Verlag, München

Eikelboom DH (1988) Licht-Slibhandboek. Rapport R87/358, TNO Delft, Niederlande

Eikelboom DH (1994) The *Microthrix parvicella* puzzle. Wat Sci Tech 29: 271-279

Eikelboom DH, Andreasen K (1995) Survey of the filamentous population in nutrient removal plants in four European Countries. TNO-report TNO-MW-R 95/090, TNO Institute of Environmental Sciences, Delft

Eikelboom DH (1996) Mitteilung an die ATV-Arbeitsgruppe 2.6.1

Eikelboom DH, Andreadakis A, Andreasen K (1998) Survey of filamentous populations in nutrient removal plants in four European countries. Wat Sci Tech 37: 281-289

Eikelboom DH (1999) Mitteilung an die ATV-Arbeitsgruppe 2.6.1

Ekama GA, Wentzel MC, Casey TG, Marais GvR (1996a) Filamentous organism bulking in nutrient removal activated sludge systems. Paper 3: Stimulation of the selector effect under anoxic conditions. Water SA 22: 119-126

Ekama GA, Wentzel MC, Casey TG, Marais GvR (1996b) Filamentous organism bulking in nutrient removal activated sludge systems. Paper 6: Review, evaluation and consolidation of results. Water SA 22: 147-152

Farquhar GJ, Boyle WC (1972) Control of *Thiothrix* in activated sludge. Wat Pollut Control Fed 44: 14-24

Foot RJ (1992) Effect of process control parameters on the composition and stability of activated sludge. Int Environ Manag 6: 215-228

Gabb DMD, Ekama GA, Jenkins D, Wentzel MC, Casey TG, Marais GvR (1996a) Filamentous organism bulking in nutrient removal activated sludge systems. Paper 4: System configurations and operating conditions to develop low F/M filament bulking sludges at laboratory-scale. Water SA 22: 127-137

Gabb DMD, Ekama GA, Jenkins D, Wentzel MC, Casey TG, Marais GvR (1996b) Filamentous organism bulking in nutrient removal activated sludge systems. Paper 5: Experimental examination of aerobic selectors in anoxic-aerobic systems. Water SA 22: 139-146

Gabb DMD, Still DA, Ekama GA, Jenkins D, Marais GvR (1991) The selector effect on filamentous bulking in long sludge age activated sludge systems. Wat Sci Tech 23: 867-877

Goddard AJ, Forster CF (1987) A further examination into the problem of stable foams in activated sludge plants. Microbios 50: 29-42

Goi M, Nishimura T, Kuribayashi S, Okouchi T, Murakami T (1994) An experimental study to suppress scum formation accompanying the abnormal growth of *Nocardia* by adding ozone in the aeration tank. Wat Sci Tech 30: 231-234

Goi M, Odagawa K, Nishimura T, Okoch T, Yuzawa H (1998) *Gordona* scum suppression mechanism of ozone added in waste water treatment plants. Wat Sci Tech 38: 87-94

Goodfellow M, Stainsby FM, Davenport R, Chun J, Curtis T (1998) Activated sludge foaming: The true extent of actinomycete diversity. Wat Sci Tech 37: 511-519

Güde H, Strohl WR, Larkin JM (1981) Mixotrophic and heterotrophic growth of *Beggiatoa alba* in continuous culture. Arch Microbiol 129: 357-360

Hagen KD, Nelson DC (1996) Organic carbon utilization by obligately and facultatively autotrophic *Beggiatoa* strains in homogeneous and gradient cultures. Appl Environ Microbiol 62: 947-953

Helmer C (1994) Einfluß von Temperatur und Stoßbelastungen auf die Mikroflora der belebten Schlämme in Bio-P-Anlagen. Veröff. d. Inst. f. Siedlungswasserwirtschaft und Abfalltechnik der Universität Hannover, Bd 89

Hernandez M, Jenkins D (1994) The fate of *Nocardia* in anaerobic digestion. Wat Environ Res 66: 828-835

Holmström H, Bosander J, Dahlberg AG, Dillner-Westlund A, Flyborg L, Jokinen K (1996) Severe bulking and foaming at the Himmerfjärden WWTP. Wat Sci Tech 33: 127-135

Houtmeyers J, Poffé R, Verachert H (1977) H_2O_2 as a supplemental oxygen source for activated sludge: Microbial investigation. Europ J Appl Microbiol 4: 295-305

Huber G, Peters K, Frevert T (1984) Zusammenhang zwischen der Sauerstoffzehrungskinetik, Schwefelwasserstoff und dem Auftreten von Blähschlamm in einer Kläranlage. gwf-Wasser/Abwasser 125: 417-423

Jenkins D, Richard MG, Daigger GJ (1993) Manual on the causes and control of activated sludge bulking and foaming. Ridgelines Press, Lafayettes, Calif.

Kappeler J (1998) Einsatz von organischen und anorganischen Zusatzstoffen zur Blähschlamm- und Schwimmschlammbekämpfung. Verbandsbericht Nr. 522, VSA-Mitgliederversammlung Mai 1998 in Zürich: 63-77

Katatsuji K, Miyata H, Fukase T (1996) Lysis of filamentous bacteria by surfactants. Wat Sci Tech 34: 145-153

Khan AR, Forster CF (1996) Growth studies of *Rhodococcus rubra* in relation to stable foam formation in wastewater treatment systems. Environ Technol 17: 737-746

Klatte S, Rainey FA, Kroppenstedt RM (1994) Transfer of *Rhodococcus aichiensis* Tsukamura 1982 and *Nocardia amarae* Lechevalier and Lechevalier 1972 to the genus *Gordona* as *Gordona aichiensis* comb. nov. and *Gordona amarae* comb. nov. Int J Syst Bacteriol 44: 769-773

Knight GC, Seviour EM, Seviour RJ, Soddell JA, Lindrea KC, Strachan W, De Grey B, Bayly RC (1995) Development of the microbial nutrient removal activated sludge plant during start-up. Wat Res 29: 2085-2093

Knoop S (1997) Untersuchungen zum Vorkommen von *Microthrix parvicella* in Kläranlagen mit Nährstoffelimination. Veröff. d. Inst. f. Siedlungswasserwirtschaft und Abfalltechnik der Universität Hannover, Bd 101

Knoop S, Kunst S (1998) Influence of temperature and sludge loading on activated sludge settling especially on *Microthrix parvicella*. Wat Sci Tech 37: 27-35

Kroiss H (1985) Bulking problems in the Leopoldsdorfer Sugar Mill Plant. Wiener Mitteilungen Bd 56: 81

Laube T (1994) Verfahrenstechnische und mikrobiologische Untersuchungen zur Entwicklung und Bekämpfung von Blähschlamm in einer industriellen Abwasserreinigungsanlage. Dissertation TH Darmstadt

Lechevalier HA, Lechevalier MP (1974) *Nocardia amarae* sp. nov., an Actinomycete common in foaming activated sludge. Int J System Bacteriol 24: 278-288

Lee SE, Koopmann BL, Jenkins D, Lewis RF (1983) Die Auswirkungen der Belebungsbeckeneinteilung auf die Blähschlammbildung bei organisch schwach belasteten Belebtschlämmen. Mitt der Oswald-Schulze-Stiftung H 2: 29-47

Lee NM, Carlsson H, Aspegren H, Welander TH, Andersson B (1996) Stability and variation in sludge properties in two parallel systems for enhanced biological phosphorus removal operated with and without nitrogen removal. Wat Sci Tech 34: 101-109

Lemmer H, Kroppenstedt RM (1984) Chemotaxonomy and physiology of some actinomycetes isolated from scumming activated sludge. System Appl Microbiol 5: 124-135

Lemmer H (1985) Mikrobiologische Untersuchungen zur Bildung von Schwimmschlamm auf Kläranlagen. Biol. Dissertation an der Fakultät für Chemie, Biologie und Geowissenschaften der Universität München

Lemmer H (1990) Laborversuche zum Wachstumsverhalten verschiedener Fadenorganismen aus Blähschlamm und Schwimmschlamm. Korr Abw 1: 54-60

Lemmer H (1992) Fadenförmige Mikroorganismen aus belebtem Schlamm. ATV-Dokumentation und Schriftenreihe aus Wissenschaft und Praxis, Bd 30

Lemmer H., Lind G, Schade M, Ziegelmayr B (1998) Biologische Charakterisierung von Schäumen in Belebungsanlagen. Teil II: Bedeutung nicht-fädiger Belebtschlammbakterien. gwf-Wasser/Abwasser 139: 80-84

Lemmer H, Lind G (2000) Blähschlamm, Schaum, Schwimmschlamm. Hirthammer Verlag, München

Lind G, Lemmer H (1998) Biologische Charakterisierung von Schäumen in Belebungsanlagen. Teil I: Bedeutung fädiger Belebtschlammbakterien. gwf-Wasser/Abwasser 139: 1-6

Lodi A, Solisio C, Converti A, Del Borghi M (1998) Cadmium, Zinc, Copper, Silver and Chromium (III) removal from wastewaters by *Sphaerotilus natans*. Bioprocess Engineering 19: 197-203

Matsché N, Kreutzinger N (1998) Blähschlamm, Schwimmschlamm, Schaum - Ursachenerkennung und Bekämpfung. Wiener Mitt 145: 141-177

Matsuo Y (1994) Effect of the anaerobic solids retention time on enhanced biological phosphorus removal. Wat Sci Tech 30: 193-202

Merkel GJ (1975) Observations on the attachment of *Thiothrix* to biological surfaces. Wat Res 9: 881-885

Mino T (1995) Survey of filamentous microorganisms in activated sludge process in Bangkok, Thailand. Wat Sci Tech 31: 193-202

Mori T, Kawakami T, Tomonori M (1985) Behavior of intracellular polyphosphate in the biological phosphate removal process. Wat Sci Tech 17: 11-21

Mudrack K, Kunst S (1994) Biologie der Abwasserreinigung. Gustav Fischer Verlag. Stuttgart Jena New York

Müller J, Lehne G, Pieper P, Dichtl N (1999) Mechanische Zerkleinerung von Bläh- und Schwimmschlämmen. Wasser/Abwasser Praxis 3: 25-31

Mulder JW, Rensink JH (1987) Introduction of biological phosphorus removal to an activated sludge plant with practical limitations. In: Ramadori R (ed) Biological phosphate removal from wastewater. Pergamon press, Oxford, UK, 213-233

Nielsen PH (1985) Oxidation of sulfide and thiosulfate and storage of sulfur granules in *Thiothrix* from activated sludge. Wat Sci Tech 17: 167

Nielsen PH, Andreasen K, Wagner M, Blackall LL, Lemmer H, Seviour RJ (1998) Variability of Type 021N in activated sludge determined by in situ substrate uptake pattern and in situ hybridization with fluorescent rRNA targeted probes. Wat Sci Tech 35: 485-501

Nowak G, Brown GD (1990) Characteristics of *Nostocoida limicola* and its activity in activated sludge suspension. Res J Wat Pollut Control Fed 62: 137-142

Okouchi T, Goi M, Nishimura T, Abe S, Murakami T (1996) *Nocardia* scum suppression technology by ozone addition. Wat Sci Tech 34: 283-290

Pernelle JJ, Cotteux E, Duchène P (1998) Effectiveness of oligonucleotide probes targeted against *Thiothrix nivea* and Type 021N 16S rRNA for in situ identification and population monitoring of activated sludges. Wat Sci Tech 35: 485-501

Pipes WO (1978) Microbiology of activated sludge. Advan Appl Microbiol 24: 85-127

Pitman AR (1991) Design considerations for nutrient removal activated sludge plants. Wat Sci Tech 23: 781-790

Pitman AR (1992) Process design of new biological nutrient removal extensions to Northern Works, Johannesburg. Proceedings of the European conference on nutrient removal from wastewater, 1-4 September, Wakefield, UK

Pitman AR (1996) Bulking and foaming in BNR plants in Johannesburg: problems and solutions. Wat Sci Tech 34: 291-298

Pongartz P (1983) Bekämpfung von Blähschlamm in der Kläranlage Bayreuth. Korr Abw 30: 837-842

Prendl L (1996) Ein Beitrag zu Verständnis und Anwendung aerober Selektoren für die Blähschlammvermeidung. Dissertation, Fakultät Bauingenieurwesen, Technische Universität Wien

Prendl L, Kroiss H (1998) Bulking sludge prevention by an aerobic selector. Wat Sci Tech 38: 8-9

Pujol R, Canler JP (1994) Contact zone: french practice with low F/M bulking control. Wat Sci Tech 29: 221-228

Pujol R, Duchène S, Schietrite S, Canler JP (1991) Biological foams in activated sludge plants: Characterisation and situation. Wat Res 25: 1399-1404

Rensink JH (1979) Cure and prevention of bulking sludge in practice. Tribune de Cebedeau 32: 445-450

Rensink JH, Donker HJGW, Simons TSJ (1985) Phosphorus removal at low sludge loadings. Wat Sci Tech 17: 177-186

Richard MG, Shimizu GP, Jenkins D (1985) The growth physiology of the filamentous organism Type 021N and its significance to activated sludge bulking. J Wat Pollut Control Fed 57: 1152-1162

Richards, T, Nungesser P, Jones C (1990) Solution of *Nocardia* foaming problems. Res J Water Pollut Control Fed 62: 915

Rieger W (1990) Untersuchungen zur Wirkungsweise von Braunkohlenkoks-Partikel bei der aeroben biologischen Abwasserreinigung. Dissertation, Inst. f. Textil- und Verfahrenstechnik der Universität Stuttgart

Rosenwinkel K-H (1994) Abwasservorbehandlung in Betrieben der Nahrungsmittel- und Getränkeindustrie. Gewässerschutz-Wasser-Abwasser, Schriftenreihe Universität Aachen, Bd 147

Rosenwinkel K-H (1995) Ursachen und Bekämpfung von Schwimm- und Blähschlamm bei der biologischen Abwasserreinigung. Veröff. d. Inst. f. Siedlungswasserwirtschaft und Abfalltechnik der Universität Hannover, Bd 94

Rosenwinkel K-H (1996) Ursachen und Bekämpfung von Schwimm- und Blähschlammbildung bei der biologischen Abwasserreinigung. Wasser und Boden 5: 38-52

Rossetti S, Carucci A, Rolle E (1994) Survey on the occurrence of filamentous organisms in municipal wastewater treatment plants related to their operating conditions. Wat Sci Tech 29: 305-308

Schön G, Bächler A (1998) Zugabe von Stoffen in geringen Mengen bei der biologischen Abwasserreinigung mit dem Ziel, gewünschte Stoffwechselreaktionen zu stabilisieren und unerwünschte zu unterbinden. Schlußbericht des vom Ministerium für Umwelt und Verkehr des Landes Baden-Württemberg in Auftrag gegebenen Projektes UVM 1005/534 90/92 (96-98), Teil II

Scruggs CE, Randall CW (1998) Evaluation of filamentous microorganism growth factors in an industrial wastewater activated sludge. Wat Sci Tech 37: 263-270

Seviour EM, Lindrea KC, Seviour RJ, Soddell JA (1993) Filamentous bacteria in activated sludge plants. Poster from filament research group by the Biotechnology Research Center, La Trobe University, P.O. Box 199, Bendigo, Victoria, Australia

Seviour EM, Williams CJ, Seviour RJ, Soddell JA, Lindrea KC (1990) A survey of filamentous bacterial populations from foaming activated sludge plants in eastern states of Australia. Wat Res 24: 493-498

Seviour EM, Williams C, Degrey B, Soddell JA, Seviour RJ, Lindrea KC (1994): Studies on filamentous bacteria from Australian activated sludge plants. Wat Res 28: 2335-2342

Seyfried CF, Dittrich D, Helmer C, Hinrichs W, Knoop S (1998) New experiences of the fullscale application of biological N- and P-removal in Germany – problems with filamentous bacteria and scum. Proceedings of the 7thJapanese-German workshop on wastewater and sludge treatment, ISSN 0386-5878

Shao Y, Starr M, Kaporis K, Kim HS, Jenkins D (1997) Polymer addition as a solution to *Nocardia* foaming problems. Wat Env Res 69: 25-27

Shao YJ, Jenkins D (1989) The use of anoxic selectors for the control of low F/M activated sludge bulking. Wat Sci Tech 21: 609

Shuttleworth KL, Unz RF (1991) Influence of metals and metal speciation on the growth of filamentous bacteria. Wat Res 25: 1177-1186

Slijkhuis H (1983b) The physiology of the filamentous bacterium *Microthrix parvicella*. Ph.D. thesis, Landbouwhogeschool, Wageningen, The Netherlands

Soddell JA, Seviour RJ (1990) Microbiology of foaming in activated sludge plants. J Appl Bacteriol 69: 145-176

Soddell JA, Seviour RJ (1996) Growth of an activated sludge foam-forming bacterium, *Nocardia pinensis*, on hydrophobic substrates. Wat Sci Tech 34: 113-118

Soddell JA, Seviour RJ, Blackall LL, Hugenholz P (1998) New foam-forming nocardioforms found in activated sludge. Wat Sci Tech 35: 485-501

Still DA, Ekama GA, Wentzel MC, Casey TG, Marais GvR (1996) Filamentous organism bulking in nutrient removal activated sludge systems. Paper 2: Stimulation of the selector effect under aerobic conditions. Water SA 22: 97-118

Stratton HM, Seviour RJ, Soddell JA, Blackall LL, Muir D (1996) The opportunistic pathogen *Nocardia farcinica* is a foam producing bacterium in activated sludge plants. Letters Appl Microbiol 22: 342-346

Strunk WG, Shapiro J (1976) Bulking control made easy – with hydrogen peroxide. Wat Pollut Control 114: 10-15 und 40-41

Switzenbaum MS, Plante TR, Woodworth BK (1992) Filamentous bulking in Massachusetts: Extend of the problem and case studies. Wat Sci Tech 25: 265-271

Tandoi V, Rossetti S, Blackall LL, Majone M (1998) Some physiological properties of an italian isolate of „*Microthrix parvicella*“. Wat Sci Tech 37: 1-8

Van Niekerk A, Jenkins D, Richard M (1987) The competitive growth of *Zoogloea ramigera* and Type 021N in activated sludge and pure culture - A model for low F:M bulking. Journal WPCF 59: 5

Wagner F (1983) Studies on the causes and prevention of bulking sludge in Germany. Workshop IAWPRC, Wien

Wagner M (1995) Die Anwendung von in situ Hybridisierungssonden zur Aufklärung mikrobieller Populationsstrukturen in der Abwasserreinigung. Dissertation, Technische Universität München

Wanner J (1994) Activated sludge bulking and foaming control. Technomic publication. Lancaster, Basel

Wanner J, Grau P (1989) Identification of filamentous microorganisms from activated sludge: A compromise between wishes, needs and possibilities. Wat Res 23: 883-891

Wheeler ML, Jenkins D, Richard MG (1983) The use of a „selector“ for bulking control at the Hamilton, Ohio, USA, water pollution control facility. Workshop IAWPRC, Wien 1983

Williams TM, Unz RF (1989) The nutrition of *Thiothrix*, Type 021N , *Beggiatoa* and *Leucothrix* strains. Wat Res 23: 15-22

Wong PK, Chung WK (1993) Control of bacterial foaming in activated sludge process by chlorination. Environ Sci Health, A28/8: 1615-1628

Wu Y, Arnold SL, Ou RF (1989) Ecological study of activated sludge settling property in the completely mixed system. Wat Res 18: 1535-1543

Yamamoto-Ikemoto R, Matsui S, Komori T, Bosque-Hamilton EK (1998) Control of filamentous bulking and interactions among sulfur oxidation-reduction and iron oxidation-reduction in activated sludge using iron coagulant. Wat Sci Tech 38: 9-17

Zobel T (1999) Betriebserfahrungen mit Al-Fällungsmittel auf der Kläranlage Aachen-Soers. Schriftenreihe des Instituts für Siedlungswasserwirtschaft, Universität Karlsruhe, Bd 98: 25-33

Glossar

Aerobe Bedingungen: Sauerstoff ist in gelöster Form vorhanden.

Affinität: „Anziehungskraft" – Bakterien mit einer hohen Affinität zu Sauerstoff oder zu einem bestimmten Substrat können auch bei niedrigen Konzentrationen des Reaktionspartners gut wachsen, da eine erhöhte Bindungskapazität besteht und so auch noch bei „ungünstigen" Substratbedingungen eine Reaktion möglich ist.

Anaerobe Bedingungen: Sauerstoff ist weder in gelöster noch in chemisch gebundener Form, z.B. in oxidierten Verbindungen wie Nitrit oder Nitrat, vorhanden.

Anoxische Bedingungen: Sauerstoff ist nicht in gelöster Form vorhanden, tritt aber in chemisch gebundener Form auf, z.B. in den oxidierten Verbindungen Nitrit, Nitrat oder Sulfat.

autotroph: In der Beschreibung des Stoffwechseltyps von Bakterien beziehen sich die Begriffe „autotroph" und „heterotroph" auf die Herkunft des Kohlenstoffs zum Aufbau der Zellsubstanz. Bakterien werden als „autotroph" bezeichnet, wenn sie die überwiegende Menge des Zellkohlenstoffs durch eine Fixierung von CO_2 gewinnen.

Biochemischer Sauerstoffbedarf (BSB_5): Maß für die im Abwasser enthaltenen biologisch abbaubaren organischen Stoffe. Bei der Bestimmung wird die Sauerstoffmenge gemessen, die durch die mikrobiellen Stoffwechselprozesse beim Abbau der Schmutzstoffe im aeroben Milieu bei 20 °C in 5 Tagen verbraucht wird. Der BSB_5 wird daher als mg l^{-1} O_2 angegeben. Da der BSB_5 definitionsgemäß nur die → Oxidation von Kohlenstoff-Verbindungen beinhalten soll, kann durch Zugabe von Allylthioharnstoff (ATH) eine ebenfalls sauerstoffzehrende → Nitrifikation gehemmt werden.

Biologische Phosphorelimination: Phosphor wird von Bakterien als lebensnotwendiger Nährstoff im Baustoff- und Energiestoffwechsel benötigt und daher immer aus der Umgebung aufgenommen. In normal belasteten Belebungsanlagen können auf diesem Wege bis zu 30% des Phosphors aus dem Abwasser im belebten Schlamm gebunden werden. Eine Gruppe von Bakterien (Bio-P-Bakterien) sind jedoch in der Lage, über den augenblicklichen Bedarf hinaus Phosphor aufzunehmen und als Polyphosphat in den Zellen zu speichern. Durch Anreicherung von Bio-P-Bakterien im System wird es möglich, Phosphor weitgehend über den → Überschußschlamm zu entfernen. Von der verfahrenstechnischen Seite müssen die Voraussetzungen insoweit geschaffen werden, daß der belebte Schlamm einen Wechsel zwischen → anaerober und → aerober Phase durchläuft. Im anaeroben Milieu bauen die Bio-P-Bakterien ihren energiereichen Polyphosphatspeicher unter P-Rücklösung ins umgebende Medium ab, um die so gewonnene Energie in den Aufbau eines Reservestoffspeichers (z.B. PHB) zu investieren. Im nachfolgend aeroben Milieu haben die Bio-P-Bakterien aufgrund dieses Reservestoffspeichers einen Wachstumsvorteil gegenüber anderen Bakterien, was letztlich zu einer Anreicherung der Bio-P-Bakterien führt. Im aeroben Milieu wird auch der Polyphosphatspeicher wieder aufgefüllt, so daß der Abzug des phosphathaltigen Überschußschlammes vor der Rückkehr in die anaerobe P-Rücklösezone erfolgen muß.

Bio-P: → Biologische Phosphorelimination.

Biozönose: Lebensgemeinschaft aller Organismen in einem bestimmten Lebensraum.

Blähschlamm: Je schlechter die Absetz- und Eindickeigenschaften eines belebten Schlammes sind, desto stärker „bläht" sich das Schlammvolumen auf. Ist der → Schlammindex größer als 150 ml g^{-1}, so spricht man von Blähschlamm, sofern als Ursache fadenförmige Bakterien in Frage kommen. Eine detaillierte Definition und Beschreibung des Phänomens „Blähschlamm" ist in Kapitel 1.2 zu finden.

B_R: → Raumbelastung.

BSB_5: → Biochemischer Sauerstoffbedarf.

B_{TS}: → Schlammbelastung.

Chemischer Sauerstoffbedarf (CSB): Maß für die organischen Stoffe im Abwasser, die bei der Bestimmung des chemischen Sauerstoffbedarfs mit dem Oxidationsmittel Kaliumdichromat in schwefelsaurer Lösung bei 148 °C oxidiert werden. Aus dem Chromatverbrauch wird der Sauerstoffverbrauch errechnet, so daß der CSB als mg l^{-1} O_2 angegeben wird. Dadurch ist ein direkter Vergleich mit dem → biochemischen Sauerstoffbedarf (BSB_5) und damit auch eine Aussage über das Verhältnis von biologisch abbaubaren und persistenten Stoffen im Abwasser möglich (CSB immer > BSB_5).

chemolithoautotroph: Als Energiequelle können Organismen grundsätzlich entweder Licht oder energiereiche anorganische bzw. organische Verbindungen nutzen. Während die erste Gruppe als „phototrophe" Organismen bezeichnet werden, wird für die zweite Gruppe der Begriff „chemotroph" verwendet. In der Beschreibung des Stoffwechseltyps von Bakterien beziehen sich die Begriffe „lithotroph" und „organotroph" auf die Wasserstoff- bzw. → Elektronendonatoren (→ Oxidation). Nutzt ein Bakterium anorganische Verbindungen als Wasserstoff- bzw. Elektronendonatoren, bezeichnet man es als „lithotroph". Die Begriffe „autotroph" und „heterotroph" beziehen sich auf die Herkunft des Kohlenstoffs zum Aufbau der Zellsubstanz. Bakterien werden als „autotroph" bezeichnet, wenn sie die überwiegende Menge des Zellkohlenstoffs durch eine Fixierung von CO_2 gewinnen. Durch Zusammenfügen der einzelnen Eigenschaften ergeben sich die Bezeichnungen für die verschiedenen Stoffwechseltypen. So bezeichnet z.B. „chemolithoautotroph" ein Bakterium, das seine Energie aus chemischen Verbindungen bezieht, anorganische Stoffe als Wasserstoff- bzw. Elektronendonator nutzt und den Zellkohlenstoff durch CO_2-Fixierung gewinnt. In Kläranlagen gehören z.B. → Nitrifikanten diesem Stoffwechseltyp an.

chemoorganoheterotroph: Als Energiequelle können Organismen grundsätzlich entweder Licht oder energiereiche anorganische bzw. organische Verbindungen nutzen. Während die erste Gruppe als „phototrophe" Organismen bezeichnet werden, wird für die zweite Gruppe der Begriff „chemotroph" verwendet. In der Beschreibung des Stoffwechseltyps von Bakterien beziehen sich die Begriffe „lithotroph" und „organotroph" auf die Wasserstoff- bzw. → Elektronendonatoren (→ Oxidation). Nutzt ein Bakterium organische Verbindungen als Wasserstoff- bzw. Elektronendonatoren, bezeichnet man es als „organotroph". Die Begriffe „autotroph" und „heterotroph" beziehen sich auf die Herkunft des Kohlenstoffs zum Aufbau der Zellsubstanz. Bakterien werden als „heterotroph" bezeichnet, wenn sie die überwiegende Menge des Zellkohlenstoffs aus organischen Verbindungen beziehen. Durch Zusammenfügen der einzelnen Eigenschaften ergeben sich die Bezeichnungen für die verschiedenen Stoffwechseltypen. So bezeichnet z.B. „chemoorganoheterotroph" ein Bakterium, das seine Energie aus chemischen Verbindungen bezieht, organische Stoffe als Wasserstoff- bzw. Elektronendonator nutzt und den Zellkohlenstoff aus organischen Verbindungen gewinnt. In Kläranlagen gehören die meisten Bakterien diesem Stoffwechseltyp an.

CSB: → Chemischer Sauerstoffbedarf.

Denitrifikanten: Bakterien, die zur → Denitrifikation befähigt sind. Bei der Denitrifikation dient das Nitrat- (oder Nitrit-)Ion den Denitrifikanten anstelle von Sauerstoff als terminaler Wasserstoff- bzw. Elektronenakzeptor. Da der Energiegewinn bei der Denitrifikation gegenüber dem bei der Sauerstoffatmung um ca. 10% geringer ist, wird von den Denitrifikanten im → aeroben Milieu immer die O_2-Atmung bevorzugt. Erst unter → anoxischen Bedingungen wird auf Denitrifikation umgeschaltet. Die Denitrifikanten unterscheiden sich demnach im aeroben Milieu nicht von anderen heterotrophen Bakterien. Die Fähigkeit zur Denitrifikation ist in vielen Bakteriengruppen verbreitet, so daß denitrifizierende Bakterien in belebten Schlämmen meistens vorhanden sind, ohne daß spezielle Anreicherungsstrategien eingesetzt werden müssen.

Denitrifikation: → Reduktion oxidierter N-Verbindungen (Nitrit, Nitrat) zum elementaren Stickstoff (N_2) durch denitrifizierende Bakterien (→ Denitrifikanten). Da bei der Denitrifikation organisches Substrat wie bei der Sauerstoffatmung zu CO_2 und H_2O abgebaut wird, bezeichnet man den Prozeß auch als „Nitratatmung".

Elektronendonator: Die → Oxidation eines Stoffes geht mit der Abgabe von Elektronen einher, die, wenn sie von einem anderen Stoff aufgenommen werden, diesen anderen Stoff reduzieren (Oxidation = Abgabe von Elektronen, Reduktion = Aufnahme von Elektronen). Aus dem oxidierten Stoff kann potentiell weniger Energie gewonnen werden, während aus dem reduzierten, mit Elektronen beladenen Stoff, potentiell mehr Energie freigesetzt werden kann. Je reduzierter ein Stoff ist, um so energiereicher ist er, d.h. daß bei der Oxidation eines reduzierten Stoffes Energie gewonnen werden kann. Voraussetzung dafür ist, daß der reduzierte Stoff für seine Oxidation einen Partner hat, der ihm die negativ geladenen Elektronen abnimmt. Der Stoff, der Elektronen abgibt, also oxidiert wird, ist der Elektronendonator, der Stoff, der die Elektronen aufnimmt, der Elektronenakzeptor.

Einwohnerwert (EW): Eine Kläranlage wird während der Planung üblicherweise auf der Basis der Abwassermenge und der zu erwartenden Schmutzfracht (als → BSB_5) dimensioniert. Dabei wird davon ausgegangen, daß pro Einwohner mit einer täglichen BSB_5-Fracht von 60 g gerechnet werden kann

(= EGW Einwohnergleichwert). Aus der Summe der Einwohner (E) und den Einwohnergleichwerten (EGW) ergeben sich die Einwohnerwerte (EW). Um die Abwasserlast eines Industriebetriebes z.B. zu der einer Kommune in Beziehung setzen zu können, wird der EGW verwendet. Die BSB_5-Fracht des Betriebes wird dazu in EGW umgerechnet, indem sie durch 60 g BSB_5 dividiert wird.

EPS: → extrazelluläre polymere Substanzen.

EW: → Einwohnerwert.

Extrazelluläre polymere Substanzen: Substanzen, die von Mikroorganismen produziert und ausgeschieden werden. EPS bestehen überwiegend aus Polysacchariden, aber auch aus Proteinen, Glykoproteinen und Lipoproteinen.

Gensonden: → Nukleinsäuresonden sind einzelsträngige → Nukleinsäuren, die z.B. radioaktiv oder durch Fluoreszenzfarbstoffe markiert und so jederzeit detektierbar sind. Unter geeigneten Bedingungen lagert sich die Sonde an komplementäre DNA- oder RNA-Sequenzen, die auf diese Weise durch die Sonde markiert und nachweisbar werden. Die Sonden können unterschiedlich lang sein. → Oligonucleotidsonden sind kurze Nucleotidsequenzen, die mit einem Fluoreszenzfarbstoff markiert, heute immer mehr zur *in situ*-Identifizierung und Quantifizierung von Mikroorganismen in belebten Schlämmen eingesetzt werden. Durch die neue Technik der → *in situ* Hybridisierung mit fluoreszenzmarkierten Oligonucleotidsonden wird ein wichtiger Beitrag zur Strukturaufklärung mikrobieller Biozönosen in der Abwasserreinigung geleistet.

Gram-Färbung: Färbemethode zur Differenzierung von Bakterien aufgrund eines unterschiedlichen Zellwandaufbaus. Grampositive Bakterien (durch Kristallviolett dunkelblau/violett gefärbt) besitzen eine Zellwand, deren Stützskelett aus einem vielschichtigen Mureinnetz besteht. Als Begleitsubstanzen sind z.B. Teichonsäuren häufig. Gramnegative Bakterien (durch Safranin rot gefärbt) besitzen dagegen ein i.d.R. nur einschichtiges Mureinnetz, auf das eine äußere Wandschicht, die sog. äußere Membran, aufgelagert ist.

heterotroph: In der Beschreibung des Stoffwechseltyps von Bakterien beziehen sich die Begriffe „autotroph“ und „heterotroph“ auf die Herkunft des Kohlenstoffs zum Aufbau der Zellsubstanz. Bakterien werden als „heterotroph“ bezeichnet, wenn sie die überwiegende Menge des Zellkohlenstoffs aus organischen Verbindungen gewinnen.

hydrophil: bedeutet wasserliebend. Substanzen, die hydrophil sind, haben das Bestreben, Wasser aufzunehmen. Hydrophile Substanzen sind gut wasserlöslich.

hydrophob: bedeutet wasserscheuend. Hydrophobe Substanzen sind schlecht oder gar nicht wasserlöslich.

***In situ* Hybridisierung:** Unter Hybridisierung versteht man die Zusammenlagerung von komplementären Nukleinsäuresträngen zu einem Doppelstrang. Doppelsträngige → Nukleinsäuren entstehen, indem sich zwei zueinander passende Einzelstränge über Wasserstoffbrückenbindungen zusammenlagern. Bei der *in situ* Hybridisierung mit fluoreszenzmarkierten Oligonucleotidsonden macht man sich die Neigung komplementärer Einzelstränge zur Reassoziation zunutze. → Gensonden werden in die Zellen z.B. eines belebten Schlammes eingeschleust, die zu einer Zielsequenz, die typisch ist für die zu detektierende Bakterienart oder Bakteriengruppe, komplementär sind. Findet die fluoreszenzmarkierte Gensonde in einer Bakterienzelle die Zielsequenz, so bindet sie daran, und die gesuchte Bakterienart oder Bakteriengruppe kann durch das Fluoreszenzsignal detektiert werden. In Vorbehandlungsschritten werden die Nukleinsäuren der zu untersuchenden Zellen durch z.B. Hitzeeinwirkung oder Alkalibehandlung denaturiert. Dabei werden die Doppelstränge voneinander getrennt, damit in der nachfolgenden Reassoziation die eingebrachte Sonde an komplementäre Stränge binden kann.

ISV: → Schlammindex.

ISV relevante Fädigkeit: Die → ISV relevante Fädigkeit ist ein Maß für die Fadenhäufigkeit in einem belebten Schlamm und wird mit Hilfe der Kristallviolettfärbung bestimmt. Da durch die Färbung alle Fäden leuchtend orangegelb hervortreten, die sich strukturverändernd auf den belebten Schlamm auswirken, ist der Begriff *ISV relevante* Fädigkeit gewählt worden. Die ISV relevante Fädigkeit wird durch Abgleich der gefärbten Präparate eines belebten Schlammes mit Referenzabbildungen in den Stufen 0-1 bis 7 festgelegt. Genaue Erläuterungen der Kristallviolettfärbung, der Anwendung der Referenzabbildungen und der ISV relevanten Fädigkeitsstufen sind Kapitel 2.2 zu entnehmen.

Kaskade: Aufteilung eines volldurchmischten Beckens in nacheinander durchflossene Teilbecken.

K_S-Wert: Substratspezifische Halbsättigungskonstante nach Monod. Die Wachstumsrate einer Bakterienkultur steigt in Abhängigkeit von der Substratkonzentration bis die maximale Wachstumsrate μ_{max} erreicht ist. Die substratspezifische Konstante K_S bezeichnet die Substratkonzentration, bei der die halbmaximale Wachstumsgeschwindigkeit der Bakterien erreicht ist.

Low F/M-Organismus: Fadenförmige Bakterien, die an niedrige Substratkonzentrationen angepaßt sind. F/M (food:microorganism) bezeichnet dabei das Verhältnis von organischem Substrat zu Mikroorganismen-Masse und entspricht der → Schlammbelastung.

mikroaerophil: bezeichnet Mikroorganismen, die → aerob sind, d.h. Sauerstoff zur Energiegewinnung benötigen, aber nicht den Partialdruck der Luft tolerieren.

mixotroph: Bei der mixotrophen Ernährungsweise werden sowohl organische als auch anorganische Substrate verbraucht. Organische Stoffe werden unter Aufbau von Zellsubstanz assimiliert, während die für synthetische Prozesse notwendige Energie aus der Oxidation anorganischer Substanzen gewonnen wird.

Nährstoffverhältnis: Für ihr Wachstum brauchen Bakterien neben einer Kohlenstoffquelle die Nährstoffe Stickstoff und Phosphor. Um Wachstumslimitierungen zu vermeiden, sollte das BSB_5:N:P-Verhältnis im Zulauf zum Belebungsbecken bei 100:5:1 liegen.

Nitrifikanten: An der Oxidation von Ammonium zum Nitrat sind zwei Bakteriengruppen beteiligt, die → chemolithoautotroph sind. Die Ammoniumoxidierer (z.B. *Nitrosomonas*) setzen Ammonium zum Nitrit um (Nitritation), während die Nitritoxidierer (z.B. *Nitrobacter*) das gebildete Nitrit zu Nitrat umsetzen (Nitratation). Beide Organismengruppen sind in den klassischen Belebungsverfahren unter → aeroben Milieubedingungen stoffwechselaktiv.

Nitrifikation: → Oxidation von Ammonium über Nitrit zu Nitrat durch nitrifizierende Bakterien (→ Nitrifikanten).

Nukleinsäuren: Lineare unverzweigte Makromoleküle, die in der Zelle die Träger der genetischen Informationen sind. Nukleinsäuren bestehen aus einer großen Anzahl von Bausteinen, den Nukleotiden, die wiederum aus einem Phosphatrest, einem Zuckermolekül und einer organischen Base bestehen. Die beteiligten organischen Basen sind Adenin, Guanin, Cytosin und Thymin (in der DNA) bzw. Uracil (in der RNA). Die Nukleotide sind in charakteristischer Reihenfolge miteinander verknüpft. Diese Reihenfolge (= Sequenz) bestimmt die genetische Information. Zwei Nukleinsäurestränge sind komplementär und verbinden sich zu einem Doppelstrang, wenn es zwischen den gegenüberliegenden Basen der beiden Stränge zur „Basenpaarung" durch Ausbildung von Wasserstoffbrückenbindungen kommt. Dabei können aus räumlichen und energetischen Gründen nur „Paarungen" zwischen Guanin und Cytosin oder Adenin und Thymin (bzw. Uracil) entstehen. In einem Doppelstrang bestimmt daher die Basenabfolge eines Stranges zwangsläufig die Basensequenz des gegenüberliegenden Stranges. Durch Einwirkung von z.B. Hitze oder durch z.B. Alkalibehandlung ist es möglich, den Doppelstrang zu trennen, um anschließend eine Reassoziation herbeizuführen (→ Hybridisierung), in die dann unter Umständen eine → Gensonde eingebracht werden kann.

Oberflächenaktive Substanzen: Wasser zeigt eine besonders große Oberflächenspannung, die eine Folge der zwischen den Wassermolekülen herrschenden polaren Anziehungskräfte ist. Die Wassermoleküle der Grenzschicht zu z.B. Luft werden im Unterschied zu den weiter innen liegenden Molekülen nur seitlich und von unten durch zwischenmolekulare Anziehungskräfte gebunden, während die oben angrenzende Luft keine Anziehung ausübt. An der Grenzschicht bildet sich daher eine nach innen gerichtete Kraft aus, so daß das Wasser bestrebt ist, die jeweils kleinstmögliche Oberfläche auszubilden. Die zwischenmolekularen Kräfte, die diese Oberflächenspannung bewirken, bezeichnet man als Kohäsion. Oberflächenaktive Substanzen, z.B. Seife, sind in der Lage, die Kohäsion in der Grenzschicht herabzusetzen.

Oligonucleotidsonden: → Gensonden.

Oxidation: Die Oxidation eines Stoffes vollzieht sich durch Abgabe von Elektronen. Die Elektronen werden von dem → Elektronendonator auf einen Elektronenakzeptor übertragen. Bei der biologischen Substratoxidation erfolgt i.d.R. eine Übertragung von gleichzeitig 2 Elektronen unter Abspaltung von 2 Protonen (H^+) vom Substrat.

Population: Die Summe aller in einem Lebensraum vorkommenden „Individuen" einer bestimmten Art.

psychrophil: Bezeichnung für Bakterien, die ihre maximalen Wachstumsraten unterhalb von 20 °C erreichen.

Raumbelastung (B_R): Maß für die Fracht an Abwasserinhaltsstoffen, die pro Tag in ein bestimmtes Reaktorvolumen fließen. Bezieht sich die Angabe auf die Schmutzfracht (→ BSB_5), so erfolgt die Angabe in kg BSB_5 m^{-3} d^{-1}.

Reduktion: Die Reduktion eines Stoffes vollzieht sich unter Aufnahme von Elektronen, d.h. der Stoff fungiert als Elektronenakzeptor.

Sauerstoffaffinität: → Affinität für Sauerstoff.

Schlammalter: Die mittlere, rechnerische Verweilzeit der Mikroorganismen im System von der Entstehung bis zur Entfernung (→ Überschußschlamm). Das Schlammalter ist von der → Schlammbelastung abhängig und errechnet sich aus den Quotienten des Schlammtrockengewichtes und der Überschußschlammproduktion.

Schlammbelastung (B_{TS}): Maß für die Fracht an Abwasserinhaltsstoffen, die pro Tag der in der Anlage enthaltenen Bakterienmasse (als Trockensubstanz) zugeführt wird. Bezieht sich die Angabe auf die Schmutzfracht (BSB_5), so erfolgt sie in kg BSB_5 kg^{-1} TS d^{-1}.

Schlammindex (ISV): Maß für die Absetzfähigkeit eines belebten Schlammes. Der Schlammindex gibt das Volumen an, das 1 g Trockensubstanz (vor der Trocknung) nach einer halben Stunde Absetzzeit einnimmt. Der Schlammindex wird in ml g^{-1} angegeben. Erreicht ein belebter Schlamm Indexwerte > 150 ml g^{-1}, bezeichnet man ihn definitionsgemäß als → Blähschlamm.

Schwimmschlamm: Schwimmschlämme werden im Gegensatz zu → Blähschlamm von wenigen fadenförmigen Organismenarten verursacht, die in belebten Schlämmen von Kläranlagen vorkommen. Hier sind vor allem nocardioforme Actinomyceten und *Microthrix parvicella* zu nennen. Die fadenförmigen Mikroorganismen werden durch → hydrophobe Zelloberflächen und → oberflächenaktive Substanzen dazu befähigt, sich an der Wasseroberfläche anzureichern. An die Bakterienzellen können leicht Gasblasen anhaften, so daß das Bakterien-Gasblasengemisch flotierend an die Grenzflächen wandert und dort stabil bestehen bleibt. Eine detaillierte Definition und Beschreibung des Phänomens „Schwimmschlamm" ist in Kapitel 1.2 zu finden.

Selektor: Hochbelastetes Becken mit geringer Verweilzeit, das dem Belebungsbecken vorgeschaltet wird. In dieser hochbelasteten Vorstufe werden der Rücklaufschlamm und der Abwasserzulauf intensiv vermischt. Detaillierte Informationen zur Wirkungsweise und Ausgestaltung von Selektoren sind Kapitel 3.2 zu entnehmen.

Substrataffinität: → Affinität für Substrat.

Überschußschlamm: Belebter Schlamm, der regelmäßig aus der Kläranlage abzuziehen ist, um die gewählte Biomassekonzentration konstant halten zu können. Da die abzuziehende Überschußschlammenge vom Wachstum der Bakterien und somit von der Substratversorgung abhängt, nimmt die Überschußschlammproduktion mit steigender → (BSB_5-)Schlammbelastung zu und dadurch das → Schlammalter ab.

Wachstumsrate (μ): Gibt auf Bakterienmasse bezogen die Verdopplungen pro Zeiteinheit (h^{-1}) an. Die Wachstumsrate steigt in Abhängigkeit von der Konzentration verwertbarer Substrate, bis die maximale Wachstumsgeschwindigkeit (μ_{max}) erreicht ist.

Sachverzeichnis

FSC
www.fsc.org
MIX
Papier | Fördert gute Waldnutzung
FSC® C083411

Kolibri 360 GmbH
Ferdinand-Jühlke-Straße 7
99095 Erfurt, Deutschland
produktsicherheit@kolibri360.de